JN033041

ガリンペイロ
GARIMPEIROS

HIROMU KOKUBUN
国分 拓

新潮社

ガリンペイロ◆目次

ガリンペイロ

掟

一、ここは誰でも受け入れる

一、ガリンペイロとなった者は本名を名乗る必要がない

一、ガリンペイロとなった者は
黄金さえ掘っていれば何をするのも自由である

一、ガリンペイロとなった者は
前科の有る無しを問われず犯罪歴も問われない
身分証明（ID）も不要である

一、ガリンペイロとなった者は凶器を持つのも自由である

一、黄金の取り分は金鉱山の所有者が七〇パーセント、
　　ガリンペイロが三〇パーセントである

一、金鉱山の所有者はコメと豆を支給するが、
それ以外はガリンペイロが自分で得ねばならない
住む小屋も自分で建てねばならない

一、この場所を誰にも明かしてはならない

一、この場所を去っても明かしてはならない

一、この場所を明かした者は死を覚悟すべきである

一、他人の黄金を盗んだガリンペイロは死を覚悟すべきである

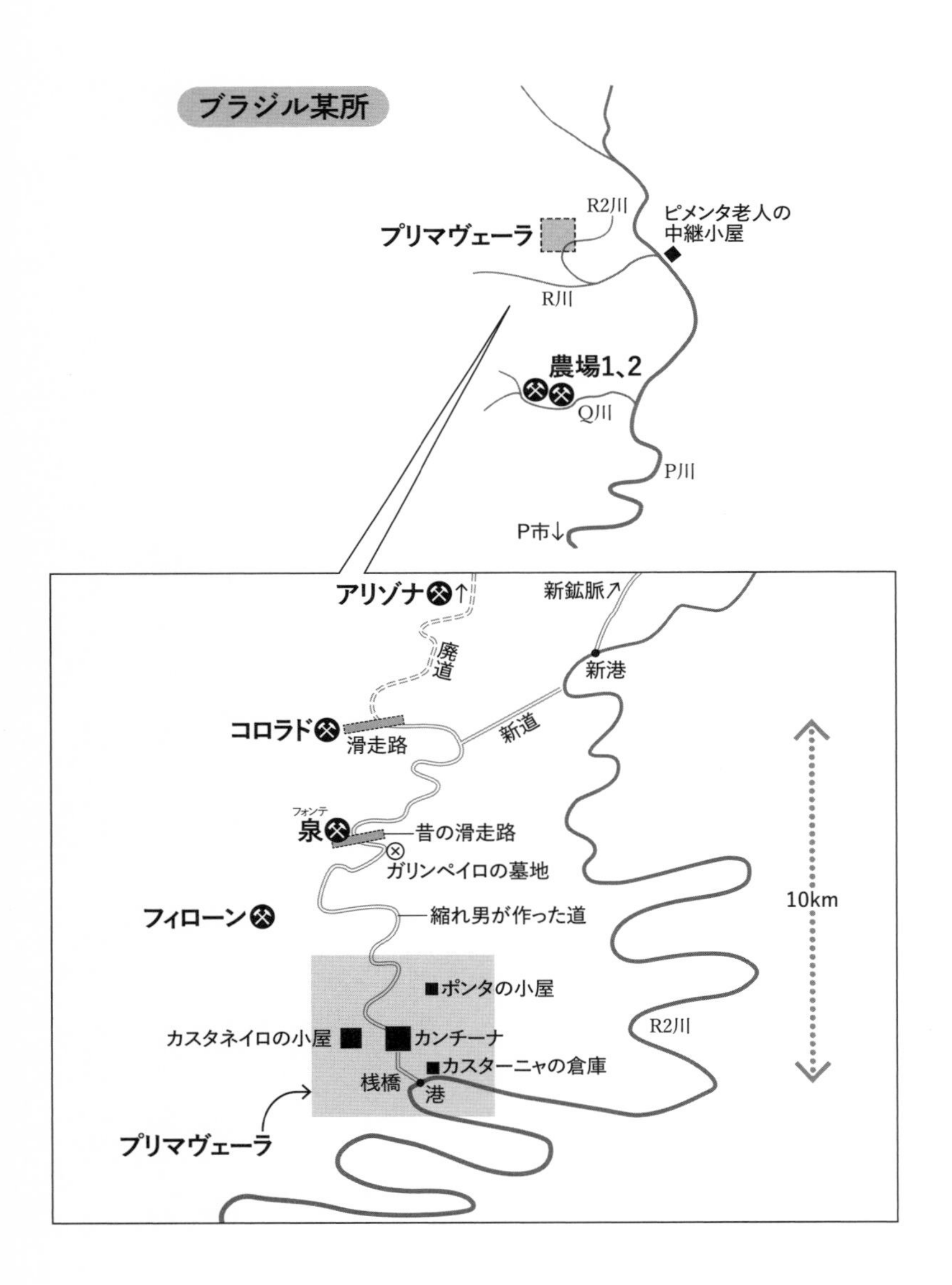
ブラジル某所
R2川
プリマヴェーラ
ピメンタ老人の
中継小屋
R川
農場1、2
Q川
P川
P市↓
アリゾナ↑
新鉱脈↗
廃道
新港
コロラド
滑走路
新道
フォンテ
泉
昔の滑走路
ガリンペイロの墓地
フィローン
縮れ男が作った道
10km
ポンタの小屋
カスタネイロの小屋
カンチーナ
カスターニャの倉庫
栈橋
港
R2川
プリマヴェーラ

序章　村の女

見ず知らずの者から問われると、村の女はこう答えることにしていた。

*

その男たちなら、何度も見たことがある。いつも煙草を咥(くわ)えてて、そこら中に汚い唾を飛ばしてた。髪はぼさぼさで服は泥だらけ。シャツやズボンなんて、あちこちが破けてぼろぼろになってたよ。船の上でビールやピンガをラッパ飲みしながら、やかましい音楽をかけて騒いでいたときもあった。最悪なんだよ、そんなときは。あいつら、水鳥に向かって散弾銃を撃ったりするんだから。命中するまで何発だって撃つんだ。たまったもんじゃない。それだけじゃない。あたしを見かけると、船上からいやらしい声をかけてきた。これみよがしに腰を振ったり、あそこをしごく真似をする男までいたよ。村にも下品な男はいるし、照れるような歳ではないけど、連中の下品さと言ったら度を越してるんだ。あの男たちがどこに向かうのかも知ってる。何日も川を遡(さかのぼ)った所らしい。連中は黄金の地(テラ・ド・オーロ)なんて呼んでるらしいけど、あたしらからすれば、荒くれ者が巣食っている不潔で汚らしい不法の金鉱山だ。行ったこと？　ないよ。あるわけがない。行ったこともないし、行きたくもないね。だって、行き場をなくした男らが大勢で吹き溜まってるんだよ。一攫千金だか何だか知らないけど、あちこちに大きな穴を掘るから森は穴だらけ、川には水銀だって垂れ流すんだ。しかもあいつらときたら、穴を掘る以外は始終飲んだくれてるって話じゃないか。酔って銃をぶっ放すわ、ナイフを振り回すわで、年がら年中殺し合いが絶えないらしい。そんなところで殺されるなんて哀れだね。野晒しになって腐るだけ。虫に食われりゃすぐに骨だけになっちまうんだろうさ。連中を何と呼ぶかって？　ガリンペイロだよ、ガリンペイロ。みんなから嫌われてる男たちさ。当たり前だろ？　何をするか分からない連中なんだから。そう言えば、村の長老たちがよくこんなことを話してたっけ。ガリンペイロには気をつけろ、連中に常識なんて通じない、法や道徳とも無縁だ、人間と思ってもいけない、ガリンペイロは人間の顔をした獣なんだ、って。

蛇行する川にへばりつくようにして、二十戸ほどの粗末な小屋が建ち並んでいた。屋根は椰子の葉、壁は泥を塗り固めたもの、床は土、見た目も実際も先住民の原始的な家と大差はない。五十人ほどの僻地の村である。暮らしはいたって質素だった。畑にマンジョッカ（キャッサバの一種）やバナナを植え、川魚を獲って食べる。現金収入を得ようとすれば、森の木を伐ってどこかに売りに行くか、船で数日はかかる街まで出稼ぎに行く。貧しくも長閑、南米アマゾンならどこにでもある半農半漁の村だった。

だが、何人かの村人が声を潜めてこう言うのだ。ここは酷い、どこにでもある村だなんてとんでもない、他の村とは全然違う、ここより酷い村はない、ここより怖い村もない、出て行けるなら出て行ってしまいたい。アマゾンには数多の村があるのにこの村だけが重い宿痾を背負わされている、そんな口ぶりなのである。

地図の上では、この水系における最果ての村に過ぎなかった。枝分かれした川が国境を越えて奥地まで伸びてはいたが、そこに村はなく先住民が暮らす保護区もない。地図を信じるとするならば、どこまでも無人の原野が続いている、それだけのはずである。

が、上流には人間がいた。少人数ではない。最盛期には万を超え、今でも千は下るまい。

黄金を掘る男たち、ガリンペイロである。ここから先には、百を超える闇の金鉱山が続き、野卑で凶暴な男だけがいた。

*

法治国家と無法地帯の境界線に位置するこの村に、一軒きりの商店があった。

女はその店主だった。

辺境の小さな店だから、高価なものが置いてあるわけではない。麻袋に入った豆やコメやコーヒー。ジャガイモや玉葱など、保存がきく野菜類。オイルサーディンの缶詰と天井から吊るされ蠅がたかり放題となっている干し肉。ビスケットなどの菓子類。埃を被って久しい懐中電灯と乾電池。生きている鶏にバナナが数房。体温並みに温い(ぬるい)コーラやガラナジュース。そして、酒と煙草。必要最小限の商品が十平米にも満たない店内に乱雑に並べられていた。

客の大半はガリンペイロだった。こんな奥地の村からでも、目的地の金鉱山までは三日以上かかる。切らしてしまった酒や煙草をここで買い足すのだ。

ガリンペイロたちの船が近づいてくると、女は村はずれの小屋に娘を隠し、きつく閂(かんぬき)を下ろした。次に口紅を落とし結わえていた髪をばさばさに乱す。浮浪者のような身なりとなって男たちを待った。

しかし、いくら見てくれを変えようともガリンペイロたちはお構いなしだった。酒臭い息を吹きかけて「俺の竿を握ってみろよ」とか「あそこの茂みで一発どうだ」とか言い寄ってくる。うなじを無理やり舐めてきたり、内股に手を伸ばしてくる男もいた。川の水量が豊富な雨季の間はうんざりするような毎日が続いた。乾季が来て船の往来が途絶えるまで耐えるしかなかった。

尤も、店を閉めたり村を出て行く選択肢はないようだった。女はその理由を語ろうとはしなかったが、ここが里なのかもしれないし、代々受け継がれてきた大切な店だったのかもしれない。男の気配はなかったから寡婦なのかもしれないし、何か他に言い難い事情でもあったのかもしれない。

いずれにせよ、ガリンペイロの話はそれで終わりになるはずだった。

その話は、不意に始まった。

連中のことなど努めて忘れるようにしているのに、何かのきっかけで思い出してしまう男が何人かいる、真っ白な歯が目に入ったときや買ったばかりの白いTシャツを娘に着せてやったときだ、十センタボのくすんだ銅貨を見たときもそうだった、そんなことを話し始めたのである。

寡婦らしき女の記憶に残っていたのは、みな若い男たちだった。肩をいからせて店に入ってきたというのに、目が合うとふいに微笑んで「こんにちは（ボアタージ）」と挨拶をする。何かを頼むときには文頭や語尾には「すみませんが（ポルファボール）」をつける。粋がって粗野を装ってはいるものの未だ純朴さを捨てきれない、そんな若者たちだった。

その男もそうだった。

とりわけ童顔の男で、とても二十歳を超えているようには見えなかった。もちろん、ガリンペイロにも見えない。

身体つきからして他の男たちとはまるで違っていた。上半身はダンサーのように脂肪がついておらず細い手足はどこまでも長い。褐色の肌にはシミひとつなく、うっすらと光る腕の毛は赤子の産毛にそっくりだ。何より、綺麗な指をしていた。皺もシミもささくれもなく傷ひとつついてはいなかった。

それ以上に、女には印象に残ったことがあった。

男が手に取った商品だ。

ガリンペイロであれば、店に入るや否や酒が並んでいる棚に真っすぐ向かうものだ。僻地の店には違いなかったが、酒だけは潤沢に仕入れていた。格安のピンガはもちろん、三種類のビール、ジン、チンザノ、ラム酒、値段も味も本場のスコッチには到底及ばないブラジル製のウイスキーまで置いてある。

しかし、錆びたスチール製の酒棚には見向きもせず、男は奥の方へと進んでいった。

店の最も奥の、薄暗い場所で立ち止まる。

男の目の前には、湿気を含んでふやけたダンボールがあった。ビスケット、クッキー、飴玉、キャラメル、チョコレート。ダンボールの中には、大袋から取り出され、小分けにしてばら売りされている菓子が三十袋ほど入っていた。

箱の中を凝視したのち、男が長い指をそろりと入れ、手のひらに収まるほどの商品を取り出し始める。

真剣な表情だった。一つ一つの菓子を眺め、撫で、書かれている文字をじっくりと読み込んでいる。

どれくらいそうしていただろうか。男がレジにやって来た。雛鳥を運ぶときのように、ひとつの品を両手で包んでいる。

ゆっくりと手のひらを広げ、レジに菓子を置く。

チョコレート味のウエハースだった。黄色と茶色のビニールで包装され、象が舌鼓を打つイラストが描かれている。

男は少しだけ俯き、目を逸らしたまま値段を聞いてきた。不貞腐れたような、拗ねているような、そんな態度だった。

女には、それがいじらしく映った。若い男が目の前で照れている。そんな様を見るのは久しぶりのことだった。

「一・五レアル（およそ四十五円）ですよ、お客さん」

他の男たちより丁寧に応対した。

反応はなかった。

下を向いたまま言葉もなく動きもない。

肩を落として明らかに落胆している。手には十センタボ銅貨が何枚か握られているようだったが、手のひらが開かれる気配もない。

湿気ってしまった売れ残りだ。ウエハース独特の歯応えは失われているだろうし、食べたところで口蓋に貼りついてしまうに違いない。五十センタボにまけてあげようか。何なら、ただであげてしまおうか。

「買う？　買わない？」

お金がないと答えればまけてあげるつもりで、敢えてもう一度訊ねた。

返事はなかった。俯いたまま、レジに置かれたウエハースの包み紙を見つめている。

長い沈黙のあと、男が包み紙に書かれている文字を指でなぞり始めた。

女は、その仕草をよく覚えていた。恋人の髪に生まれて初めて触れるときのような、優しくもぎこちない動きだった。

あの子、まだあそこにいるんだろうかねぇ。

それなりに長い話が終わったとき、一度は消した煙草に再び火を点けながら、村の女がそう言った。

第一章　ならず者どもの王国

1

雨季の終わり、九月のことである。街場から二十キロほど離れた船着き場から、二艘の船が上流に向けて出航した。

お世辞にも立派とは言えない船だった。船体に塗られた緑色のペンキはすっかり剝げ落ち、露出した木の一部が真っ黒に腐食している。雨季のアマゾンを航行するというのに、屋根もなければ雨風を凌ぐシートもない。安全対策もおざなりで、ライフジャケットや警笛はどこにも見当らず、積み込まれた荷は重量制限をはるかに超えている。所詮、アマゾンを航行する船などそんな船ばかりである。奥地に入れば入るほど街場の非常識が常識となると言ってもいい。だが、その二艘の非常識ぶりは川を行き交っている数多(あまた)の船と比べても目に余るものだった。

先をゆく一艘目からして凄まじい。船体の三分の二以上を六十リットルのポリタンクが占拠している。中身はガソリンだ。この辺りでは一般的な円柱形のもので、直径は四十センチ、高さは五十センチである。それが二十四個、縦六列×横二列×高さ二段で堆(うずたか)く積まれている。遠目にはタンクの山が動いているようにしか見えないだろう。後ろをゆくもう一艘も異様である。こちらには大勢の男たちが乗り込んでいる。少しでも揺れれば、ひとりふたりは川に落ちてしまうほどの人の群れだ。十五人は乗っているのではないか。長さ十メートルにも満たない小さな船だから、定員の二倍ではとてもきかない。吃水は限界すれすれで、あと二、三センチ沈むか少しでも左右に傾げば、船内に大量の水が入ってきてしまうだろう。

しかも、悠々たる流れの大河アマゾンにあって、船がゆく川は極めて特異な顔を持っていた。川幅は六十メートルもあるのに、源を屹立する山塊に発するせいか、水は冷たく流れが速い。白波が立つ瀬は渓谷か滝のようだ。至る所で鋭利かつ巨大な火山岩も川底から突き出ている。激流、巨岩、川の両脇で無秩序に繁茂する植物、有象無象の生き物。目に映るものと言えば、天地が誕生した頃から変わらない荒々しい自然ばかりである。アマゾン川には千百を超える支流があるが、ここは、毎年のように船を大破させ乗客の命を奪う暴れ川のひとつだった。

だが、船頭たちの顔には不安の表情など一切浮かんではいなかった。よほど操舵に自信があるのか、十分な経験を積んできたせいか、それとも強力なエンジン――日本製、ヤマハの八十馬力――を搭載しているからなのか、大揺れにもどこ吹く風で涼しい顔をしている。

船に乗り込んでいる男たちも動じてはいなかった。

見てくれは浮浪者同然の男たちである。無精髭にぼろぼろの服、誰もが汗臭く、身体は垢だらけで、手は真っ黒だ。乗船前から飲み続けだったのか、呂律は回らず、足はふらふら、口からは涎が垂れ胸元まで糸を引いている。道端で寝ていれば、誰もが避けて通る男たちに違いない。

しかし、浮浪者と似ているのは外見だけに過ぎない。酔ってはいるものの、目は猛禽類のように鋭く、邪険にでもしたら殴りかかってきそうな殺気を帯びている。身体つきも違う。腕は丸太のように太い。動くたびに筋肉が大きく波打ち、衣服の破れ目から覗く胸筋や腹筋は火山活動が隆起させた新山のようだ。生き様も違う。彼らは怠け者でもなければ、生きる意欲を失ってしまった世捨人でもない。最たる違いは世間が向ける目線であろう。躊躇(ためら)うことなく人を殺(あや)める男たち。そう怖れられている。

彼らこそがガリンペイロである。その、野獣のような集団がアマゾン最深部にある不法の金鉱山、すなわち、彼らの「黄金の地」に向かっていた。

集団の中には若い男も何人かいたが、とりわけ幼く見える男がいた。船の最前列に座り、股を大きく広げ前方をしっかりと見据えている。表情からは不安や迷いは一切窺えなかった。アメリカに船で移民してきた若者が自由の女神を初めて見たときのように、その目は新天地への希望と憧れで光り輝いている。

二十一歳だという。だが、同じ船に乗るやさぐれた男たちからすれば、十代後半、いや少年にしか見えなかっただろう。何しろ、出で立ちからして子どもじみている。膝の上で切ったジーンズを穿き、上半身には真新しい青と白のボーダーのTシャツ、頭にはアメコミのキャラクターがプリントされたラッパー気取りのキャップを被っている。他の男たちとは表情も違う。酸いも甘いも知り抜き水気の抜けた顔が大半を占める船中にあって無邪気な自信が顔全体に漲(みなぎ)っている。とてつもない夢を抱き、かつ、何の根拠もないのにその夢は必ず実現できると信じ切っている、無知とうぶさがないまぜになった顔つきだ。加えて、口も達者だ。船に乗り込むや、何度となく「聞いてくれ、聞いてくれよ」とせがんでは、「オレはでっかい黄金を掘り出してみせる」と大言壮語を吐き散らしている。それを鼻でせせら笑われると、「おっさんよ、オレはまだ若いんだ、時間だって無限にある、必ず成功者になれる。おい、おっさん、聞いてんのかよ」とムキになって言い返すことも忘れない。この川のずっと先にある密林の中ででっかい黄金を掘り出すのだ。

一攫千金を狙うのだ。それができるのは自分だけなのだ。二十一歳の新入りは心の底からそう信じていたのである。

名もない船着き場から黄金の地までは五日の行程だった。楽な船旅ではない。屋根がないからスコールがくる度にびしょ濡れになる。転覆してもおかしくないほどの揺れにも何度となく見舞われる。中でも、最大の難関はこの先に待ち受けている二十三もの滝だ。巨岩が流れを塞ぎ、航行できる範囲はごくわずかしかない。船頭の手元が狂って岩にぶつかれば船は確実に破壊されてしまうだろう。街場や観光船の船頭であれば、全員を船から降ろし、船を陸に引きあげて遠巻きにするはずだ。だが、いちいちそんな「安全策」をとっていたら、目的地まで何日かかるか分かったものではない。定員以上のガリンペイロを乗せたまま、一本の舵とエンジンの強弱だけで一気に滝を越える。それが、金鉱山専属の船頭たちの「常識」となっていた。

そして、土砂降りの雨が降るさなかのことである。

船が、唐突に跳ねた。

着水と同時に川の水が船内に飛び込んでくる。一瞬でずぶ濡れになる。船底が何かと激しくぶつかっている。がりがりと不快な音がして足元が揺れる。両脇の流れは目視できぬほど速く、いくつもの渦が砕けて大量の泡を噴き上げている。

滝を越えたのだ。舳先に立つ船頭が世界記録を樹立した棒高跳びの選手のように舵代わりの竿を天に掲げ雄叫びをあげている。船尾にはもう一人船頭がいたが、彼も右手でエンジンを操りながら左手を空に突き上げている。二人とも、一世一代の大博打にでも勝ったかのような晴れがましい表情だ。

船の揺れが収まると、舳先にいた黒人の船頭が後ろを振り返ってこう言った。

「おい、新入り。今越えた滝の名前を知ってるか？」

　新入りと呼ばれた若い男は「オレが知ってるわけないよな」とふてぶてしく答える。船頭が一方的に話し出す。

「だったら、教えてやろうか。この川には大小様々な滝があるが、どれも危険であることに変りはない。どんなふうに危険かは名前で分かる。今の滝はドイツ野郎がそこで死んだから『ドイツ人の滝』。次にお目見えするのが、船が転覆して二十キロの黄金が沈んだ『二十キロの滝』ってやつだ。それ以上の大物もあるぞ。浮かんだ死体にウルブー（黒コンドル。肉食、特に死肉を好んで食べる）が群がるから『ウルブーの滝』。それが最後の難所だ。覚悟はできてるか？　そうだ、そうだ。おまえみたいなガキが好きそうな名もあるぞ。村の女がそこで産気づいちまったから『産婦人科の滝』だ。何でも、揺れと振動があまりにすごくて、滝を越える途中で、ガキの頭があそこから出ちまったって話だ。どうだ？　面白いだろう？　おい、新入り、ちゃんと聞いておいた方が身のためだぞ。いいか、滝はまだまだたくさんある。もう四、五分もいけば、またひとつ、滝が現れる。さほど物騒な名はついてない。流れが速くて川が泡だらけの真っ白になっちまうから、俺たち船頭は『白髪の滝』と呼んでいる。ま、他に比べりゃ老いぼれ爺さんみたいなしなびた滝ってことだ。どうだ？　ぜんぶ覚えたか？」

　様々な名称を聞かされても、新入りが関心を示すことはなかった。一度にいくつもの滝の名を言われても覚えられるものではないし、元より、覚える気などさらさらないとでも言いたげな顔をしている。

　尤も、新入りが滝の名を知らないのは致し方のないことでもあった。どんな地図を広げてみたところで『産婦人科の滝』や『白髪の滝』という名はどこにも記されてはいない。そもそも、二十三の滝には正式な名前がない。インディオが過去に名ぐらいはつけただろうが、彼らはだいぶ前にこの辺りから消え、もう一人もいない。侵入者たちが皆殺しにしたか、どこかに追っ払ったか、政府が遠くの保護区に連れて行ってしまった。先人は去り、すべてが「なかったこと」にされている。今や、死者が出るような急流であっても、船頭たちが勝手に名付けた俗称以外にそれらの滝は一切の名を持たない。

名前がないのは川も同じだ。目的地の金鉱山はアマゾン川の支流をずっと分け入った森の奥にある。乾季には消え、雨季に復活する川だって何百本とある。そんな辺鄙（へんぴ）な土地を流れる川の名など誰も知らないし、知らなくても誰も困らない。ほとんどが地図にも載っていない川ばかりだから、ある川を『極楽の川』と呼ぶ者もいれば『地獄の川』と呼ぶ者もいた。『女神の川』だと主張する女好きもいたし、『泥の川』と言って譲らないガリンペイロもいた。彼らは、この地がまるで自分の所有物であるかのように川や滝を好き勝手な名で呼んでいた。

浅く流れの速いこの川を『針の川』と呼んでいたのが、舳先に陣どる船頭だ。《ペトロリオ（原油）》、または《ペッシ・プレット（黒い魚）》と呼ばれている。この道二十年以上、腕の立つ船頭である。

「原油」や「黒い魚」は、もちろん本名ではない。不法の金鉱山に関わる者で本名を名乗る者は一人もいない。顔が原油のように黒いから、顔が魚に似ている黒人だから、そう呼ばれているにすぎない。見た目そのままの差別的な通称である。

「滝の名なんてどうでもいいから、オレの話を聞いてくれよ」

自信過剰の新入りがペトロリオに声をかけてきた。ペトロリオは無視を決め込んでいる。新入りがさらに大きな声で叫ぶ。

「おっさん、聞こえないフリをするなよ。聞こえてんだろう？　煙草を恵んでくれよ」

前方に新たな滝が見えてきたのはそんなときだった。

『白髪の滝』だ。新入りもそれに気づく。口調が一転して挑発的になる。

「あれが白髪の滝か？　ちゃんと乗り切ってくれよな。でっかい黄金を掘る前にこんなところで溺れ死んだんじゃあ、笑い話にもならないからな。聞いてるよな、おっさん」

船頭のペトロリオは黙ったままだった。ただ、ニヤリと口を曲げると、すぐにもう一人の船頭に目で合図を送った。エンジンを操る船尾の船頭が「待ってました」とばかり、親指を立てる。

二人の船頭は、これまで何千人ものガリンペイロを金鉱山に運んできた。連れ運んだ新入りだって何百人といたはずだ。百戦錬磨の船頭たちは、生意気な新入りの黙らせ方を熟知していた。

「新入り、死にたくなければちゃんと船にしがみついてろよ」

ペトロリオがそう宣告した瞬間、八十馬力のエンジンが全開となった。振動で船が揺れ、川の音がエンジン音にかき消されていく。

滝がどんどん近づいてくる。

雄叫びがあがる。

船が、ふたたび跳ねた。

2

ドイツ人の滝、白髪の滝、産婦人科の滝。いくつかの滝を越えたあと、お誂え向きの中州で休憩となった。

男たちが次々と船を降りていくが、新入りは船の中で退屈そうに欠伸（あくび）を繰り返している。最前列に座っていたにもかかわらず、下船は最後だ。そして、突如奇声を発して浅瀬に飛び降りるやいなや、半ズボンのチャックを開け放尿を始める。放物線の先にはいくつかの大きな石が転がっていた。尿が石に当たり、飛沫となって船内まで飛び散る。「おい新入り、どういうつもりだ？ふざけんじゃねぇぞ。船から離れてやれ」。先に降りていたペトロリオが怒鳴るが、放物線の向きは一向に変らない。何食わぬ顔で放尿を続けている。

新入りの耳には小言など入ってはいなかった。良く言えば、些事（さじ）を気にしない性格なのだろう。船に乗っている時からしてそうだった。揺れようが飛ぼうが、腕組みをしながら平然としていた。沈むことはないし自分が死ぬことも絶対にない。そう信じ切っている顔をしていた。

だが、エンジンを全開にして滝を越えることがどれほど危険なことなのか、想像力を働かせれば誰にだって分かる。転覆すれば周りは岩だらけだ。打ち所が悪ければ確実に死ぬ。運よく即死を免れたとしても、激流に飲み込まれれば泳ぐことなどできるはずがない。硬く尖った岩に何度もぶつかり、身体のどこかが一つずつ壊れていく。いずれにせよ、待っているのは死だ。なのに彼だけは、何が起きようとも絶対に助かる、そんな根拠のない自信を持ち合わせているようだった。吐き出される言葉にしてもそうだ。「おっさん、聞いてくれよ。オレにはチャンスがいくらでもある。いくらでもあるんだ。でっかい黄金を掘り当てて、黄金の帝王（レイ・ド・オーロ）になってやる。黄金の帝王、知ってるだろ？　でっかい黄金を掘り当てた金鉱山（ガリンポ）の王様のことだ。オレは黄金の帝王になるために来たんだ。必ずなれる。間違いない。おっさんたちもそう思うだろ？　なぁ、おっさん。ちゃんと聞いてるよな？」。これもまた、根拠のない自信に立脚している。

他のガリンペイロからすれば、噴飯ものの大法螺（おおぼら）吹きである。しかも、次々と繰り出される言葉は夢物語だけでは終わらなかった。目に見えるもの、耳に聞こえるもの、誰でも知っているような昔話。あらゆる事柄について喋りまくった。おっさん、あとどれくらいで着くんだ？　金鉱山ってどんなところなんだ？　酒はあるかい？　女はいるかい？　黄金ってのは重いのかよ、軽いのかよ。おっさんたちはでかい一発を当てたことはあるのか？　手のひらいっぱいの黄金だと百キロになるって聞いたけど本当かい？　おっさんたちもそんな黄金を見たことがあるのかい？　黄金を手にしたらどうするつもりだ？　なあ、聞いてくれよ。オレの生まれはフォルタレーザなんだ。フォルタレーザ、知ってるだろう？　でっかいホテルがたくさんあって、ワールドカップだって開かれたんだ。オレのことはフォルタレーザって呼んでくれよ。面倒なら、混血（カボクロ）でもいいからさ。おっさん、ちゃんと聞いてくれよ。

　大人の集団に一人、子どもが混じっているようだった。彼だけがお喋りで、落ち着きがなく、開けっぴろげである。しかも、他人の懐にずけずけと入り込み、あけすけな質問を無神経に畳みかける。ここが小学校であれば、それでも良かった。素直でいい子だと褒めてくれる先生がいたかもしれない。しかし、彼が一緒に旅をしているのは荒くれ者のガリンペイロであり、行き先は非合法の金鉱山だ。そこに生きる者はみな、開けっぴろげな言動を疎んじ、忌み嫌う。当り前だ。不法の金鉱山にやって来る男たちの多くは脛に傷を持っている。言うに言われぬ理由で逃れてきた者もいるし、殺人を犯した者や前科のある者も少なくない。刑務所を脱獄して逃げ込んで来た者だっている。ほとんど全員が本名を隠し、過去を隠している。隠し切れないときは、赤の他人の人生を借用するか、想像上の人生をでっち上げる。境界線を越えた先とはそういう世界である。

　にもかかわらず、新入りの喋りは一向に終わらない。聞いてくれよ、おっさん。おっさんはどこの出身だい？　シャバでは何をしてたんだい？　家族は何をしてんだい？　オレはヤクでパクられたことがあるんだけれど、おっさんはあるかい？

　用を足し終わって繁みから戻ってきた一人のガリンペイロがうんざりした表情で言い返した。

「あれこれ聞くのも自慢話をするのもいいけどな、おめぇは金鉱山のことを、いったいどれくらい知ってるんだ？」

　新入りがすかさず答える。

「そりゃあ知ってるさ。金鉱山はオレがツルハシ一つで大金を摑む場所さ」

　ふん、と中年のガリンペイロが口元で笑った。それを見て新入りの肩に力が入る。

「おっさん、自分に先がないからって笑うなよ。オレはな、おっさんと違って若いんだ。未来がどこまでも続いているんだ。チャンスだっておっさんよりずっとあるんだぜ」

「じゃあ、聞くがな。金鉱山の仕事を、おめぇ、どれくらい知ってる？　おめぇもガリンペイロの端くれなら、当然、知ってるよな？」

「当り前さ。何ならおっさんにも教えてやるよ。ちゃんと聞いてろよ。オレが行く金鉱山ってのはな、森の奥にでっかい穴があって、その下に黄金があるんだ。そいつを掘り出すのがオレたちガリンペイロの仕事だ。で、オレがツルハシで掘るとさ、土の中からでっかい黄金がお目見えするんだ。両手では持てないくらいのでっかい黄金だ。つまり、金鉱山というところはオレが大金を摑む場所ってことだ」

　舌打ちと嘲笑が同時に起きた。

「何が可笑（おか）しいんだよ」と新入りが口を尖らせる。

　中年のガリンペイロが「言い分は分かった。今度はこっちの話を聞け」と言い、「おい、手を見せてみろ」と野太い声をかける。新入りが手を差し出す。その手を摑み船中の者たちによく見えるように掲げ、言葉を続ける。

「この手を見てみろよ。まるで小娘の手だ。これじゃあ、穴を掘るよりお針子にでもなった方が無難だ。おまえ、身体を使う仕事をしたことがないだろ？　違うか？　おい、俺の手を見てみろ。ガリンペイロの手というのは、こういうんだよ」

巨大な手だった。節が大きく膨らみ、指先は水掻き（みずかき）のように肥大化している。一本一本の指も新入りの倍の太さがある。

「よく聞け、新入りのガキ。穴での仕事ってのはな、陽が昇ってから沈むまで、ずっと同じことの繰り返しだ。穴を削る奴はずっと削り続ける。ホースで土砂を汲み上げる者はずっと汲み上げる。一日十二時間以上立ちっぱなしだから、足はずぶ濡れ、顔は泥だらけになる。それでも穴の中で掘り続ける。それがガリンペイロだ。ガリンペイロの仕事だ」

別のガリンペイロもつまらなそうな声で言い捨てる。

「それができないなら、街に帰ってママのおっぱいでも吸ってんだな」


中州を出た船がさらに上流に向けて激流を遡（さかのぼ）っていく。ガリンペイロたちは相変わらず酒を飲み、新入りは喋り続けている。

そこから少し離れて、双方に乾いた視線を向ける男がいた。非合法の金鉱山を所有する黄金の帝王の手下で、通称は《ナバーリャ（カミソリ）》である。見てくれはヤクザ者そのもの。ひっきりなしに煙草を吸っては口に溜まったいがらっぽい唾を川に飛ばしている。口数は少ないが、稀に吐き出される言葉はどれも汚ない。

カミソリは街や村からガリンペイロを連れてきたり、黄金を運搬するときの用心棒を生業としていた。この世界の隠語で言えば「運び屋」だ。

船上の男たちと同様、彼も新入りのお喋りにはうんざりしていたが、それ以上に「バカな奴だ」と呆れていた。口が達者な輩は身体より先に口が動く。そんな奴は嫌われる。非合法の金鉱山では特に嫌われる。しかし、新入りに忠告をするほど、カミソリは温情や憐憫の情を持ち合わせてはいなかった。さらに言えば、マヌケな新入りが現場でどうなろうとどうでもいいことだった。彼の仕事は黄金の地に男たちを供給することにあり、それが滞らなければいいだけだった。難しいことではない。貧乏人はごまんといるし、新入りのように一攫千金の夢を見たがる奴なら掃いて捨てるほどいる。

立場上、舐められなければそれでよかった。饒舌な新入りは上下関係に頓着せず「おっさん、煙草をめぐんでくれよ」と言ってくる。カミソリに対しても口のきき方は変わらない。

四泊五日の長い船旅である。マヌケな新入りを連れて行く場合、カミソリは必ず強く出ることにしていた。

「おい、新入り！　喋る暇があったら川を見張ってろ！」

強い語気でそう命じる。新入りには警察の船を見つけたら逃げるためだと説明をしていたが、それは嘘だ。警察がここまでやって来ることはまずない。たとえやって来たとしても恐れるに足らない。ここは金鉱山からだいぶ離れた船の上だ。不法の金鉱山での労働は現行犯でしか罪にならないから、移動中は安全だ。もちろん、警察が突然銃を抜いて撃ってくることもない。

恐れるべき者は他にいる。野盗だ。この辺りで野盗といえば黄金を狙う強盗をいう。川に潜み、銃を持ち、苦労して地下から掘り出したものをかっ攫（さら）っていく。街で喰いっぱぐれた悪党連中がほとんどだが、敵対する金鉱山が「兵士」を派遣してくる場合もある。

少し前にはこんなこともあった。二人の男が川岸にいた。一人が運搬船に叫んだ。友だちがマラリアなんだ。助けてくれ。街まで乗せていってくれ。そう言い包めて船に乗り込んだ瞬間、隠し持っていた銃を乱射、黄金を奪ってどこかに逃げた。

黄金は小さくても高価な鉱物だ。たったの一グラムで百三十レアル（およそ四千円）の価値がある。一キロなら四百万円だ。奪おうとする者にとって、その小さささは大きな魅力に違いない。船に乗っている者を殺し、そいつのポケットから自分のポケットへ黄金を移し替えるだけでいい。だが、指を咥えて奪われるがままでいることを、カミソリのボスはけっして許してはくれない。命を賭して守らねばならなかった。

不法の金鉱山で採掘・精錬された黄金は年に何度か、換金のために下流の街まで運ばれる。小さな金鉱山でも五百グラム（二百万円相当）、大きなところでは十キロ（四千万円相当）を超える。いずれにせよ、大金であることに変わりはない。

野盗が狙うのは黄金をたんまり乗せて下流に向かう船だ。幸い、この船は上流に向かっているし、黄金も積んではいない。が、用心するに越したことはなかった。何より、新入りにはいい経験になる。自分たちがどれだけ価値のあるものを扱っていて、それを持つことがどれほど危険なことなのか、身をもって覚えることができるというものだ。カミソリはそんな意図から、新入りに「川を見張れ」と命じたのだ。

だが、ラッパー気取りの新入りは見張りを命じられても黙ろうとはしなかった。しかも、喋り疲れると欠伸を繰り返し、ついにはうたた寝を始める。

カミソリが新入りの頭を叩いて怒鳴りあげた。

「おい、小僧、誰が寝ていいと言った？　ちゃんと見張ってろ。今度眠ったら川に叩き落すぞ」

3

アマゾン最深部にある「黄金の地(テラ・ド・オーロ)」には、ガリンペイロのように掘る者もいれば船頭のように運ぶ者もいる。カミソリのような用心棒もいれば荒くれ者たちに食事を作る賄(まかな)いの女もいる。そして、その頂点に君臨し統べる者がいる。金鉱山の頭目、黄金の帝王である。黄金の地が法の支配の及ばない「ならず者どもの王国」だとすれば、彼こそが、かの地の「王」だ。

王である男は二艘の船から百キロほど上流にいた。土地の名はプリマヴェーラ(春)だという。彼が名づけたようだが、命名理由は分からない。ここには、王が決めたことに異を唱える者もいなければ、いちいち訳を問う者もいない。

そのプリマヴェーラで、百八十センチを優に超える大男が無線小屋に入っていった。髪は長く、金色の巻き毛が肩までかかっている。

格闘家のような後ろ姿だった。顔、肩、腰、臀部、太もも。すべてに厚みがある。特に目を引くのは臀部だ。右のポケットが異常なまでに膨らんでいる。拳銃が無造作に差し込まれている。銃身が長いタイプなのだろう。真っ黒で分厚いグリップがポケットからはみ出ている。

熱帯の生暖かい風が吹いてきて、金色の髪が靡(なび)いた。金髪は地毛だという。ラテン系や黒人やその混血が大多数を占めるこの国では極めて珍しい。男が北欧系だとすればありうるが、目の窪みや顎の形がそれを否定している。青い目と独特の窪みはゲルマンで四角形の割れ顎はアイリッシュに近い。仮にゲルマン系であれば、遥か昔にローマ帝国を蹂躙(じゅうりん)した蛮族の王と重なる。アイリッシュであれば、ヘビー級の歴史に名を残した伝説の拳闘家か。

男の出自は不明だ。苗字さえ分かれば、どの民族の出なのか見当ぐらいはつけられるものだが、それも分からない。ただひとつ、男がそう呼ばれることを好む呼称だけが畏怖を込めて知れ渡っているのみである。

男は、《黄金の悪魔（ジャブ・デ・オーロ）》と呼ばれていた。

プリマヴェーラの無線小屋で黄金の悪魔が指令を出す。

――プリマヴェーラよりフィローン（竪穴式の採掘場）へ。フィローン、聞こえるか。掘削機の刃は明日には届く。それまでは穴を掘るのは止めて石でも砕いてろ。ガソリンも明日、誰かに持っていかせる。

男の声はとても低かった。無線機を前にするとほとんどの男が大声になるものだが、彼だけは違う。低音で掠れ声、しかも、感情が一切表に出ない。ここは、未だ迷信深いアマゾンの密林の中である。悪魔の声だと言われれば、信じてしまう者がいるかもしれない。

再び、黄金の悪魔が低い声で話し始める。一つ、二つ。どこかに何かを命じる。暗号のような呼称が短波に乗って飛び交う。

――エスピーニョ（棘）、どれくらい溜まった？　マカク（猿）は何と言っている？　それなら明後日の午後に計量だ。それまでに土砂を洗っておけ。

――ネグロン（黒人に対する蔑称）、どこを掘るか決めたか？　早く決めろとティジェイロ（煉瓦）にも伝えろ。

――ラ・バンバ（爆弾野郎）か。間もなく新入りが来る。そっちに送る。

「棘」、「猿」、「黒んぼ」、「煉瓦」、「爆弾野郎」。すべて人の呼び名だ。黄金の悪魔と同じように、ここには本名を名乗るガリンペイロはいない。だが、通称を使うことは同じでも、黄金の悪魔とそれ以外の者との差はあまりに大きい。黄金の悪魔にとって、ガリンペイロは雇った者に過ぎない。言ってみれば、いくらでも替えの利く王の持ち駒だ。そんな下僕がここには百人以上いる。

太陽が地平線から昇って一時間が経っていた。

無線を使った定時連絡が行われるのは毎朝七時である。この頃になると、太陽は森の高さを越え陸地や川面を照らし始める。底深い地平が見える。黒かった森に色がつく。濃灰色に沈んでいた川が輝き始める。

無線小屋は周囲を一望に見渡せる高台にあった。三百メートルほど向こうに、蛇行する川と腐りかけた木製の桟橋が見える。港だ。港には数隻の船が係留されていた。どの船にも赤いペンキでＮＩＮＦＡ（ニンフ）と書かれている。自然界や森の精霊であるニンフはときに男を誘惑し地獄に突き落とす。それも黄金の悪魔が名づけたと言われているが、プリマヴェーラと同様、命名理由は分からない。

小窓しかない無線小屋で黄金の悪魔が指令を出し続けている。次が五カ所目だ。すべて、自身が所有する金鉱山である。

それらはまた、国家に届け出をした正規の金鉱山ではない。勝手に森に分け入り、勝手に穴を掘り、勝手に精錬をして莫大な富を得ている非合法の金鉱山、闇の金鉱山だ。アマゾンの密林の中にはそんな金鉱山がいくらでもある。ブラジルで産出される黄金の九十九パーセントは非合法の金鉱山で掘られたものだとさえ言われている。この国にどれくらいの闇の金鉱山があり、産出量はどれほどなのか。政府でさえ正確な数字を把握することができない。黄金の悪魔が一年でどれくらいの黄金を手にしているのか、それも分からない。少なく見積もっても年間三十キロ（一億二千万円相当）は下らないと噂されているが、定かではない。黄金の悪魔もその配下の者たちも、闇の金鉱山の詳細を部外者に語ることなど絶対にありえない。

――ピメンタ、聞こえるか。

黄金の悪魔が六ヵ所目の場所を呼んだ。周波数はそのままだが、そこは金鉱山ではなかった。下流の街と黄金の地とを結ぶ中継地点である。

《ピメンタ（唐辛子）》と呼ばれた男がか細い声で答える。「ピメンタです。こちら、異常はありません。夜明けからずっと川を見てましたが、不審な船は一隻も通っていません」

黄金の悪魔が最後の指令を手短に言う。

――分かった。監視を続けろ。それとな、いつもの頼みだ。明日の夕方、ガリンペイロが街から川を上って来る。そっちに泊まる予定だから、精のつくものを食わせてやれ。

無線連絡が終り、黄金の悪魔が小屋から出てきた。目つきが鋭い。羽織っただけの薄いシャツの合間から厚い胸板が覗いている。

朝の光が巨体に当たったとき、はだけた胸元で何かが煌めいた。黄金の悪魔が歩くたびに強い光を放っている。

首からぶら下げられた黄金のネックレスだった。

ネックレスは極太で、三本あった。どの鎖にもペンダントヘッドのような金塊がついている。歪（いびつ）な金塊である。表面には溶岩のような気泡があり、重症の火傷のように爛（ただ）れている。地中から掘り出した黄金を何の加工も加えずにそのまま取りつけたのだ。美しい装飾品にはとても見えない。頭を叩き割るか首を絞めるための禍々しい武器、あるいは、呪術師が敵を呪い殺すときに使う不吉な道具を連想させる。

男が歩くたびに、黄金の鎖と歪な金塊がぶつかり重々しい音を立てていた。暴力的で忌まわしい音を引き連れて歩くさまは、蛮族の王そのものだった。

4

王が座するプリマヴェーラから下流へおよそ五十キロ。その下僕たちを乗せて上流に向かう二艘の船からはおよそ二十キロ。そこに一人の老人が暮らしている。街と金鉱山を結ぶ中継小屋の小屋番、ピメンタである。

朝の定時連絡が終わりピメンタ老人が無線小屋から出てくると、決まって家畜たちが一斉に鳴き始める。犬や猫はもちろん、鶏やアヒルも身を擦り寄せてくる。老人は猫と犬の頭を一匹ずつ撫でた後、鶏とアヒルを交互に見ながら、こう話しかける。「すまないなぁ。またおまえさんたちを絞めなきゃならないんだ。ガリンペイロに食わせてやらないといけないからな。すまないなぁ。許しておくれ」

ピメンタは引退したガリンペイロで、ここに一人で暮らして五年になる。本人は自分の年齢を忘れてしまっているが、六十を超えているのは間違いない。髪は真っ白で喉元の皺や腹の弛みは老人そのものである。ただ一点、肩幅だけがかつてガリンペイロであった頃の名残を辛うじて留めていた。

街と金鉱山は雨季で三〜五日、水量が減る乾季なら一週間以上はかかる。そのため、ルート上にはいくつかの中継小屋が設置されていた。ピメンタの小屋はその一つだが、最も規模が大きい。大小合わせて十棟ほどの小屋と倉庫があり、二十人が一緒に食事をとることができる食堂もある。

かつてはここも金鉱山だった。一九九〇年代にこのP川水系でゴールドラッシュが起きたとき、真っ先に掘られた土地だという。黄金が枯渇して廃坑となったのは五年ほど前のことで、黄金の悪魔が二束三文で買い取り中継地点に作り替えたのだ。

通常、小屋番の仕事と言えば、家屋の維持管理と立ち寄る船頭やガリンペイロに食事を出すことだ。だが、それ以外にも、ピメンタには極めて重要な任務が与えられていた。川を行き交う船の監視である。警察のものらしい船が上ってくれば、プリマヴェーラに緊急の無線を入れるのだ。一報を受けたら、黄金の悪魔はすぐにセスナを呼び黄金の地を脱出する手はずとなっていた。

調理、食事、就寝以外のほとんどの時間を使って、ピメンタはたった一人で川の監視を続けていた。退屈で単純な労働だが、気を抜くことは許されなかった。さぼり癖のある者や怠け者にはけっしてこなせない務めである。

川の監視に比べれば、食事と寝床の提供は楽な仕事のはずだ。ここにハンモックを吊れと命じ、トイレの場所を教え、着いた日の晩飯と翌日の朝飯を作ればそれでいい。どのみち自分の食事も作るのだから、面倒が少し増えるだけのことだ。

しかし、ピメンタにはどうしても馴れないことがあった。屠畜である。小屋番になって五年、彼はそのほとんどを動物たちと一緒に暮らしていた。中継小屋には犬が三匹、猫が十四、鶏とアヒルが五十羽以上いたし、野生の仔鹿の餌付けもしていた。家族同然の生き物たちを絞めねばならなかった。もう一度「すまないなぁ」と言って、逃げずに纏わりついていた鶏の首を摑む。深呼吸をしてそのまま持ち上げる。

しっかり目を瞑り、雑巾を絞る要領で細い首を捻った。あれほど鳴き叫んでいた鶏がすぐに声を失った。

船が中継小屋に着いたのは夕方の五時頃だった。

新入りは相変わらずだった。桟橋で待っていたピメンタにカミソリが「爺さん、元気か？」と聞いたときもそうだ。ピメンタはやけに大きな声で「まあまあだ」と応じたのだが、その声の大きさに過剰に反応し、さらに大きな声で喋り出す。耳の遠い爺さん、聞いてくれよ。晩飯は何だい？　酒はあるのかい？　煙草はどうだ？　どうしてあんたはピメンタって名になったんだ？爺さんもガリンペイロだったのかい？　景気のいい話を聞かせてくれよ。どれくらい黄金を採ったことがあるんだ？　一番の大物はどれくらいだ？　なんで小屋番なんかをしてるんだ？　身体でも悪くしたのか？　カネがいいのか？　爺さん、オレの話をちゃんと聞いてるよな？　そのお喋りはカミソリが怒鳴るまで止むことはなかった。

すぐに夕食となった。献立には、ニンニクと一緒に炊き上げたコメ、カボチャとニンジンが入ったフェジョン（豆を煮込んだブラジルの代表的な家庭料理）、カラブレーザ（燻製にしたソーセージ）と玉葱の炒め物、それに絞め殺した鶏のフライと鶏とジャガイモを香辛料で煮込んだ料理が出た。ピメンタはこの饗応のために三羽の鶏を絞めていた。

御馳走だったから、皿はあっという間に空となった。すると、新入りがもっと食いたいと言い出した。ピメンタが少し慌てて「もう鳥さんたちは寝ているから、またにしてくれよ」と真顔で拒絶する。「鳥さんだってよ、おかしな爺さんだな」と新入りが囃（はや）し立てる。ピメンタが顔を赤くして下を向く。

船頭のペトロリオが「爺さん、この生意気なガキにあの話を聞かせてやれよ」と助け船を出した。「そうだ、話してやれよ」と別の船頭も言う。何の話か知らないガリンペイロたちも「それはぜひ聞きたいな」と話を合わせる。

あの話とは、小屋番となるきっかけにもなったガリンペイロ時代の武勇伝だった。

十年ほど前のことだ。雨季の長雨で地盤が緩んでいたとき、穴の上に設置されていた重機がずるずると穴に滑り落ちていった。重機は二百キロ以上あったが、近くにいたのはピメンタだけだった。斜面の下に素早く回り込み、滑り落ちていく重機を支えた。助けを呼んだが、他の者たちは黄金探しに夢中で異変が起きていることに気づかなかった。

重機は途轍（とてつ）もなく重かったという。すぐに声も出なくなった。やがて、滑り落ちてくる重機の先端が右足の甲と膝にめり込み、肌が裂け血が噴き出した。赤茶けた地面が瞬く間に鮮血色に変わった。それでも、仲間が来るまでピメンタは重機を支え続けた。

その翌日のことだった。重傷を負ったピメンタの小屋に黄金の悪魔が訪ねて来た。王は見舞いとして黄金百グラム（四十万円相当）を与え、一言、「大した奴だ」と言った。

身を挺して重機を守ったこの一件を契機に、ピメンタは黄金の悪魔からの信頼を獲得することになった。が、その信頼とは王の右腕としての信頼ではない。ピメンタには事業を拡大する能力もなければ、問題が起きた時に巧みに回避する才もない。機転は利かない方だし、腕っぷしがあるわけでもない。彼にはただ、従順さだけがあった。言われたことは必ず最後までやり、怠けず、人に騙されることはあっても騙すことはない。ピメンタはそんな従順さを買われたのだ。そして、老いて引退したのちも小屋番として雇われ続けることになる。

ピメンタの昔話がしばらく続いたが、新入りは眠たそうだった。彼にしてみれば、何一つ惹かれるところのない話なのだろう。彼の唯一無二の関心事は「でっかい一発」を掘り当てること、それだけだった。

新入りの退屈そうな顔を見て、カミソリが乱暴な言葉でこう言った。

「おい、新入り、眠ってんじゃねぇだろうな、クソ野郎。ピメンタの爺さんはな、自分の身体よりも重機を守ろうとしたんだ。そんな男だから、ボスはここを任せたんだ。ガリンペイロってのはな、口先じゃなくて身体で商売するんだよ。おまえも忘れるんじゃねぇぞ」

それでもまだ、新入りは相変わらず眠たそうな顔をしたままである。

舐められたと感じたカミソリがいきり立ち、新入りの頭を摑む。そして、「おい、新入り、爺さんの傷を見てみろ」と言って、ピメンタの膝と足の甲に新入りの顔を強引に近づける。

確かに、そこには古く大きな傷跡があった。皺だらけの肌が黒ずみ、ギザギザとなった肉が蚯蚓腫れになっている。新入りの頭を摑んだまま、カミソリがもう一度言う。「いいか、小僧。本当のガリンペイロってのはな、爺さんのように黙って仕事をしてきた男のことなんだよ」

その言葉を聞いて老人が照れたように笑ったが、新入りはと言えば、退屈そうだった顔が人を小馬鹿にする表情に変わっただけだった。鳥や猫と仲良く話をしている爺さんがなぜ本物のガリンペイロなのか。一攫千金を手にするのは自分だと信じている男には到底理解することができなかったのである。

すぐに疑問の言葉が口から飛び出てきた。「聞いてくれよ。爺さんが本物のガリンペイロだって？　本物のガリンペイロってのはさ、ゼ・アラーラのような男を言うんじゃないのか？　ゼ・アラーラは知ってるよな？　ツルハシ一本ででっかい黄金を掘り出した凄い奴だ。ゼ・アラーラのような男こそが、本当のガリンペイロなんじゃないのか？　この爺さんもゼ・アラーラのように黄金をたんまり掘り当てたことがあるのか？　あるんだったら、なんでこんな辺鄙なところで、犬猫相手に一人淋しく暮らしてるんだ？」

話は老人への侮蔑だけでは終わらなかった。「聞いてくれよ。あんたらにも本物のガリンペイロ、ゼ・アラーラのことを教えてやるよ」と言って、長いお喋りが始まったのである。

通称《ゼ・アラーラ（金剛インコのジョゼ）》。ガリンペイロであれば、彼のことを知らない者はいない。貧民から大富豪に昇りつめた伝説のガリンペイロだ。その途方もない稼ぎも魅力には違いないが、彼をそれ以上に有名にしたのは成功者となってからのハチャメチャぶりにある。例えば、子分やら愛人やらを引き連れてリオに遊びに行ったときのことだ。空港からはリムジンをチャーターしたのだが、座席には札束がびっしりと入った鞄がたくさん積まれていた。ほどなくボサノバが歌われていそうな小洒落た通りに到着すると、子分やら愛人やらに鞄を一つずつ渡し、こう言った。「こいつで好きなものを欲しいだけ買ってこい！」。真偽の程は定かではないが、似たような話はいくつも伝わっている。またしても大勢の子分を連れてバカンスのため空港に行ったときのことだ。予約などしてはいなかったから、発券カウンターで満席だと言われてしまう。ゼ・アラーラが子分に鞄を渡しこう言い放つ。「こいつで、この飛行機会社を買ってこい！」。さすがにジェット機を運航する航空会社を購入することはできなかったが、子分は何と、近くのセスナ会社からセスナを何機か買ってきたという。もちろん、パイロット付きで。

新入りにとってもゼ・アラーラは英雄なのだろう。案の定、彼が熱く披瀝（ひれき）したのはその手の話だった。

誰もがしらけていた。そんなことはガリンペイロなら誰でも知っている話でもあるからだ。ひとり、新入りだけが遠い目をして熱弁を揮い続けている。そして、何十分もかけてゼ・アラーラの逸話を喋り切ったあと、こんな同意を求めるのだ。

「ちゃんと聞いてたよな？　すごいよな、ゼ・アラーラは。そこの爺さんとはえらい違いだ。

ゼ・アラーラこそが本物のガリンペイロだ。オレも、ゼ・アラーラのようになる。きっとなれる。おっさんたちもそう思うだろう？　そこの動物好きの爺さんだって、そう思うだろう？」

5

翌朝、中継小屋を出た二艘の船はすぐに別の川へと分け入った。R川である。R川はこの先二十キロほどで二股に分かれる。その一方（正式の名はないが、ここではR2川とする）を十キロほど遡ったところに「黄金の地」はある。

中継小屋から金鉱山までは直線にして三十キロ、蛇行する川に沿って計測したとしても五十キロほどだ。広大なアマゾンからすれば、さほどの距離ではない。だが、川は一層激しく曲がりくねり、難所が続く。P川同様、R川もR2川も流れは速く、川底はさらに浅い。浅瀬に乗り上げてしまい、船が立ち往生することも日常茶飯事となる。水が十分にあるところも油断はできない。両岸の木々が川を覆っている所もあれば、倒木が行く手を阻んでいる場所もある。そのたびに、チェーンソーや山刀で幹や枝葉を叩き伐りつつ前へ進まねばならない。そもそもが、ガリンペイロ以外に行き交う者などいない川である。幹ならひと月、枝なら半月、蔓であれば四、五日で川を覆いつくしてしまう。航行のたびに船頭たちが「整備」をしたところで、その暴力的な繁茂力の前では蟷螂（とうろう）の斧でしかない。

とうてい金鉱山には辿り着けず、その日は川岸での野営となった。十日ほど前に誰かが野営をした場所だと言うが、雑草や灌木が深く生い茂り、その形跡は微塵もない。全員が山刀を振り「再整備」を行わねばならなかった。

小一時間ほどをかけて、夜を明かせるだけのスペースが出来上がった。あとは火を熾してカフェジーニョ（ブラジル人が好む砂糖入りのコーヒー）を作り、ビスケットと一緒に胃に流し込んでしまえば他にすることはない。蚊だらけの小川で身体を洗って木陰で小便をして寝るだけだ。

時間がいくらでもあったその夜、カミソリはガリンペイロにまつわる話を新入りにいくつか聞かせた。

最初に語ってやったのは黄金の悪魔がまだ一介のガリンペイロだった頃の話だった。鉱脈を探す過程で、彼は何度となくマラリアにかかったという。医師も薬もない森の中で、四十度を超える高熱と鞭で打たれるような関節痛、さらには舌を嚙み切ってしまうほどの震えと悪寒が続いたのだ。そんなとき、黄金の悪魔は何日も川に浸かって熱を冷ますことに専念した。もちろん、何も食わずにである。簡単そうに見えるが、誰もができる芸当ではない。アマゾンの奥地は街場とは違う。一人で耐え、その場にあるものを工夫して使い――この場合は川の水だ――生き抜かねばならない。黄金の悪魔はそれを忠実に実行したのだ。

最初の十年間は一粒の黄金も掘り出すことができなかったという話も聞かせてやった。このときも彼は耐えた。空腹に喘いでも何度目かのマラリアになっても耐えた。

なぜ耐えることができたのか。カミソリは一度だけ訊ねたことがあった。金鉱山の王は冷たく低い声でこう言ったという。『力、知性、運。成功するためにはそのすべてが必要となるが、大切なものは実はそのどれでもない。黄金を求める飽くなき野心こそが、最も大切なのだ』

「おめぇにそんな野心はあるか？」。新入りに問うてみたが、反応は薄かった。欠伸を嚙み殺したような声で「あるに決まってるさ」と答えただけだった。

上に立つ者がいかに注意深いかも聞かせた。黄金の悪魔は何度も命を狙われたことがあったからだ。港で待ち伏せされたこともあったし、ガリンペイロに扮した殺し屋が襲ってきたこともあった。だが、かすり傷ひとつ、負ったことはなかった。運もあるだろうが、それ以上に用心深いのだ。カミソリ曰く「病的なほど」だという。金鉱山を移動するときはいつも拳銃を後ろポケットに入れ、必ず用心棒も従えている。街に帰るときは船ではなくセスナを使う。おんぼろのセスナが落ちる確率より、船で移動するときに襲われる確率の方が遥かに高いと踏んでのことだ。

そんな用心深さについても、彼は黄金の悪魔に訊ねたことがあった。『あのキリストでさえ裏切られたのだ』。闇の金鉱山の王はそう言ったという。「新入り、俺の言っていることが分かるか？　おまえが憧れている黄金の帝王（レイ・ド・オーロ）ってのはな、そういう存在なんだよ。野心があって、辛抱強くて、用心深い。青臭い夢物語ばかり喋るおまえとは雲泥の差なんだよ」

だが、何も経験してはいないがゆえのお気楽さからか、新入りがこう言い返す。「そうかい。じゃあ、聞いてくれよ。オレからすれば、あんたらの頭目は臆病な小物に見えるけどな。王であれば、ゼ・アラーラのようにやることなすことでっかくなきゃな」

その瞬間、カミソリの目が吊り上がった。怒りと驚きと呆れがないまぜになっている。最後には、こんな悪態をつきかねない顔になる。こいつは正真正銘のバカだ。こんなバカが黄金の帝王に憧れるなんて笑うしかない。だいいち、能天気で無能な奴が黄金の帝王になれるはずがない。奇跡でも起きない限り無理だ。奇跡が起きても無理だ。そもそも、ガリンペイロの仕事が務まるかどうかも怪しい。こいつがなれるものがあるとしたら、惨めな敗残者ぐらいだ。おまえには敗残者がお似合いだ。

長く闇の金鉱山にガリンペイロを運んできた男は無数の敗残者を見てきた。連中の末路はみな惨めだった。五十年も掘った末にすべてを諦めた男がどうなってしまったか。借金を抱えて逃げ出した者にどのような運命が待っていたか。他人の黄金を盗んだ者が、どこで、どのように消えていったのか。彼はそのすべてを知っていた。どいつもこいつも楽をして黄金を得ようとした小賢しい奴らで、口ばかりが達者だった。何より、苦境を耐え抜こうという覚悟が決定的に欠落していた。

怒鳴り上げるか、敗残者のことを話すか。が、それより早く、新入りが「聞いてくれよ」と言って、ゼ・アラーラの逸話を話し始めようとした。カミソリが汚い言葉でそれを制し、「黙れ、俺は寝る。おめぇも寝ろ、クソ野郎（カラーリョ）」と言った。

6

翌日、夜明けとともに森の野営地を出た船は、その日の夕方、「黄金の地」に到着した。名もない船着き場を出てから五日後のことである。

非合法の金鉱山の玄関口だというのに、どうということのない佇まいだった。川底に打たれた杭、横板の所々が腐って抜けている桟橋、ニンフと書かれた何隻かの船、高床式の倉庫。壁のない掘立小屋が何棟か建ち、無人のハンモックがいくつも風に揺れている。奥地ならどこにでもある小さな集落と変わりがない。

ビニールでできた真新しいリュックを背負って、新入りが船を降りた。相変わらず落ち着きがない。周囲をキョロキョロと見渡し、それがすぐに不審な顔に変わる。ほんとうにここが金鉱山なのか、訝（いぶか）しんでいる。

巨大な穴はどこにもないし、重機の音も聞こえなかった。黄金がどこかに飾られているわけでもなければ、ガリンペイロらしき男の姿も見当たらない。彼の目に映るのは、蛇行する川の淵に船が停泊しているだけの長閑（のどか）な風景である。

堪らず、新入りが訊ねる。

「聞いてくれよ。ほんとにここが金鉱山なのか？」

カミソリが「そうだ、ここが金鉱山だ。文句でもあんのか？」と答えると、「いや……、何もないけどさ」と口ごもる。カミソリが言葉を続ける。

「ついでに教えてやるが、俺たちはこの一帯をプリマヴェーラと呼んでいる」

新入りの顔がピクンと動く。プリマヴェーラという言葉に反応したのだ。

「プリマヴェーラ（春）だって？　変な名前だな。何で春なんだ？　え？　何でなんだ？」

舌打ちをしながら、カミソリが「知らねぇな」と答えるが、「知らないはずないだろ」としつこく絡み続ける。カミソリがキレて捨てゼリフを言う。「プリマヴェーラという名が気に入らねぇなら、おまえが勝手に名前をつけて、一人で呼んでろ」

カミソリにしてみれば、港に着いたところで運び屋としての仕事は終わったのだ。あとは番頭役の男に引き渡せば業務は万事完了。これ以上、新入りに構ってやる義理はなかった。

港ではガソリンの荷下ろしが始まろうとしていた。あの堆く積まれていた六十リットルのポリタンクである。

船頭のペトロリオがタンクの上に登り、大声で加勢を求めた。港に隣接する小屋から、ぞろぞろと仲間の船頭たちが出てくる。手にはピンガの大瓶が握られていた。荷下ろしの前に、船旅の無事を祝って杯が交わされるのだ。

タンクの上に乗ってロープを解いていたペトロリオが酒瓶を受け取った。口いっぱいに安酒を注ぎ、一気に飲み下す。一言礼を言って街から買って来た土産を船頭仲間に投げる。フィルター付きの紙巻き煙草。ここではマリファナ以上の貴重品だ。受け取った船頭の顔に笑みが零れる。火を点け、深く吸い込み、美味しそうに煙を吐き出す。煙草が回され、一人一人が味わうように煙を天に向かって吐き出している。

そんな時だ。「オレにもくれよ。なあ、聞こえてるよな?」と声がした。新入りだ。カミソリが目を離した隙に船に乗り込むと、煙草とピンガをねだり始めている。陸からカミソリが怒鳴るが、引き下がるような新入りではなかった。荷下ろしを手伝うでもなく、船頭たちに付きまとい続ける。あっちに行ったりこっちに行ったり。小さなペットがご主人様に媚びを売っているようだ。

ねだることを諦めたと思えば、次は質問攻めが始まった。聞いてくれよ、聞いてくれよ。金鉱山ってどんなところなんだよ。穴はどこにあるんだよ。稼ぎはどうなんだ? あんたら、いくらもらってんだ? ガリンペイロを紹介してくれないかな。頼むよ。そうだ、聞いてくれ。オレの生まれはフォルタレーザなんだ。おまえさんたちはどこだい? なんでガリンペイロにならないで船頭をやってるんだ? そんなにいいカネをもらってるのか?

見かねたカミソリが船に乗り込み、新入りの首根っこを摑んだ。唾を吹きかけるほどの勢いで怒鳴りつける。

「おい混血(カボクロ)! うるせえぞ(プータ・キ・パリウ)! これ以上仕事の邪魔をしたらピラニアの餌にするぞ!」

カミソリが引きずるようにして船から降ろし、陸地の方に向かって引っ張っていく。「どこに連れて行くんだよ」と新入りが足掻(あが)く。カミソリが「あっちだ」とでも言うように陸の方に顎をしゃくる。

　カミソリを先頭に川を背にして歩き出す。

　港の周りは湿地帯になっていた。所々に大きな水溜まりができている。いや、水溜まりではきかない。池か、沼だ。

　湿地帯は三百メートルほど続き、水が乾いたところに高床式の建物がいくつか建っていた。港から建物までは、高さ一メートルほどの桟橋が渡されている。

　横板が抜けている桟橋を歩く。が、橋の下で小魚がぴちゃんと跳ねると、新入りが足を止め小魚を目で追い始める。カミソリが吊り上がった目を向け「早くしろ」と再び顎をしゃくる。それでも眺め続ける新入りを乱暴な声で脅す。「おい、おまえ。この沼にいるのは小魚だけじゃねぇぞ。猛毒の珊瑚蛇（コーラル）やら、ばかでかい鰐（ジャカレ）もわんさかいる。おまえ、珊瑚蛇は知ってるよな。嚙まれれば二時間もしないうちに死ぬぞ。誰かに突き落とされないように、せいぜい気をつけるんだな」

　三百メートルの桟橋を歩くと、行きつく先に小屋があった。カミソリが「カンチーナだ」と言った。

　カンチーナとは大衆的な食堂のことで、ブラジルの公用語のポルトガル語ではなくイタリア語である。なぜイタリア語なのか、謂れはいたって単純だ。主にブラジル南部に移民してきたイタリア人は小さな食堂を開く者が多かった。日系人の多くが農民かクリーニング屋、ドイツ人が鍛冶屋か牧童（ガウショ）になったように、お国柄があるのだろう。イタリア人が経営するカンチーナはどれも三坪から五坪と小さなものだったが、食べ物だけではなく、その土地の者が必要とする気の利いた商品が必ず置かれていた。田舎であれば砂糖に塩、ロープや山刀や麻袋、懐中電灯に乾電池、ビニールのサッカーボールに一リットルのビール瓶に詰められたガソリンやオイル。箱から取り出されバラ売りにされている薬品。都会であれば、様々な言語の日刊紙にエロ雑誌やトトカルチョなどが加わる。食堂であり、八百屋でも肉屋でも雑貨屋でも薬屋でも本屋でもある。現代のコンビニと同様に、用がある者もない者も日に一度は立ち寄るような店だ。どの店もおしなべて繁盛したから、大勢の者が真似をするようになった。ポルトガル人も日系人も混血の者も解放された奴隷たちも似たような食堂を開き、イタリア人の成功に肖って「カンチーナ」という呼称をそのまま使った。以来、商品を扱う食堂のことをブラジルではカンチーナと呼んでいる。

カンチーナに入っていくカミソリの後ろを新入りが大股でついていく。だが、商品らしいものは一つも陳列されてはいなかった。新入りが喚く。「なぁ、どこがカンチーナなんだよ。食い物のメニューもなければ、売り物もないじゃないか」。カミソリが壁を指さして「あっちだ」と答えたが、その方向にも壁があるだけだった。再度新入りが「壁しかないじゃないか」と問い質すように言う。カミソリの堪忍袋の緒が切れる。いい加減にしろという表情を作り、こう言い放つ。「おめぇみたいなのが盗まないように壁の向こう側にあるんだよ、クソったれ」

壁は九枚の合板によって作られていた。ひとつが縦一メートル、横二メートルほどで、それぞれに蝶番と南京錠が取り付けられている。壁は畳むことができるようだった。

カミソリが小屋の外でセメントを運んでいた男に叫んだ。「おい、誰か金庫の野郎を呼んできてくれ」。そう言ったきり、新入りの方を見ようともしなかった。

暇を持て余した新入りが長テーブルに座って周囲を見渡し始める。小屋は六、七メートル四方ほどで、長テーブルと椅子が乱雑に並べられていた。四方の柱の上部には三角形の台が取り付けられていて、大きなスピーカーが載っている。足元に目をやると、煙草の吸殻やピンガの空き瓶が散らばっている。犬や鶏の糞まである。さらに、高床の下を隙間から覗くと、そこもゴミだらけである。糞蠅の羽音が隙間だらけの床下からぶんぶんと聞こえてくる。

大袈裟に鼻をつまみながら、新入りがカミソリに訊ねる。

「で、この汚らしいカンチーナの名前は何というんだ？」

カミソリが再度、捨てゼリフで答えた。

「名前？　カンチーナはカンチーナだ。気に入らないのなら自分で名でもつけて、一人で勝手に呼んでろ」

しばらくすると、カンチーナに混血の男がやってきた。無精ひげを生やした痩せた男だった。ガリンペイロや船頭とは雰囲気も体つきも違っている。カミソリに呼び出された《金庫（コーフリ）》という男だった。

カミソリが新入りに言った。

「いいか、これからカンチーナについて教えてやる。こいつはここの番頭で、カンチーナの鍵番だ。他にもボスの下でいろんな手助けをしている。言ってみれば、ボスの補佐役だ。おい、金庫、このガキに中を見せてやってくれ」

頭目の補佐役だという男の手には鍵の束が握られていた。大きな鍵が十個以上、金属の輪で一つに束ねられている。

見分けのつかない鍵だった。すべてが同じ鍵に見える。だが、男は瞬時に正しい鍵を選び、慣れた手つきで一つ一つの鍵を開け、壁を畳んでいった。

真っ暗だったカンチーナの内部に光が差し込んでいく。様々なものが棚に陳列されているのが見えてくる。覗き込んだだけでも、酒、煙草、缶詰、乾電池、様々な太さのロープや紐、長靴、針金、斧、鉈、山刀、刃渡りが異なる数種類のナイフ、ワット数の違うランプ、トタン、散弾銃の弾、ビニールシート、ビスケット、粉ミルクやスナック菓子に衣類や男性化粧品まである。親に連れられ初めてデパートに来た子どものように、新入りの首が上下左右に激しく動く。

「あとは頼んだ。ひと眠りして夜にまた来る」

そう言うと、カミソリがカンチーナを出ていった。

金庫の説明が始まる。

「ここがカンチーナだ。何でもある」

金庫が一メートルほどの仕切りを飛び越えカンチーナの中に入る。キョロキョロしながら、新入りも飛び越えようとする。その瞬間、乾いた声が飛んできた。カミソリのように怒鳴り散らす話し方ではなかったが、冷たい声だった。

「待て。そこから動くな。誰が入っていいと言った？　俺がいいと言ったか？　中に入ることができるのは許された者だけだ。おまえさんは許されてはいない。いいか、ここの重要なルールは、いいと言われるまでは何もしてはいけないということだ。勝手なことをすると始末されても文句は言えない。分かっていると思うが、ここはそういう土地だ」

抑揚のない声だった。カミソリのようなヤクザ者は金鉱山にはいくらでもいるが、金庫のような男は珍しい。数字に強い詐欺師か悪徳弁護士を連想させる。新入りがこれまで生きてきた世界にもまずいなかったタイプだろう。声も顔も無表情で感情の表出は少し動く口元ぐらいだ。

その金庫が「このカンチーナでは、買う側が商品を手に取って自由に選ぶことはできない」と言った。つまり、店番に欲しいモノを伝え、取り出してもらうシステムだった。金庫はそこで間を置き、わずかに口元を歪ませながらこう付け加えた。「ここにやって来る者の多くは訳ありの男たちだ。商品を手にしたら最後、どこかに隠し込んでしまうかもしれないからな」

一人カンチーナの中に入った金庫が右端にあるレジに向かう。新入りに「俺の前に来い」と促す。レジのカウンターを挟んで両者が対面する形になる。

金庫が引き出しから古びた紙の束を取り出した。帳簿だ。それを見せながら説明を始める。

「ここにはおまえさんがこれから必要になるものが何でも揃っている。しかも、現金がなくても買うことができる。決済はすべて、おまえさんがこれから掘り出す黄金で行うからだ。つまり、何でもツケで買えるが、月に一度、おまえが掘り出した取り分から差し引かれる仕組みだ。分かったか？」

新入りが盛んに首を縦に振る。金庫が帳簿の束をぺらぺらと捲（めく）りながら話を続ける。

「収益より借金の方が多い場合はどうなるか。ここには悲惨な奴がごまんといるから、それも教えてやる。例えばこいつだ。《ゴミ野郎（リッショーニョ）》という男の明細だ。ビール、ビール、またビール。月に百本以上は飲んでいる。ウイスキーまで買っている。それに長靴に乾電池にビニールシート。この月のツケは黄金五十グラム（二十万円）だ。で、ゴミ野郎の取り分はいくらか……ここに書いてある。十二グラム（四万八千円）だ。足りない分が借金になる。黄金をたんまり掘り出すか酒を我慢しないと、ツケはどんどん溜まっていく。最終的に奴の借金がいくらになったかというと……、三百グラム（百二十万円）だ。これでは、何をしにここに来たのかまるで分からない。馬鹿な男だ。それでこいつはどうなったか……。殺されたって？　違うな。働いている限りは殺されることはない。こんな男でも、ある日突然、黄金の女神が微笑むことがある。新入り、よく聞け。こいつは逃げたんだ。借金を残したまま逃げたんだ。すると、どうなるか。この一帯の金鉱山にお触れがバラ撒かれることになる。一帯には百を超える金鉱山があるが、ほとんどすべてに連絡がいく。一つ一つ金鉱山を無線で呼び出し、ボスか俺がこう伝える。ゴミ野郎というガリンペイロが逃げた。そっちに行ったらすぐに報せろ。ゴミ野郎がのこのこやってきたら、奴にもこう伝えろ。殺されたくなかったら、戻って来て働くかカネを返すか、どちらかにしろ。それでも逃げたらどうなるって？　殺される。当たり前だ。それがここのルールだ。いいか、奴がやったことは泥棒だ。しかも、ここで最も価値のある黄金を盗んだんだ。ここでは、人の命よりも黄金の方が何万倍も価値がある。おまえも覚えておけ。人様の黄金を盗んだ者は死ぬことになっている。それが決まりだ。いいか、新入り。これから、ここの掟を教えてやる。こんな場所だから決まりごとは重要だ。それを頭に叩き込むんだ。掟さえちゃんと守っていれば、どんなアホでも殺されることはない」

金庫がこの金鉱山の不文律だという掟を一つ一つ語り出した。

「この金鉱山は誰でも受け入れる。前科の有る無し、犯罪者であることを問わない。本名を名乗る必要もない。もちろん、身分証明書の類も不要だ。つまり、黄金さえ掘っていれば、何をするのも自由だということだ。ただし、コメと豆（フェジョン）は支給するが、それ以外の食いものは自分でどうにかしろ。コメと豆で足りなければ、森で獣を撃つなり川で魚を釣って凌げ。住む小屋も自分で建てろ。銃を持つのも自由だが、ヤクをやったり売ったりするのは厳禁だ。ここは、おまえたちがヤクを売って儲けたりラリったりする場所ではない。黄金を掘り出して稼ぐ場所だ。取り分も決まっている。所有者が七〇パーセント、ガリンペイロが三〇パーセントだ。さて、ここからが大切だ。いいか、よく聞け。そして、必ず守れ。親しい者にも、この場所を明かしてはならない。

この場所を誰かに明かした者は殺される。他人の黄金を盗んだ者も殺される。以上だ。何か聞きたいことはあるか？」

一句一句、厳めしい言葉が勅語のように厳粛に語られるたびに、新入りが何度も唾を飲み込んでいた。

その様を一瞥して、金庫が指示を出す。

「この界隈には三つの金鉱山があるが、おまえは一番奥で働けという話だ。十キロ先にある。コロラドという名の金鉱山だ。ラ・バンバって男が組頭だから、そいつの下につけ。行くのは明日でいい。その代り、日の出前にここを出ろ。三時間近くかかるからな。一本道を歩くだけだから迷いっこない。何なら地図も書いてやる。今日は着いたばかりだ。ゆっくりしていろ。必要なものをここで買い揃えて、前祝いの一杯でも飲めばいい。眠たくなったら工具や重機が並んでいる倉庫の軒先にハンモックを吊れ。それとだ。コロラドへの道には、年に一度ぐらいだがジャガーが出る。おまえ、銃は持ってるか？　ないのなら山刀で戦え。素手で戦うのは無意味だ。素手のときに出会ったら最後、おまえさんは確実に死ぬ」

新入りが再び大仰に頷いた。そして、金庫に言われるがまま、ジャガーと戦うための山刀と穴で履くための長靴を買った。しめて五グラム（二万円）、最初の借金だった。

7

夕方の六時、熱帯の太陽が西の森に沈み、カンチーナに明かりが灯った。こんな奥地でも、陽が落ちれば電気が点く。ここには巨大なジェネレーターがあり、一日四、五時間ではあるがテレビを見ることもできる。カンチーナの外にはCS放送を受信する巨大なパラボラアンテナが聳え立っている。

テレビの音にラジカセの音、そして別棟で唸りをあげるジェネレーター。カンチーナが一気に騒がしくなった。陽が沈めばカンチーナは一変する。食堂ではなく酒場となる。

男たちが集まってきた。船頭のペトロリオに運び屋のカミソリも来ている。穴での仕事を終えたガリンペイロもじきにやって来るだろう。

テレビのチャンネルはブラジル最大の放送局、グローボに設定されていた。白人のキャスターが強い口調で国際情勢を論じているが、画面を見る者は誰もいない。ここに流れてくる者たちにとって、リオで頻発する警察とギャングの銃撃戦やスポーツニュースなら暇つぶしのネタにもなるが、政治や経済の話など無用なものでしかない。

画面がローカルの天気予報に変わった。セクシーで豊満な女性が登場する。テレビの中で愛想を振りまく女を男たちがチラリと見る。が、それも一瞬のことだ。アマゾン各地は気温も似たり寄ったり。夏の輝きもなければ、冬の燻りもない。ここは赤道直下のジャングルの中だ。天気予報を見ようが見まいが、年から年中雨か晴れ。相場はそう決まっている。

男たちに人気があるのはサッカー中継とドラマだけだった。一番人気は夜十時からのメロドラマで、誰もが主演女優に夢中になっていたのである。名はブルーナ・マルケジーニ。ネイマールの恋人でもあったモデルあがりの女優だ。

連日連夜、トップモデルのような体形と美貌を持つブルーナが画面に登場すると、酔ったガリンペイロたちが一斉に歓声をあげる。セリフを言おうものなら合いの手も入る。なぁブルーナちゃんよ、クソったれのネイマールじゃなくて俺の一物もしゃぶってくれよ。ここにおいでよ、ブルーナ。気の利いたものはないが、黄金だけはたんまりある。ベッドを黄金で飾ることもできる。ブルーナちゃんよ、そこでたっぷり愛し合おうじゃないか。

新入りはここでも変わらなかった。酒場に集まってきたガリンペイロたちを質問攻めにしている。聞いてくれよ、聞いてくれってば。オレはフォルタレーザの生まれなんだ。あんたはどこだい？　名前は何というんだ？　ここに来る前はどこにいたんだい？　何をしてたんだい？　オレのことは好きに呼んでくれよ。フォルタレーザでも混血でもいいぜ。これまでどれくらい黄金を掘り当てたんだ？　黄金は重かったかい？　輝いていたかい？　なあ、聞いてんのかよ。

突然、腹に傷のある男が新入りの肩に手をかけた。《タトゥ（アルマジロ）》という名の男だった。そのタトゥがにっこり笑って諭し始める。

「おい、おまえ。金庫から決まり事を聞かなかったか？　ここで他人さまのことをずけずけと聞くな。それが黄金の地の流儀ってやつだ。流儀を踏み外すと確実に嫌われるし、下手すると殺されるぞ。それにな、ここじゃあな、本名なんて名乗る必要はないんだ。愛称や綽名で呼べばいいんだよ。ま、勝手に名前をつけ合ったりするから、ネグロンとかソルド（聾啞者への蔑称）とかピント（男性器の俗称）とか、親が聞いたら泣き出してしまうような呼び名もあるけどな。がはははは。じゃあ、今酒場にいるヤツらの呼び名を教えてやる。俺はタトゥだ。よろしくな。どうしてアルマジロと呼ばれるようになったか、その謂れもそのうち教えてやる」

タトゥが右手を差し出してきた。ガリンペイロが挨拶を求めてくるとは思っていなかったのか、新入りの動きが止まる。

タトゥが強引に手を摑み、政治家たちがするように大袈裟に手を握った。新入りが驚いた顔をする。彼の二十一年の人生に於いて、その手の感触は初めて体感するものだったのだろう。タトゥは女たらしの優男のようにも見えるが、手だけは別物だ。表面はたわしのようにがさがさしていて、レンガのように堅い。かつ、ばかでかい。その大きな手に包まれれば、新入りの手など簡単に隠れてしまうほどである。

「新入り、ちゃんと聞いてろよ」

金縛りにでもあったように身動きが取れなくなっている新入りに向かって、タトゥが「俺の指先を見ろ」と促す。そして、酒場にいる一人一人を指さしながら愛称を教え始める。

「カウンターに肘をつけてビールを飲んでる奴がいるよな。あいつは《ポンタ（小男）》だ。見れば分かるよな。チビだからな、がははは。その近くで女と話し込んでるのは《鯨（バレイア）》だ。性欲が鯨並みだから、そう名づけられた。床でぶっ倒れている奴、あいつは《縮れ男（ブッシュ）》だ。奴は怖ぇぞ。少なくとも二人は殺している。殺人の罪で十年近く刑務所に入っていた男だ。ところで、新入り。おまえ、縮れ男のどこが縮れているか分かるか？　ん？　どうだ？　分かんねぇか？　じゃあ、特別に教えてやる。あいつの頭は確かに縮れ毛だが、名の謂れはそこではない。驚くなよ。あいつはな、何度も腹を刺されて内臓がぐちゃぐちゃになってるんだ。だから縮れ男。縮れているのは内臓ってわけだ。な、イカしてるだろう？」

新入りの首が四方八方に動いていた。ポンタ、バレイア、ブッシュ。口の中で教わったばかりの愛称を呟きながら目を白黒させている。

確かに、妙な名で呼ばれている男たちの顔は、その愛称に負けず劣らず一癖も二癖もあるものだった。個性的と言えなくもないが、それでは上品過ぎる。痣、傷、乱杭歯、曲がった鼻、ずれている口、焦点の合っていない目。街で見かける人間とはどこかが違っている。人間の顔に「普通」というものがあるとすれば、何か重要なものが欠落している。ゆえに、見てくれが醸し出す雰囲気も「普通」からは程遠いものとなる。縮れ男は凶暴な獣そのものだし、鯨は笑いながら人を刺せるような人相をしている。極めつけはポンタだ。色白で極端に背が低いのに身の丈に合わない重々しい筋肉をまとっている。それでいて、声は変声期前の少年のように甲高い。全身を作るパーツがアンバランスだ。

啞然としている新入りにタトゥが次々に愛称を連呼していく。新入りがそのスピードについていけず「分かった、分かったから、またいつか教えてくれ」と言った。タトゥがそれに応え、「ま、急ぐことでもないな。じきに覚えるし、忘れちまったら適当に呼べ」と言ってゲラゲラと笑った。そして、新入りの肩を叩きながらこう続ける。「それより新入り、おまえブリッジはできるか？　できるなら囲もうぜ。ルールは簡単。掛け金は一回〇・一グラム（四百円）。五人で囲んで一位が総取りだ」

騒々しい酒場で賭けトランプが始まった。

初めての土地での初めての賭け事であるにもかかわらず、新入りは余裕綽々だった。危険な滝を越えてきたときと同じ表情である。自分の未来をゼ・アラーラに重ねている男だ。彼の頭にあるのは勝つことだけで、万に一つも負けることはないと高を括っている。縮れ男やポンタの異様な風貌に気圧されたのはほんの束の間、ゲームが始まるとそれまでの新入りに戻っていた。

お喋りも復活する。聞いてくれよ。あんたはどこの生まれだい？　ガリンペイロになって何年になる？　くそ、手が悪いな。ここではヤクはどうやって手に入れればいいんだい？　オレは売人とかもしていたんだけど、あんたらはここに来る前は何をしてたんだい？

舌打ちする者もいたが、タトゥがそれを制して「人様に訊ねる前に自分のことを話すのが礼儀だろう？　違うか？」と言った。タトゥが他の者に目配せをする。喋らせておいて集中力を散漫にさせようとしているのだ。

まんまと罠に嵌った新入りが「よし、じゃあみんな、ちゃんと聞いててくれよ」と言って二十一年の自史を語り出す。

「生まれたのは海の近くだった。大きなホテルがたくさん建ってた。セアラー州のフォルタレーザって街だ。知ってるよな？　でっかいホテルがたくさんあって、海がきれいなとこだ。ま、住んでたあたりはどこも汚かったけどな。へへへ。子どもの頃は川に面したバラックに住んでた。それが洪水で流されちまって、父さんと母さんで街外れに家を建て直した。すごく狭かった。とても家族全員で住める広さじゃない。だから家を出た。十三のときだったはずだ。それからというもの、オレの家は公園や取り壊し中のビルや地下通路や商店の軒先になった。辛くなんかなかったぜ。シャワーは公園の水道で済ませて、食う物はかっぱらってさ。家にはずっと帰らなかった。帰ると母さんが煩いんだよ。学校に行け、学校に行けって。首を摑まれて無理やり学校に連れていかれたときもあったけど、すぐに抜け出した。母さんには悪かったけど、サッカー場の周りにマンゴーの木があったから、よくその木の上で昼寝をしてやり過ごした。時々マンゴーを食べたりしてさ」

ひとり語りの間、新入りは賭けトランプに負け続けたわけだが、一度点いてしまった火は容易には消えず、お喋りは一向に終らなかった。

当り前のことだが、貧乏人による貧乏自慢など目を引くネタであるはずがない。そもそもここにいる人間は全員が貧乏なのだから珍しい話でもない。なのに、タトゥが盛んに合いの手を入れている。新入りのお喋りは一層熱を帯びてゆく。

「じきにオレは路上の売人になった。マリファナ、コカイン、ヘロイン、スピード、時々アンフェタミン。何でも売った。ヤクをくすねて自分でもやってたから、ヤク中にもなった。そんなわけで、いい気持ちになって楽しく暮らしてたのに、十八歳でパクられた。刑務所送りだ。ついてねぇよな。十カ月ぐらい入ってた。あんたたちはパクられたことはないのかい？　あるだろう？　ないのか？　ま、あんたたちの話もそのうち聞いてやるから、今はオレの話を聞いてくれよな。で、いよいよシャバに出ることになったとき、通りでラップとかやってみた。オレのラップはいかしてるんだぜ。あとで聴かせてやるよ。だけど、それで食っていくのは無理だった。キャップにカネを投げてくれるやつもいたけど、十センタボとか五十センタボだ。しけてるよな。だから、仕事もしてみた。ロクなものはなかった。高速道路のゴミを拾ったり、掃除をしたり、道路を直したり、荷物を運んでみたり。一日働いて汗だくになったのに稼ぎは百レアル（およそ三千円）にもならなかった。監督する奴ばかりが威張っているし、やってられなかった。どれもすぐに辞めた。でも、いつもオレは思ってたんだ。オレはこんなところで終わる男じゃないって。だから、ここに来た。黙って出てきた。母さんは悲しんでいるかもしれないけど、オレはゼ・アラーラのようになるんだ。オレならなれる。みんなもそう思うだろう？　聞いてるか？　そう思うよな？」

三十分以上は話し続けただろうか。その時点でブリッジの勝負は十数回行われ、新入りのトップはゼロ。負けは一グラム（四千円）を超えていた。

タトゥが慰めるようにこう言った。

「新入り、おめぇのことはよく分かったが、どうもツキがねぇみたいだな。そういうときは飲むんだよ、飲んでツキを持ってくるんだよ」

兄貴然とふるまってはいたが、嗾けようとしているのは明らかだった。だが、新入りがその言葉を真に受けて、レジに向かってこう叫ぶ。

「金庫さんよ、ビールを持ってきてくれ！」

レジにはここに着いたときに掟を教えてくれた男がいた。金庫は無表情のまま引き出しから帳簿を取り出し、新入りのページに「〇・一グラム（四百円）」と記入した。

もちろん、酒を飲んだところで運が上向くわけはなかった。それから二時間の内に新入りはビールを四缶ほど空けたが、ブリッジの負けは五グラム（二万円）に達しようとしていた。

また、新入りが叫んだ。

「おい、ピンガだ！　次はピンガを持ってきてくれ！」

ピンガは一本〇・五グラム（二千円）だった。51（シンクエンタ・ウン）の最も廉価なもので、街場なら十五レアル前後（四、五百円）、ここでは四倍の値がつけられている。

金庫からボトルを受け取ると、口の中になみなみと注ぎ、一気に飲み下す。

自分が飲むだけではなかった。「オレの奢りだ！　みんなも飲んでくれ！」と叫んで周りの者にも勧める。

その声に合わせるように大音量で音楽が鳴り始めた。暴力的なリズムと卑猥なボーカル。退廃的なヒップホップだ。

男が一人、猛り狂ったように踊り出した。傷だらけの男だった。殺人の前科があるという縮れ男だ。腹や腕には蚯蚓腫れのような線が何本も走り、腹には深い十字の傷まである。すべて、ナイフで切られたり、刺されたりしてできた傷跡だ。その不気味な模様は丁寧に食べられた大型魚の骨をバーナーか何かで黒焦げにして腹部に貼りつけたかのようだった。

その男が踊りながら新入りの方に近づいてきた。目が合う。男がニヤッと笑い、切り傷だらけの腹を指さして「これを見ろ！」と叫ぶ。

新入りが視線を向けると、その腹が動いた。何かが、腹の中でうねっている。腹の中にクラゲでもいて浮き沈みをしているような、何匹もの蛇が重なり合って交尾をしているような、グロテスクな動きだった。

あっけにとられる新入りに、男が「どうだ！　どうだ！　おまえにできるか！　小僧！　できるか！」と叫ぶ。新入りの目は釘付けになったままだ。何度か問われ、思わず「す、すげぇな」と諂（へつら）ってしまう。その声で縮れ男が満足した顔になった。テーブルにあった残り少ないピンガを一気に飲み干すと、「おまえにも神の御加護をな」と言い残し、その場を去っていった。

それを見ていたタトゥが笑いながら言う。「上手い応対だったじゃねぇか。それより、縮れ男に飲まれちまって酒が切れたようだな。もっと飲めよ、飲んでツキを持ってこいよ」

新入りが新たなピンガを注文し、また、「オレの奢りだ！　みんなも飲んでくれ！」と叫んだ。歓声があがり、ガリンペイロたちにピンガが回される。あっという間にその一本も空になる。ブリッジが再開される。また負ける。三本目のピンガを注文する。やはり勝てない。何度やっても新入りは負け続ける。


十時のメロドラマが終わり、十一時になった。酒場から少しずつ客が減り始めた。明日の仕事のために小屋に戻って眠るのだ。

もう五時間近くブリッジ賭博が続いていた。その間、新入りはピンガを相当量と十缶近いビールを飲んでいた。

「そろそろお開きにするか?」

タトゥが新入りに声をかけた。

その時だ。新入りが急に立ち上がり、何やら威勢のいいことを喚き始めた。

「よく聞け! おまえらな、トランプ遊びで勝ったぐらいでいい気になるなよ。オレたちはこんな遊びをするためにここに来たのか? 違うだろ? 黄金じゃないのか? オレたちは黄金をがっぽり手にするために来たんじゃないのか? まあ、おっさんたちはどうでもいい。オレは稼ぐぜ。黄金をたんまり掘り出すんだ。両手両足に余るほど掘り出してやる。いいか、よく聞け! おっさんたちではなく、オレが掘り出すんだ! オレは、ゼ・アラーラになるんだ!」

新入りが立ち上がり、長テーブルの周りを歩き始める。ブリッジの勝敗をよそに、酒場にいた一人一人にからんでいく。目が完全に据わっている。酒乱の男特有の顔つきだ。

足はふらついているのに、口だけが達者に動いていた。泥酔して伏している者にもお構いなしに、人差し指を立てながらがなり始める。

——聞け!

聞くんだ!

おまえらは愚図だ!

オレは英雄だ!

おまえらは残飯を漁る小鼠だ!

オレは森を駆けるジャガーだ!

おまえらは女のケツを追い回す猿だ!

オレは月の聖だ！

孤高の戦士だ！

言葉は次第にラップ調になっていった。それとなく韻も踏まれている。言葉が湧き上がって次々と出てくるのだろう。即興のラップは果てしなく続いた。

――混乱の世界に汚れた世界

いったい、ここはどこだ？　どこなんだ？

マリファナ、コカイン、ヘロイン、まだまだある

オレは一人で立ち向かう

リュックひとつで勝利を探している孤高の戦士

オレは違う！

おまえらとは違う！

おまえらはイヌだが、オレは違うんだ！

オレの血は清い！

オレの汗も清い！

オレは月の聖だ！

孤高の戦士だ！

五分ほど喚き散らしただろうか。ついに力尽きた新入りがどさっとテーブルに伏した。

それを見届けてから、タトゥがこう言った。

「寝かせとけ、寝かせとけ。このアホなラップ小僧はそこに寝かせとけ」

この時から、フォルタレーザ生まれの新入りは《ラップ小僧（ラッピーニョ）》と呼ばれるようになった。金鉱山に着いてからまだ半日しか経ってはいなかった。ラップ小僧の酒代と賭博の負け分は三十グラム（十二万円）を超えた。

第二章　泥に塗れ、目は赤くなる

1

未だ薄暗い午前五時前だった。新入りのラップ小僧(ラッピーニョ)がプリマヴェーラを出た。そこかしこで鳥が囀(さえず)り出す直前のことである。

向かうのは、「コロラド」という名の金鉱山だった。

黄金の帝王(レイ・ド・オーロ)の一人である黄金の悪魔(ジャブ・デ・オーロ)は五つの金鉱山を所有していたが、このＲ２川流域にあるのは「フィローン」「泉(フォンテ)」「コロラド」の三つであり（残りの二つはＰ川支流のＱ川にあり「農場１(ファゼンダ・ウン)」「農場２(ファゼンダ・ドス)」という）、コロラドはプリマヴェーラから最も離れた金鉱山だった（数年前まではその先に「アリゾナ」という金鉱山もあったが廃坑となっていた）。距離を正確に記せば、フィローンまでは五キロ、泉までが七キロ、コロラドまでなら十キロである。

それらの三つの金鉱山はプリマヴェーラと一本の道で結ばれていた。三メートル以上の幅をもち、雨季の泥道にバギー車のタイヤがとられないように車幅に合わせて枕木まで敷かれている。僻地の、しかも違法に占拠している土地にこんな立派な道があること自体が驚きである。

だが、それ以上に驚かされるのはこの道を作ったのがたった一人の男だということだ。

元殺人犯で腹が傷だらけの縮れ男(ブッシュ)である。

縮れ男は得体の知れない人物だった。普段は言葉を忘れたかのように寡黙だが、酒が入ると突如豹変する。饒舌となり、歌ったり踊ったりし始め、目が据わって暴力が匂い立つ。

そもそも、彼がここで何をしているのか、それもよく分からない。金の採掘もやるが、荷下ろしの手伝い、道作りに小屋作り、船頭、黄金の悪魔から命じられたことなら何でもやる。いわゆる「何でも屋」である。

だが、その何でもの中に闇の金鉱山特有の特務も入っているのではないか。縮れ男にはそんな噂もまとわりついていた。黄金を盗んだり、借金を抱えたまま逃走したガリンペイロを追跡し、密かに処分する仕事。アメリカ深南部には逃亡した奴隷を捕まえてリンチの末に殺してしまう職業があったというが、それとよく似ている。ここでの隠語で言えば「追跡屋」。つまり、殺し屋である。

巷の定説によれば、非合法の金鉱山ではそんな追跡屋が何人か飼われているという。だが、この金鉱山が他と違って特殊なのは、縮れ男が本当に追跡屋なのか誰も知らないことにあった。そもそも、追跡屋自体がここに存在するのか、それさえも不明なのだ。真相を知る立場にあるのは黄金の悪魔ただ一人だが、彼は金鉱山の暗部に関わることを他人に喋ったりはしない。部下にも喋らないし身内にも喋らない。縮れ男も何も喋らないから「縮れ男は追跡屋だ」という噂だけが広がり、恐怖のみが肥大化していくのである。

縮れ男なら、ラップ小僧も酒場で見かけていた。狂ったように踊っていて「俺の腹を見ろ！ここだ！　ここだ！　ちゃんと見ろ！」と叫んでいた。腹に幾重にも深い刺し傷があり、そこだけがどす黒く変色していた。一度見れば目に焼きついてしまう傷跡だ。内臓がぐちゃぐちゃになっているというのも容易に想像できる。不気味な見てくれはそれだけではなかった。事故にでも遭ったのか喧嘩のせいか、左の肘からは骨が変な形で突き出ていた。腕も不自然な形で曲がっている。さらに不気味なのは目だった。ガラス玉を嵌め込んだようにやけに透明で何を考えているのか分からない。油断したら最後、瞬時に獰猛な獣に変わるような目だ。感情のまるで読めない目が、彼の狂気を孕んだ風貌にそれ以上の怪物性を与えていた。

そんな男が一人で森の木を伐り倒し、切り株を引き抜き、地面を平らに固め、枕木を敷いてこの十キロの道を作ったのだという。ジャングルは平坦ではない。頂きが見えないほどの急な坂がいくらでもある。四十五度はあるかという上り下りが何度も繰り返される。縮れ男は森に一人で野営をしながら、チェーンソーとツルハシと山刀だけで一本の道を切り開いたのだ。

あるガリンペイロが縮れ男の仕事ぶりをこう言っていた。「あんな仕事ができる人間はそうはいない。いるとすれば、囚人か狂人、そのどちらかだ」

縮れ男が作った道をラップ小僧が歩き始めて一時間ほどが過ぎた頃だった。後ろからエンジンの音が聞こえてきた。

金庫（コーフリ）がバギー車に乗ってガソリンを運んでいた。黄金の悪魔の補佐役でもある彼は、カンチーナの鍵番の他にも食糧や資材を各所に手際よく届ける役目も担っている。

金庫が乗るバギー車のエンジンが苦しそうに唸っていた。荷台には五つのガソリンタンクが積まれている。それだけで、軽く二百キロは超えている。

どこにもスペースがないことは明らかだったが、ラップ小僧が「オレを乗っけていけよ」と声をかける。

無視するかに見えた金庫が二メートルほど追い抜いてからバギーを止めた。ラップ小僧を一瞥（いちべつ）

したのち、感情をまったく込めない声でこう茶化す。「ジャガーが出るのはこの先だ。新入り、ちゃんと山刀で戦うんだぞ」

走り去っていったバギーにラップ小僧が舌打ちをした。そして、湧き上がる感情をラップに刻み始める。

――クソ野郎！　クソ野郎！
話を聞けよ、クソ野郎！
オレを誰だと思ってる！
オレは聖なる戦士だ！
孤高の戦士だ！
ジャガーとだって戦える！
オレは山刀を持っている！
ジャガーなんて怖くはない！
オレは孤高の戦士だ！

ラップを口ずさみながら急な坂道を上り、谷底の小川（イガラペ）で喉を潤す。ほとんど休憩もとらずに、新入りは縮れ男の道を歩き続けた。

プリマヴェーラを出てから三時間近くが過ぎた頃だった。道が突然開けた。目の前に幅三十メートルほどの草原が広がっている。セスナの車輪がつけた二本の轍が幾筋も延びている。森の中に勝手に作られた滑走路だ。

かなりでこぼこで、長さは三百メートルあるかないか。途切れた先には大きな小屋が建ち、その周りを十数軒の小さな小屋が囲んでいる。プリマヴェーラからおよそ十キロ、コロラドに着いたのだ。

雑草と低い灌木が茂る滑走路に心地のいい風が吹き抜けていた。金庫から脅されはしたが、ジャガーに出くわすこともなかった。毒蛇だって見てはいない。道中で彼が見たものと言えば、樹上にいた猿の群れとゆらゆら揺れて飛ぶ蒼いモルフォ蝶だけだ。

大きな小屋まで続くなだらかな斜面をラップ小僧が一直線に駆け出していった。

新入りがやって来ることはコロラドのガリンペイロたちにも朝の定時連絡で伝えられていた。無線を聴いたのはエジネイヤという名の賄い婦(クイジネイラ)だった。本名は、エジネイヤ・アウベス・ダ・シルバという。この水系にある三つの金鉱山「コロラド」「泉」「フィローン」には、それぞれ一人ずつ計三人の賄い婦(まかな)がいたが、偽名ばかりの金鉱山にあって彼女たちだけが本名を名乗っていた。

本来、無線連絡はガリンペイロの組頭(不法の金鉱山では五人で一つの組を作って黄金を掘ることが多い。そのリーダー格を組頭と呼ぶ)たちが務めるものだが、コロラドだけは少々違っている。組頭の《ラ・バンバ(爆弾野郎)》や《タルタルーガ(亀)》や《マカホン(マカロニ)》より、エジネイヤの方が頻繁に無線機の前に座っていた。文句を言うガリンペイロはいなかった。ここでは、彼女が一番の古株なのだ。

エジネイヤは船頭のペトロリオの一人娘だった。父親に連れられここにやってきてから三十年近くが経っている。

来たのは乳飲み子のときだったから、その時の記憶はない。生まれた街の記憶もないし、男を作って家を出ていったという母親の記憶もない。エジネイヤは産みの母の名すら知らない。

街には二、三度だけ行ったことがあるが、どうしても好きにはなれなかったという。その理由を彼女は他人に上手く説明することができない。車の音が煩い(うるさい)からと言う時もあれば、産みの母親がそこにいるからだと話す時もあった。彼女が分かっているのは、街よりもここが好きだということだけだった。父親からは何度も「ここは危ない。街に戻って、街で暮らせ」と諭されてきたが、その度に「あたしはここでの暮らしが性に合っているし、ガリンペイロに囲まれて暮らすことが好き」ときっぱり断っている。

確かに、ガリンペイロたちとは不思議と気が合った。賄い婦になって十五年余り、長続きしたことはないが、これまで二十人以上のガリンペイロと恋仲になっている。

エジネイヤからすれば、ガリンペイロは獣のような荒くれ者だが、妙に優しいところがあった。卑屈になって甘えてくることもあれば、できそこないの暴君のようにふるまうこともある。どちらも、嫌いではなかった。しかし、一つだけ許せないことがあった。ガリンペイロの多くが賄いの女を売女(プータ)だと思っていることだった。そんな男には、こう言ってやることにしていた。あたしは、やりたいからやってる、それだけだ。セックスをする相手に対価を求めたり、何かを支払ったりしたことはない。だからあたしはプータではない。でも、あんたらはどうだ？　煙草をやるから小屋に入れてくれ。黄金をやるからやらせろ。そんな男ばかりじゃないか。あたしからすれば、あんたらこそプータだ。

エジネイヤの朝は早い。

毎朝四時前に起きると、竈（かまど）に火を入れ、五時までにカフェジーニョをポットに四つ作る。一つはガリンペイロが起きがけに飲むもの、残りの三つは穴に持っていく分だ。次にクスクス作りに取り掛かる。それがガリンペイロの朝食となる。コロラドには十五人のガリンペイロがいたが、竈は一つしかなかった。人数分を蒸し上げるには三時間以上はかかる。それを穴まで届けて朝の仕事は終わる。

正午になるとガリンペイロたちが食堂に戻ってくる。それまでに昼食を作る。コメを炊き、フェジョン（豆）を圧力鍋で煮る。フェジョンには大切に使っているカラブレーザを細かく切って入れる。庭で栽培しているカボチャやジャガイモが採れればそれも入れる。

夜は新たにコメを炊き直し、カフェジーニョも淹れ直す。フェジョンは昼にたくさん作っておくから、温め直すだけでいい。運よく魚が手に入れば、フリッターか煮物にする。肉が出ることはまずない。

夕食後はガリンペイロたちと一緒にテレビを見て過ごす。七時からのホームドラマ、八時からのニュースショー、九時のコメディドラマと十時のメロドラマ、すべてを見る。ジェネレーターが落ちるのは十一時過ぎだから、その前に滑走路まで出て煙草を一本だけ吸う。そして、翌朝はまた四時に起きるのだ。

コロラドで賄い婦になって十五年余り。エジネイヤは何百人ものガリンペイロを見てきた。エジネイヤほどガリンペイロを知っている女はいない。恋人はいつもガリンペイロだったし、逢瀬のたびに彼らならではの話を聞いてきたせいもある。だが、それだけではなかった。エジネイヤは彼らが食堂で見せる多様な顔を知っている。

穴がガリンペイロの仕事場とすれば、食堂は寛（くつろ）ぎの場だ。一層生々しい男の性（さが）が出る。踏ん張って隠していたものがふっと顔を出す。テレビを見て強面の男が子どものように大笑いをしたり、ドラマの失恋物語に照れもせずに大粒の涙を流したりもする。物憂げに雨を眺めている者もいれば、表情を失い瞬きもしなくなってしまった男もいる。食堂では、ガリンペイロたちの徒労や行き場のない怒りや哀しみが目や手や汗腺から滲み出ている。

エジネイヤは、そんな男たちを見るのが嫌いではなかった。だが、ここで眺めてきた何百人ものガリンペイロを思い出そうとしたとき、顔が浮かんでくる男はさほどいなかった。名前を憶えている男はさらに少ない。逢瀬を重ねた男ですら、顔も名前も忘れてしまった者が何人もいる。金鉱山、それもここのような非合法の鉱山は出入りが激しい。十年以上留まる者も稀にいるが、多くは名前を覚える前にいなくなる。

そして今日、また一人の男がここにやって来るという。無線で男の名も言っていた。ラップ小僧だという。

エジネイヤはその名を組頭のラ・バンバに伝えた。

「ラップってあれだろう？　リオのビーチとか路上でいかした黒人連中がやってるやつだろう？　新入りもリオの奴だったりしてな。はははははは」

ラ・バンバがそんな冗談ともつかない戯言を飛ばしたが、その彼にしても、リオにいる小洒落た連中がこんなところに来るはずのないことを知っている。ガリンペイロは何も持たないからここに来る。黄金だけを求めてやって来る。

数多(あまた)の男たちと同様、ラップ好きの新入りもまた、野心だけを携えてここに来た男である。そのラップ小僧が小走りで滑走路の先の大きな小屋に向かっていた。スキップでもするかのように軽やかに駆けていると、不審者が来たと思った犬が建物から飛び出してきた。二匹の黒ぶちの犬で、ともに背骨が突き出るほど痩せている。耳、背中、腹。体じゅうがハゲだらけ、疥癬（かいせん）だらけの雑種の犬だった。そんな犬なら、アマゾンにはいくらでもいる。毛の禿げた野良犬が街道を歩き回り、食べ物屋や肉屋で残り物を漁り、よく車に轢かれて死んでいる。

犬はラップ小僧の二メートルほど前で立ち止まり、大きな声で吠え始めた。ラップ小僧が小石を拾って犬に投げつける。犬は一瞬だけ怯んだが、吠えることを止めようとはしない。次にリュックサックを振り回して威嚇を試みる。犬が後退し、両者の距離は五メートルに広がる。そのままラップ小僧が雄叫びをあげて突進する。犬は両脇の森の中に逃げ込んでいく。立ち塞がる弱き犬を蹴散らしていい気分になったのだろう。ラップ小僧が晴れやかな顔になる。

そのままの勢いでパラボラアンテナと無線塔が建っている大きな小屋に向かう。コロラドの食堂だ。

食堂の手前にも何軒かの小屋が並んでいる。ガリンペイロの家だ。

どれも貧相だった。四隅に柱を立て天井と壁をビニールシートで覆っただけの家が半分、残りは二本の柱に破れたビニールを被せているだけである。コップや懐中電灯など、わずかな日用品が置かれていなければ廃屋にしか見えない。

ガリンペイロの小屋を抜け、食堂の前に立つ。全体をしかとあおぎ見てから階段を上る。食堂は高床式だ。一メートルほどの階段を上がり、中に入る。二十人以上が一緒に食事をとれるほどの広さがあった。長テーブルが二つ、並列に置かれている。その下は残飯だらけだった。犬と猫が無造作にばら撒かれた餌に食らいついている。ラップ小僧が追い払った犬もいたが、食べることに夢中で吠えることを忘れてしまったようだった。

右手にも小さな部屋があった。食糧庫のようだ。コメ、豆、コーヒー、砂糖、玉葱、塩、油、ビネガー、ファリーニャ（キャッサバの一種であるマンジョッカを漉し、粉末にして炒った保存食）。様々な食料品の入った麻袋が堆く積まれている。脇には、黒く小さな粒がたくさん落ちていた。ネズミの糞だった。コメや豆の入った麻袋は齧られて穴だらけとなっている。ナマ物と調味料と小動物の糞尿が混ざり合った独特の臭いが鼻につく。

食堂をゆっくり奥へ進んでいくと、今度は香ばしい匂いが漂ってきた。マーガリンの焼ける匂いだった。左手の台所で黒人の女が何かを作っていた。

エジネイヤがクスクスの仕上げに入っているところだった。ラップ小僧が「おはよう」と声をかける。反応がない。「聞いてくれよ。フォルタレーザからきた新入りだ」と大きな声をかけても無反応のままだ。ラップ小僧のことなどまったく気にすることなく、竈の火加減を調節したり鍋の中を覗いたりしている。手持無沙汰のラップ小僧は眺めているしかなかった。

何分か経ったのち、エジネイヤがポットを三つとバケツを持って近づいてきて、「あんた、これから穴に行くんでしょ。これを持って行って。ガリンペイロの朝ごはんだから」と言った。青いバケツの中には蒸しあがったクスクスが入っていた。それだけを伝えると、ありがとうの一言も言わず、台所に戻っていった。ラップ小僧が穴の場所を尋ねても森の方向を指差すだけである。舌打ちをして食堂を出る。そして、クスクスのひとつまみを失敬すると、女が指を差した方向に向かって大股で歩き始めた。

食堂に面した滑走路を横切ると、森の中に真っすぐな道が続いていた。

森に入る。周囲は暗く、風もなかった。雨季特有の湿気が充満し、食糧庫とはまた違った臭気を発している。大地が発酵したような、古い干し草の中か泥の中にでも埋もれてしまったかのような、くすんだ匂いがする。

昨晩降っていた雨のせいで、道の所々が濃い粘土のようにぬかるんでいた。両脇にはポップコーンを重ねたような泥の塔がいくつも建っている。ミミズが穴を掘った跡だ。ラップ小僧がその一夜城ならぬ一夜塔をなぎ倒しながら森を進んでいく。

広場のような場所が見えてきた。道が行き止まりになっている。

五つのガソリンタンクが置かれていた。六十リットル入りの青いポリタンクで、金庫(コーフリ)がバギー車で運んできたものだった。広場の先にも道は続いていたが、バギー車が通ることのできない細い道に変わっている。六十リットル入りのガソリンタンクは、ここからは人の手で運ばれるのだ。

ラップ小僧が細い道に分け入る。水溜まりがいくつもある。泥濘(ぬかるみ)が深くなる。

彼はそこで、大きな間違いに気づいたに違いない。コロラドの食堂で長靴を脱ぎ履き替えたサンダルで、そのまま来てしまったのだ。これから穴に行くというのに、サンダルでは足元がおぼつかない。こんなとき、大多数の者は食堂に戻るだろう。サンダルで鉱夫仕事ができるわけがない。だが、彼は戻らなかった。そのせいで、歩みを進めるたびに泥に足を取られ、サンダルの鼻緒が何度となく外れた。

十分ほど歩くと、ようやく森が切れているのが見えてきた。その先には熱帯の太陽が燦々(さんさん)と降り注いでいる。自然と大股になる。泥にぬめり込んだ足を強引に引き抜いては森の出口に急ぐ。足を泥だらけにしてその場所に到達したとき、ラップ小僧が息を飲み込んだ。目の前に破格の光景が広がっていたのである。

巨大な穴だった。そこに森はなく、剝き出しになった地表が深く穿(うが)たれている。一つだけではない。見えるだけでも、三つの巨大な穴がある。どれも直径は百メートル以上だ。縁まで近づき穴の中を凝視する。大きいだけではないことが分かる。深い。三メートル以上はある。

穴の中では黒い重機が三台、真っ黒な煙をあげていた。ガソリンが燃える臭いが漂う。音や振動も凄まじい。耳をつんざくような爆音が響き、全身に強力なバイブレーターを当てたような振動も伝わってくる。ラップ小僧の華奢な身体が頭のてっぺんからつま先までぶるぶると震えている。

黒い煙を上げているのはジェネレーターで、三台のうち二台は放水器に連結されていた。ホースは太く、長さも五十メートル以上はあった。そのホースから放出された水が穴の側面を削り取っている。水圧が凄まじい。唸りをあげて土砂が崩れ落ちている。穴の中には細い水路があり、土砂と大量の水が鉄砲水のような激流となってどこかに流れていく。ラップ小僧が流れを目で追う。泥と石と水がごちゃ混ぜになった濁流が凄まじい勢いで流れている。

濁流は一ヵ所に集まり、沼のようになっていた。そこにも男がいた。蛇腹のホースを持ち土砂を汲み上げている。足も腕も顔も泥だらけだ。

口を開けて圧倒されているラップ小僧に穴の中の男が気づいた。降りてこいと顎をしゃくる。分かったと手をあげてラップ小僧が穴の中に降りる。

降り口には手作りの梯子(はしご)が立てかけられていた。不安定な上に泥水をかぶっている。一歩降りるたびに足元が滑り、クスクスが入ったバケツを落としそうになる。

つるつるの梯子をへっぴり腰になって下へ降りてゆく。その不格好な姿を見て穴の中の男が茶化す。「おい新入り、梯子が怖いのか？　もっと男らしく歩けねぇのか？」。強がって「うるせぇ」と言い返してはみたものの、体勢を立て直すことができない。梯子を下りてからも泥に足をとられて転びそうになる。這うようにして歩く。普通ならものの十秒で動ける距離だったが、たどり着くまでに三十秒以上かかってしまう。

ラップ小僧を茶化したガリンペイロは二十代半ばほどの若い男だった。わずかに年上と思われる男にラップ小僧が挨拶をする。「フォルタレーザから来た新入りだ。フォルタレーザでもカボクロでも、好きなように呼んでくれ」。そう挨拶してクスクスが入ったバケツとコーヒーポットを渡す。だが、賄い婦のエジネイヤ同様、その若い男も挨拶を返さなかったし、礼も言わなかった。朝食を受け取ると、「あっちに行け」と顎で指図をする。

顎の先にはホースの水で穴の側面を削っている男がいた。

そこまで行き、同じように挨拶をする。

男が泥だらけの顔をラップ小僧に向けた。

「よお、新入りか？　よく来たな。ラ・バンバだ。ラップ小僧だろ？　おまえさんのことは聞いている。人手が足りなくて困ってんだ。よろしくな」

ラ・バンバと名乗った男は三十代前半で、クスクスを渡した若いガリンペイロと違って愛想が良かった。それ以上に印象的なのは顔についていた泥だ。泥がミクロレベルの斑点となってこびりつき、そばかすや黒子（ほくろ）のようになっている。目も真っ赤だった。跳ねた泥が目に入り充血を起こしている。

ラ・バンバは泥がついた顔に笑みを浮かべると、ラップ小僧の肩を叩いてこう言った。

「取り分のことは聞いてるよな。新人だろうとベテランだろうと、ここでは全員同額だ。黄金の七〇パーセントはボスのものだが、残りの三〇パーセントを五人で分ける。きっちり五等分だ。この仕事はチームワークが大事だ。力を合わせてがんがん掘ろうぜ。なぁに、仕事は単純明快、誰にだってできる。穴をホースの水で削る。土砂を水路に流し込む。そいつをポンプで濾過機に送る。濾過機に溜まった土砂に水銀をぶっかける。バーナーで飛ばせば黄金が残る。そいつを月に一、二度計量する。それだけだ。黄金が大量に出ればビールと女で乾杯、出なければまた穴を掘ればいい。詳しくは昼飯のときに教えるから、それまでは見物でもしていてくれ。見ているだけでも、どうやって黄金を掘り出すかすぐに分かるさ」

ラ・バンバが今度は穴にいる仲間に向かって叫んだ。

「新入りが見てるぜ。精を出して掘ってやろうぜ。朝飯は手が空いた奴から食ってくれ。さあ、がんがん掘るぞ！」

穴では四人が一つのチームになって掘っていた。穴を削るホース係が二人、水路の担当が一人。ポンプで土砂をくみ上げる者が一人だった。

ラップ小僧は水路の仕事を特に集中して見ていた。その役回りは例の不愛想な若いガリンペイロが担っている。ホースとポンプは三十代以上の男が担っていたから、やるとすればこれだと踏んだのだろう。

水路の仕事も相当きつそうだった。自信過剰なラップ小僧でさえも、やや緊張した面持ちで直立不動になっている。

その視線の先では、不愛想なガリンペイロが穴の中に張り巡らされた水路を右へ左へと激しく走り回っていた。あっちへ走っては流れを堰き止めている大きな石を掻き出し、こっちに戻ってきては滞った流れを元に戻すために水路を広げ傾斜をつける。動きっぱなしの掘りっぱなしで休む間などまるでない。それなのに、男は疲れたような素振りを一切見せてはいなかった。身体を動かし、水路に流れ込んでくる大小様々な石を掬い続けている。動いていないときも休んでいるわけではない。水路を見渡すことができる高台に立ち、鋭い目で水路を睨み続けている。少しでも異変が起きれば駆けつけて補修を施すのだ。殺気溢れる立ち姿は仁王のようだった。

あっという間に昼になった。

爆弾野郎が「ジェネを止めろ。昼飯にするぞ」と叫んだ。

電源が一斉に落とされた。爆音が止み、森に静けさが戻る。鳥の声が聞こえてくる。森の奥では吠え猿も鳴いている。ジェネレーターが止まって初めて、そこが熱帯の深い森の中であることを実感できる。

男たちが穴から出てきた。結局、ラップ小僧が運んできた朝食を食べる者はいなかった。梯子の近くでは、ぱさぱさになったクスクスに蟻がたかっていた。

2

午前の仕事を終え、ガリンペイロたちが次々と食堂に戻ってくる。どの男も服はびしょ濡れ、顔は泥だらけだ。

彼らはまず、食堂の裏手に回り井戸水で顔と手を洗う。が、泥はそう簡単には落ちてくれない。特に、顔についた泥は難敵である。肌の中まで根を下ろした植物、皮膚の奥深くまで彫り込んだ刺青のように堅くべったりとへばりついている。早々に諦め、顔を泥の斑点だらけにしたまま食堂に入る。あっという間に食堂が満杯になる。

そんなときだった。

「大変だ！　これを見てくれ！　カベルード（長髪）の野郎がすごいのを見つけやがった！　こ

れだ！　これを見てくれ！」

駆け込んできた年嵩のガリンペイロが人差し指と親指で小さな粒を摘み、皆に翳してみせる。歪な金色の粒が太陽の光を浴びて燦然と輝いている。

俺にも見せてくれ！

触らせてくれ！

拝ませてくれ！

四方から声が飛び、男たちが代わる代わる、貪るように黄金を手に取る。誰もが唾を飲み込み、溜息を洩らしている。

今度は別の男が駆け込んできた。天秤を持っている。それを頭上に掲げながら「こいつで計ってみよう」と叫ぶ。

よし、計ろう！

ここだ！　ここで計ろう！

再び四方から合いの手があがり、瞬く間に食堂にいた全員が天秤を囲む形になった。

天秤を持ってきた男が黄金を受け取り、左の皿にそれを載せる。かたん、と硬く重そうな音が響いて天秤が一気に沈む。おおっ、とどよめきがあがる。

「おい、準備はいいか！　十グラムからいくぞ！」

十グラムの分銅を右の皿に載せる。

天秤は微動だにしない。昼寝をしている鰐のように、どっしりと左側に傾いたままだ。

次の十グラムを載せる。これで二十グラム（八万円）だが天秤はまだ動かない。

五十グラムを超えたところで初めて左の皿が動く。再び、どよめきがあがる。目が釘付けになる。瞬きが減る。忽ち、男たちの目が乾く。一方、計量を行っている男は緊張と興奮で汗びっしょりになっている。

「よし、ここからは五グラムずつだ！」

五グラムの分銅を載せていくたびに、男たちの発するねっとりとした息はますます熱いものになっていった。この時、この地の黄金の売り渡し価格は一グラム＝百十七レアルから百五十レアル（三千五百円から四千五百円。以後、四千円で計算する）。上を向き、頭の中で稼ぎを計算し始める者も出てくる。

「五十五！　六十！　六十五！　七……七十！」

七十グラム（二十八万円）で天秤が平衡になった。

金塊を見つけたカベルードに誰かが大声で訊ねた。

「おい、おまえ、こいつをどこで見つけた？」

「水路の脇だ。流れてきたのか、その場に元からあったのかは分からなかったけど、キラッと光るのが目に入ってきて、拾い上げてみたらこれだった。泥でくすんでたけど、手に持った瞬間にすぐに黄金だって分かったさ。こんなに小さいのに、ずしっと重かったからな」

「そいつはすげぇ。滅多にないことだぜ。それより、もっと出てくるかもしれないな。こいつの他に、近くにキラッとする奴はなかったか？　えっ？　どうなんだ？　あったのか？　なかったのか？」

もっとある！

絶対にある！

穴に戻って探しに行こう！

誰もが興奮し、喧々諤々（けんけんがくがく）の言い合いがしばらく続く。

それが一段落したころだ。歯並びの悪い中年のガリンペイロが「おまえさん、そいつをこっそり、懐に入れちまおうとは思わなかったのか？」と意地の悪い質問をした。

その金塊を見つけたのがカベルードだとしても、盗みでもしない限り、すべてが自分のものになるわけではない。七〇パーセントは黄金の悪魔に上納し、残りの三〇パーセントを同じ組の五人で分けるのがこの地の掟だ。とすれば、カベルードの取り分は四グラム（二万六千円）ほどにしかならない。七十グラム（二十八万円）と四グラム。多くの者が誘惑にかられてしまう差に違いない。おまえさん、心が動かなかったのか？　動かないわけはないよな？　動いたんだろう？　じゃあ、なぜ盗まなかったんだ？　え、どうしてなんだ？　歯並びの悪い男は暗にそう質したのだ。

「これっぽっちじゃあ、命を張るわけにはいかないさ」

カベルードが努めてクールに、そして強がるような口調で答えた。ここの掟には「他人の黄金を盗んだ者は死を覚悟すべきである」とあるから、無難な返答だと言える。だが、歯並びの悪い男は引き下がらなかった。じゃあ、いくらだったら命を張るのか。そう問う。

聡いガリンペイロなら、「その辺でもう止めておけ」と思っただろう。返答によっては掟破りを公言することにつながりかねない。

この世界が長い《不潔爺さん（スージョ）》という年嵩のガリンペイロが「まあ聞け、みんな」と喋り出す。助け船を出したのだ。

「……そうだな、どんな黄金、金塊が出ても、俺ならみんなと分けるな。例えば、十キロ（四千万円相当）の大物を俺が当てたとする。そうしたら、すぐにセスナを呼んで酒を持ってこさせる。

いいか、いつもの安物じゃないぞ。奮発して舶来のビールだ。バドワイザーだ。ハイネケンだ。肉もどっさり持ってこさせる。牛、豚、鶏。どっさりだ。合わせて百キロだ。セスナには女だって乗っている。ここに来るような田舎女じゃない。十キロとなったら、マナウスやベレン、いやリオの女でも呼べる。リオの女なんて一発五百レアル（二万五千円）はするというじゃないか。一度ぐらいは試してみたいもんだよ、そんな女と。おまえさんたちだってそうだろう？　いずれにしてもだ。俺はみんなで分ける。おまえにもやるし、おまえにもくれてやる」

「やっぱり、爺さんも逃げ出さないのかい？」

「そんなことはしないな。みんなで楽しみたいんだ」

「百キロ（四億円）でもか？」

「百キロか……。でも、みんなで楽しむな。だいいち、百キロなんて一人では運べないだろう？」

　それを聞いて、みんなが笑った。

　笑いの渦の中で、ラ・バンバがラップ小僧の肩を叩き、こう言った。

「いいか、新入り。ここはただの現場ではない。この世にはたくさんの仕事があるが、ここはどこよりもきつい。服はびしょ濡れ、顔は泥だらけ、手はマメだらけになる。だがな、他の仕事にはないものが、ここにはある。世界でここだけだと言っていい。奇跡の一発ってやつだ。今日は七十グラムの金塊だったが、それが五十キロや百キロだったらどうなる？　それで一発逆転、惨めな人生がひっくり返るんだ。この金鉱山では六十五キロの大物が出たことがある。いつ、誰に幸運が舞い降りるかは分からないが、いつか誰かには、必ず奇跡の一発がくる。一万人に一人か、百万人に一人かもしれないが、必ずくる。黄金だけが俺たちの人生を変えることができるんだ。

そんな仕事が他にあるか？　身一つからすべてをひっくり返すことができる場所なんて、他にあるか？」

確かに、ラ・バンバの言ったことは正しかった。ブラジルには、ゼ・アラーラのように巨大な一発を当てて大金持ちになった伝説のガリンペイロが何人かいる。ここにいる彼らだってそうならないとも限らない。儚い夢だとバカにされようが、その確率が限りなくゼロに近かろうが、「奇跡の一発」というたったひとつの希望に縋って彼らは穴を掘り続けている。

「おい、みんな」。そう言って、ラ・バンバが立ち上がった。「みんな、聞いてくれ。こいつが今日から俺たちの組に入った新入りのラップ小僧だ。十キロなんてはした金だ、百キロは掘り当ててやると豪語するコロラドの大型新人だ。みんな、可愛がってやってくれ」

拍手が起き、ラップ小僧が照れ笑いをしながら頭を掻く。それを見た髭だらけのガリンペイロがこう冷やかした。

「あんた、本当に百キロ掘り出すつもりかい？」

ラップ小僧が堂々と答える。

「もちろんだ。おっさん、聞いてくれよ。オレはゼ・アラーラのようなガリンペイロになるんだ」

「ふん、ゼ・アラーラか。元気でいいじゃねぇか。でもな、張り切り過ぎてオーロ・ブセッタにならないようにな」

いひひひひひ。髭だらけの男がそう言った瞬間、野卑な笑いが漏れた。ラップ小僧だけが、笑いの意味が分からずきょとんとしている。

「オーロ・ブセッタ？　誰なんだよ、そいつは。変な名だけど、ゼ・アラーラみたいな黄金の帝王なのか？」

がはは、いひひ、ひっひっひ。真剣に受け答えをするラップ小僧のせいで、野卑な笑いが一層大きくなった。噎せるように爆笑しているガリンペイロもいる。なぜみんなが笑うのか、ラップ小僧だけが分からない。

ラ・バンバがラップ小僧に解説する。「オーロ・ブセッタというのはこの世界の隠語だ。オーロは金、ブセッタは女のあそこのことだよな。ここじゃあ、そのふたつを組み合わせると、収穫がゼロという意味になる。どうしてそうなったかは俺にも分からん。でも、ゼ・アラーラの時代からある言葉らしいぞ。その他にも、例えば、ブリンタードって隠語もある。ブリンタードは防弾ガラスのことだが、ここでは黄金がたくさん出たときに使う。防弾ガラスの車で運ばないと危ないぞ、という意味かもな。出はどうだと問われ、ブリンタードと答えれば収穫は上々、オーロ・ブセッタだぜと言えばまったくのカス、ってことだ。ま、そんなことはじきに覚える。それより腹が減ったな。さ、飯だ、飯だ」

コロラドには三つの組があり、十五人のガリンペイロがいる。その全員で昼食が始まる。気の早い者が食堂と台所の仕切りに並べられた鍋を一つ一つ開けていく。だが、中身を見てがっかり肩を落とし「今日もコメと豆だけか……」と呟く。

金鉱山では肉が出ることはほとんどない。出たとしても干し肉や格安のカラブレーザだけで、その小さな欠片がフェジョンのどこかに沈んでいるに過ぎない。ときおり魚が供されることはあるが、毎日ではない。仮に出たとしてもパクアスやトゥクナレのように美味な魚が並ぶことはない。魚と言えば、鯰だけだ。鯰にも様々な種類があって味も微妙に違うのだが、所詮、鯰は鯰。

食感はもさもさぱさぱさ、味は淡泊で飽きが来るのが早い。

「肉が食いてぇな」

誰かが小声で呟くと、何人かがそれに呼応し、食べたい料理を口々に語り始める。

「肉より海老だな、俺は。海老をな、イカ、タコ、コメ、トマトと一緒にぐつぐつ煮込んで、その上に緑のハーブや真っ黄色のチーズをたっぷりかける。一度だけだが、街場のレストランで贅沢をしたことがあんだ。料理の名は海のコメ(マーレ・ド・ホイス)だ。あれは最高だった」

「そいつなら俺も何回か食ったことがある。確かに美味いが、北東部(ノルデスチ)生まれの俺にとっちゃあ、やっぱりカルデラーダ(バイーア州名物の魚の煮込み)の方が上だ。もう、ずいぶん食ってないな。味も忘れちまったほどだ。俺の里のカルデラーダは最高なんだ。パラ州にある偽物じゃなくて伝統的なカルデラーダだからな。知ってるか？　本場のカルデラーダに入っているのは鯰みてぇな川の魚なんかじゃない。ぜんぶ海の魚だ。タラ、スズキ、マス。どれを入れても絶品なんだ」

「俺は……、魚はもう飽きた。肉が食べたい。肉なら何でもいい。とにかく肉だ。となると、シュラスコだな。リングイッサ（ソーセージ）、フィレ・ミニョン（テンダーロイン）、エントレ・コテ（サーロイン）、クッピン（こぶ肉）、コラソン（心臓）、ピカーニャ（尻の近くの肉。ブラジル人はこの部位を最も好む）、アラバンカ（レバー）、ハボ（尻尾）。そいつらをビールで流し込む。たらふく食べて、そのあとは娼館に行く。どうだ？　最高だろ？」

食事時、ガリンペイロたちはその場に供されるはずのない別の食べ物のことをよく話題にする。コメと豆だけの食事が毎日続くのだから止むを得ないことなのかもしれないが、料理を作る側にしてみれば気分のいい話ではない。賄い婦のエジネイヤが口を挟む。「あんたらね。海のものが食べたきゃ海から獲ってきなよ。肉が食いたきゃ森から獲ってきなよ。作ってやるからさ。鉄砲だって持ってんだろう？　なら、狩りに行きなよ。インディオみたいに猿でも獲ってきたら、あたしが猿の丸焼きを作ってやるよ」

　男たちがしゅんとなった。やれやれ、冗談の通じねぇ女だ、そんな顔をする者もいる。が、エジネイヤの言うことは正論だ。ここの掟にも『コメと豆は支給するがそれ以外はガリンペイロが自分で得ねばならない』という言葉がちゃんとある。

　食べたいものがあれば、狩りや漁に行けば解決する話だった。ガリンペイロにだって週に一日は休みがある。その日に川や森に行って獲物を探せばいいだけなのだ。しかし、事が狩りや漁となると、男たちは途端に怠け者になってしまう。穴の中ではあれほど仕事熱心なのに、休みの日は酒、賭博、昼寝で怠惰のうちに過ぎてゆく。稀に罠を仕掛けに森に入る者もいるにはいるが、獲物がかかるのは月に一回程度で、かかったとしても山ネズミ(パカ)かアルマジロ(タトゥ)といった小動物がせいぜいだ。それでは、ここにいる十五人全員が腹いっぱいになることなど夢のまた夢だった。本場の魚料理を食べたいと言っていたガリンペイロが諦め顔で呟く。「仕方ない。北東部のカルデラーダだと思って、この豆汁(フェジョン)をすするとするか」

　二品しかメニューはないが、金鉱山での食事はブラジル流のビュッフェ形式だった。最後尾に並んでいたラップ小僧も盛り付けを始める。まずはプラスティックの大皿にコメを盛る。もちろん、大盛りだ。次に豆を煮込んだフェジョンを杓子(しゃくし)で三杯かけた。鍋の中に干し肉かカラブレーザの欠片を探していたが、見つからなかったようだ。肉片は余りに小さく、豆汁の中で溶けてしまったのだろう。最後に、フェジョンの上に大量のファリーニャをぶっかける。それをぐちゃぐちゃに混ぜながら食べ始める。ほとんどデンプンだけの食事である。

誰もが黙って食べていた。その時間を使って、ラ・バンバが仕事の進め方について説明を始める。

「新入り、食いながら聞いてくれ。ここでの掘り方だが、俺たちがやってるのはバハンコという採掘法だ。張り巡らされた水路が渓谷（バハンコ）みたいだろう？　俺の知る限り、俺たちがいるような奥地の金鉱山では、どこもバハンコで黄金を掘っている。見ていて分かったと思うが、バハンコには大量の水が必要だ。だから、雨季の今はいいが、乾季はきつい。死ぬほどきつい。人間様が飲むよりバハンコに使う方を優先するからだ。喉はいつもカラカラ、肌は水分が抜けてがさがさになる。我慢できずに泥水を飲む奴もいるが、それだけは止めとけ。雑菌だらけだからすぐに腹を下してしまう。いいか。乾季は喉がカラカラになっても掘る。雨季は雨季でびしょ濡れになっても掘る。それが俺たちの仕事だ。で、俺たちが地中のどこを削っているかというと、土砂と細かな石が一緒になっている地層だ。この辺りだと、地下二メートルから五メートルのところにある。黄金があるとすればそこなんだが、本当にあるかどうかは掘ってみないと分からない。悔しいのは、黄金がもっと深い所にある場合だ。ホースじゃ、いくら頑張っても五メートル以上は掘れない。悔しいが諦めるしかない。そんな黄金を掘り出せるのは露天掘りだけなんだ。何っ？　露天掘りをすればいいじゃないかって？　そいつは無理だ。露天掘りに必要な重機はバカでかい。値段もバカ高い。買えるのもこんな奥地まで運搬できるのも、リオ・ドーセのような大企業だけだ。リオ・ドーセは知ってるよな？　政治家にカネをばらまいてアマゾン各地で鉱山開発をしているえげつない大企業だ。テレビのコマーシャルにもしょっちゅう出てくるだろう？　でもな、そのリオ・ドーセと俺らがやってることは同じでもある。森をぶっ壊すのも同じだし、水銀を使うのも同じだ。なのに、あっちは合法でこっちは非合法。あいつらは政治家やお巡りとケツを舐め合うほどの仲だが、俺たちはそうはいかない」

「ちょっと待ってくれ、聞いてくれよ」

お巡りという言葉に反応して、ラップ小僧が質問する。

「もし……、もしだよ。警察が来たらどうすんだ？」

「決まってるだろう。追い払うんだよ」

「誰が？」

「おまえがだよ」

「えっ、でもどうやってだよ」

「おまえ、鉄砲持ってるだろう？　それで戦うんだよ」

「銃なんて持ってないよ、オレが持ってるのはジャガー除けの山刀だけだ」

「じゃあ、そいつで戦え。山刀を振り回して連中を追い出すんだよ」

そう言って、ラ・バンバがチャンバラの真似をした。ガリンペイロたちがゲラゲラと笑う。そして、ひとしきり笑いが収まった後、ラップ小僧をこう諭す。「冗談、冗談。冗談だって。ここに警察なんて来るわけがない。警察だって、俺たちのボスが怖いんだ。きっと、警察の上層部とは握り合っているだろうしな。そんなことは心配無用だ。だいいち、警察をどうするかなんてことは俺たちの仕事じゃない。俺たちにはもっと大切な仕事がある。何だか分かるか？　がんがん掘る。掘って掘って掘りまくる。それだけだ。掘れば掘るだけ、奇跡の一発と巡り会えるチャンスが広がるからな。新入り、さっさと昼飯を済ませて、張り切って掘ろうぜ」

3

早々に昼飯を済ませた五人の男たちが縦一列になって穴に向かう。ラ・バンバを組頭とするバハンコの面々である。

ホースの水で穴を削る者、土砂を流す水路を作り管理する者、溜まった土砂をポンプで濾過機に送る者。バハンコでは、その三つの担務（ホース係・水路係・ポンプ係）を五人で分担している。

バハンコはチームで行う採掘法であるから、チームワークがいいに越したことはない。五人が協力し合って仕事をこなせば、それだけ多くの土砂を濾過機に送り込むことができる。確かに、どの穴を見ても息が合っている。初めてここに来た者が彼らの仕事ぶりを眺めれば、仲良し五人組がチームスポーツのように団結して穴を掘っているように見えるだろう。だが、バハンコはスポーツではない。金、銀、銅のメダルがあるわけでも、優秀な成績を修めた者が表彰されるわけでもない。一握りの勝者と無数の敗者がいるだけである。

五人の男たちが小径に入った。食い物の話、女の話、音楽の話。和やかな会話が続いている。しかしながら、それも見た目で判断してはならない。会話が和やかだといって、彼らが和やかな性格の持ち主であることを意味しない。先頭を行く組頭のラ・バンバだって一筋縄ではいかない。一見すると人当たりのいい好人物に見えるが、ここに来る前にやっていたという客商売の名残りに過ぎない。新入りとの接し方にしてもそうだ。ラップ小僧のことを「コロラドの大型新人」と持ち上げてはいたが、無論、本心ではない。ラップ小僧以外は誰もがすぐに分かったはずだ。素人に多大な期待をかけてもしょうがない。人並みにやってくれればそれでいい。彼としては、欠員が出たせいで落ち込んだ産出量を一刻も早く回復させたいだけだった。

水路係の男が抜けたのは二ヵ月ほど前のことだ。「一週間ばかり街に戻る」と言って出て行ったきり、二度と戻ってはこなかった。珍しいことではない。黄金に憑かれる者も大勢いるが、諦めの早い奴も同じくらいいる。

困ったのは採掘量が激減したことだった。水路係が一人では、流れ込む膨大な土砂を捌ききれない。水路はすぐに氾濫し、黄金を含んでいるかもしれない土砂が穴の方々に流れ散ってしまう。対処法は削り取る土砂の量を減らすしかない。結果、黄金の産出量はその分だけ減ることになった。最低でも月五百グラムは欲しいところなのに、運が悪いと百グラムを切るまでに落ち込んだ。月に百グラムだとすると、ガリンペイロ一人当たりの取り分はたった七・五グラム（三万円）となる。そんなはした金を得るために、彼らはここにやって来たわけではない。

何はともあれ人手が必要だった。よほどの僥倖に恵まれれば別だが、バハンコにおける黄金の産出量など、結局はどれだけ穴を削ったかに比例する。削り取る量が増えれば大物に当たる可能性だって高くなる。この際、新入りでもいい。一刻も早く誰かを補充し穴をがんがん削りたい。

そんな数合わせに選ばれたのが、ラップ小僧だったに過ぎない。

ラ・バンバの組に属する四人はそれなりに経験を積んだ男たちだったが、ガリンペイロとなった理由は様々だった。

ラ・バンバは朗らかによくこう言っていた。「俺たちは探検家や冒険家と一緒だ。何てったって、めったに巡り会えないお宝を、人生を賭けて探し出すんだからな。やりがいがあるじゃないか！　でっかい黄金を掘り出してみたいじゃないか！」

それはそれで本心だったのかもしれないが、周りの受け止め方はかなり違っていた。例えば、こんな具合である。「ふん、あいつのどこが冒険家なんだ？　ただのしがない商売人だろ？　それも、田舎街にしなびた淫売宿を一軒だけ持ってた程度のな。その淫売宿もトラブルに巻き込まれて取り上げられたって話だ。借金は残るわ、借りた連中から脅されるわ、殺されかかるわで、散々な目に遭ったんだろ？　で、命からがらここに逃げ込んできたんだろ？」

もう一人のホース係はピアウイ・グリンゴ（ピアウイにいるよそ者。黒人が多数を占めるピアウイ州では白人はよそ者と見られる）、略して《グリンゴ（よそ者の白人）》と呼ばれていた。年はラ・バンバより少し上、三十代後半か。

彼が言うには、生まれも育ちもピアウイだという。北東部のピアウイ州はブラジルで最も貧しい州のひとつで、非合法の金鉱山に流れ込む男が少なくない。ここにも、七人のピアウイ男がいた。しかし、グリンゴが本当にピアウイの出身なのか、極めて疑わしかった。北東部の訛りはほとんどなく、どちらかと言えば、音韻に南部の牧童（ガウショ）のような粗雑な響きがある。白人の多い南部から流れてきたのではないか。何らかの事情でそれが言えず、ピアウイ出身だと嘘をついているのではないか。周りの者はそう見做（みな）していた。

怪しいことは他にもあった。十カ所以上の金鉱山を転々としてきたと仲間には話していたが、鉱山の名を聞かれると、必ず「忘れた」と惚けるのである。

彼が話すのはただ一ヵ所の金鉱山だった。ここから北に二百キロ近く離れた「矢（フレッシャー）」だ。「矢の娼館はでっかくてな、ピアウイ州の懐かしい民謡がいつもかかってた。何て言う曲だったかな。女を捨ててどこかに行っちまう男の歌なんだが……」。グリンゴが話すのはいつもこれだけだった。金鉱山のことでも黄金のことでもなく、娼婦のことでもない。娼館で流れていたピアウイの民謡のことだけを、何度となく語るのである。それは余りに不自然だったから、口の悪い連中はこんな噂を楽しんでいた。「普通に考えればだ。馴染みだった淫売がピアウィの出なんだろうな。で、その女がよくピアウィの民謡でも歌ってたんだろうさ。結局は振られて、歌だけが思い出に残ったって話じゃねぇか。……いや、待て。あのこだわり様はそんなありふれた話じゃないかもな……そうだ、ひょっとするとあいつ、そのピアウィ女を殺してしまったんじゃないか！ それでここまで逃げてきたんじゃねぇか！ でもって女を忘れられず、思い出の歌の話ばかりをしてるんじゃねぇか！」

水路係は《自転車屋(ビシクリタン)》で、この組ではラップ小僧の次に若かった。本人曰く、二十四歳である。自転車屋と呼ばれてはいるが、家業が自転車屋だったわけでも自転車屋に勤めていたわけでもなかった。ここに来た時に被っていた帽子がとある田舎町の自転車屋のものだったから、そう呼ばれるようになったにすぎない。ブラジルではよく――田舎であればあるほど――クリスマスやカルナバルのバーゲン時期になると、多くの商店が商店名の入った様々なおまけを配る。政治家は政治家で投票番号の入ったTシャツや帽子をばらまくし、数多の宗教団体もこれまたTシャツや帽子をばらまく。結果――貧困層であればあるほど――同じTシャツを着て同じ帽子を被った者が多数出現することになる。この金鉱山には、アマゾン一帯で手広く商売をするスーパーマーケットのTシャツが氾濫していたし、「神と同じ道を歩め」と書かれた新興宗教団体の帽子を被っている者も五、六人はいた。

自転車屋が金鉱山にやって来た理由は他の者とはやや趣が異なっていた。家族のためだった。不幸なことに、一家で大病を患う者が相次いだのだ。子どもが消化器系の難病にかかり、続いて父と母が癌になった。ブラジルでは、財力によって治療に大きな差が出る。金持ちが行く病院は予約なしでもすぐに診察をしてくれる。設備も最新式だ。さらに上をいく超富裕層向けの病院ではエントランスホールでクラシック音楽の生演奏をしている。だが、貧困層の病院はまるで違う。一日中待つこともざらにあるし、手術が必要となれば何カ月も待つことになる。病室も少なく、看護師も少なく、医師はもっと少ない。そうこうしているうちに、多くの患者が死んでいく。

親にも子どもにも、自転車屋はいい病院で治療を受けさせてやりたかった。そのためには大金が必要となる。暮していた田舎町でも定職に就いてはいたが、とても足りなかった。アマゾンの平均月収の十倍、最低でも一万レアル（三十万円）は必要だったのだ。

ガリンペイロになるしかなかった。自転車屋はがむしゃらに働いた。休む時間も惜しんで働いた。一方で、怠けている者や老いて力を失った者には冷たかった。容赦のない罵声を浴びせるときもあった。自転車屋はいつも同じ帽子と同じTシャツのまま、泥だらけとなって夜明けから日没まで働いていた。

ポンプを担当するのは《鯨（バレイア）》だ。百八十センチを超える長身で三十代半ば。ガリンペイロとして最も脂の乗った時期を迎えている。満ち満ちているのは体力と野心だけではない。性欲も並外れていて、そのせいで「鯨」と呼ばれるようになったという。女とみればモノにすることしか考えない典型的なガリンペイロである。

この金鉱山は七カ所目か八カ所目のようだったが、一人で密林に分け入って黄金を掘っていたときのことを鯨はよく自慢していた。先住民の女を囲っていたというのだ。そこはシングー川の流域で、許可なくしては誰も入ることのできない先住民保護区だった。だが、無法者のガリンペイロにそんな道理は通じない。保護区の中で黄金が出たという噂が広まると、多くのガリンペイロが森の奥に殺到した。不法侵入だけでは止まらず、集落に入り込んで女を手籠めにする者も少なくはなかった。鯨もそんなガリンペイロのうちの一人なのだろう。尤も、こう抗弁することも忘れなかったが。「レイプじゃないぜ。生まれてこの方、俺は力ずくで女をものにしたことはない。どの女も俺のあそこの虜(ピント)になってしまうだけなのさ。がははははは」

先住民の女とは三年近く一緒に暮らし、子どももできた。男の子だったという。一帯の黄金を掘り尽くしてしまうと、鯨は迷うことなく女と子どもを捨てた。その後も、金鉱山を転々とするたびに女ができ、時に子どもも生まれた。移動し、孕ませ、捨て去る。同じことが繰り返された。置き去りにしてきた女と子どもほぼ全員の名前を鯨は忘れていた。

黄金に関しては、自分の欲望を隠そうとはしなかった。鯨はこう公言していた。「俺はな、一キロとか二キロの黄金なんて欲しくはない。そんなチンケな黄金が欲しくて穴を掘っているわけじゃねぇんだ。それっぽっちの黄金なら、酒と女に使っちまった方がすっきりする。この一帯ではな、過去に六十五キロ(二億六千万円)を超える大物が出たことがある。俺が追い求めているのはそれよ。巨大な黄金を独り占めにすることよ」

ラップ小僧が組み入れられたチームとは、そのような男の寄せ集めである。誰もがひと癖もふた癖もあり、とても一筋縄ではいかない。そもそも、たいていのガリンペイロはエゴの塊である。考えているのは自分のことだけで、他の者などどうなっても構わないと思っている。いや、他人など見えてはいないと言った方が実態に近い。誰かがどこかで殺されようが野垂れ死のうがお構いなし。病気や怪我をしても同情や看護とは無縁。誰かがいなくなっても気づかない者もいる。彼らは黄金の女神が舞い降りることだけを願っている。できれば自分一人に。最低でも自分のバハンコの組に。野心に忠実であるということは、そういうことである。

が、バハンコで大金を摑むのは容易なことではない。掟にあるように、黄金の配分は所有者が七〇パーセントでガリンペイロは三〇パーセントだ。億を超える「奇跡の一発」が来たとしても、一人当たりの取り分は六パーセント。二十五キロ（二億円相当）の黄金が出たとしても一・五キロ（六百万円）にしかならない。大金には違いないが、人生をひっくり返すことができる額とは言い難い。

では、どうすれば一発逆転は可能となるのか。

黄金の悪魔にも他のガリンペイロにも与えず、力ずくですべてを奪うのだ。それしかない。それができれば一気に億万長者の仲間入りを果たすことができる。

もちろん、「強奪」は生易しいことではない。そもそもチャンスがほとんどない。例えば、黄金を精錬するときを狙うとする。通常、土砂から黄金を採り出す精錬作業は所有者側と雇われた側、つまり王と下僕が一堂に会して行われる。バハンコの場合、ガリンペイロが五人、所有者側も二人か三人が参加する。もちろん、所有者側は武器を携帯している。奪おうとする者が銃を持っていたとしても、一人で六、七人を倒さなければ黄金を独り占めにすることはできない。西部劇の凄腕ガンマンなら可能だろうが、それは映画の世界の話だ。荒くれ者が集う奥地の金鉱山であっても、そんな話は聞いたことがない。

精錬の場で奪えなければ、強奪はほとんどミッション・インポッシブルとなる。黄金は以降、頭目の管理下に置かれるからだ。しかも、黄金がどこに保管されているのか、この金鉱山では黄金の悪魔以外に知る者はいない。ということは、富を奪おうとすれば黄金の悪魔を銃かナイフで脅し、在り処を吐かせるしかない。それは不可能に近い。黄金の悪魔には何人かの用心棒が侍っているし、仮に用心棒を倒せたとして、黄金の悪魔が宝の隠し場所を語るかどうかは分からない。おそらく、いくら脅されたとしても、彼は何も語らないだろう。奪われるくらいなら死んだほうがマシ。そう思っているのではないか。いずれにせよ、強奪が成功する可能性は限りなくゼロに近い。

では、一介のガリンペイロが富を手にすることは不可能なのか。

たった一つだけ、方法がある。穴の中でひと塊の大きな金塊を見つけるのだ。ない話ではない。事実、巷で喧伝され伝説化している奇跡の一発とは、岩のような金塊がひょっこり現れたというケースが圧倒的に多い。老婆が大木の陰で小便をしていたら足元から十キロの金塊が出た。農夫が畑を掘り起こしていたら五十キロを超える大物が現れた。デマやホラ話も含まれてはいるだろうが、アマゾンにはそんな話がごろごろしている。

万に一つ、そんな僥倖が自分の目の前に舞い降りたらどうするのか。

多くのガリンペイロが取るべき行動を決めている。そのまま逃げるのだ。おそらく、十キロ以上の金塊が出たら、ほとんどのガリンペイロがポケットに入れ、一分もしないうちにその場から逃亡するだろう。それ以上の「大物」、つまり、一人では持ち逃げが難しいほどの金塊だったらどうか。それも決めている。二人か三人で事前に約束を交わしておくのだ。でっかい金塊が出たら俺たちで山分けにしよう、二人（あるいは三人）であれば五十キロ以上の黄金だって運ぶことができる、そのままどこかに逃げよう。命がけの逃亡となるが、何も持たない彼らからすれば、命を賭けるだけの値打ちが十分にある。

4

ここは、荒くれ者の貧乏人が巣食う不法の金鉱山である。チームを組んでいるとは言え、誰もがそんな思いを胸に秘めながら、己の肉体と人生を賭け金にして密林で穴を掘り続けている。

「新入り、自転車屋について水路の仕事を覚えろ」

穴に着くと、組頭のラ・バンバがラップ小僧にそう言った。その日の午後、ラップ小僧は晴れてバハンコの一員となり、水路を任されることになった。

指導役を言い渡された自転車屋は始終不機嫌だった。擦り寄ってあれこれ聞いてくるラップ小僧への嫌悪も隠さない。自転車屋にとって、穴とは仕事を教える場所ではない。素人の青臭い夢を聞く場所でもない。がむしゃらに掘って医療費を稼ぐ職場なのだ。

すべての水路を見渡せる場所に立ち、何らかの異常が起きれば素早く修復する。それが水路係の仕事だ。自転車屋は激しく首と目を動かし、水路の流れを警戒していた。右、左、右奥、左奥、斜め後ろ……一つでも見逃したら黄金が〇・一グラム減ってしまう……そんな集中力だった。だが、その自転車屋に対し、リラックスした口調でラップ小僧が話しかけてくる。「聞いてくれよ、聞いてくれってば。何で自転車屋って言うんだ？　あんたか、親父さんでも自転車屋をやってたのか？」。もちろん、自転車屋は無視するが、ラップ小僧は引き下がらない。聞いてくれよ。おい、聞いてねぇのかよ、としつこく訊ね続ける。自転車屋が堪え切れずにこう言う。「うるせぇんだよ、さっさとスコップを担いで、あそこの水路の土砂を浚ってこい。いいか、混血野郎。喋ってないで働け。身体を動かせ」

はいはい、やればいいんだろ。ラップ小僧がそんな顔をする。不貞腐れたのか、根が怠惰なのか、気怠るそうで動きが重い。それでも、言われるがままに命じられた場所に向かい、水路の上に立つ。

その瞬間、ラップ小僧の緩んだ顔が少しだけ変わった。水路をじっと見つめている。

目線の先では真っ茶色の濁流が激しく流れていた。洪水のような流れだ。

恐る恐る、水路の中に入る。何かが長靴に激しく当たる。驚いた顔で、泥水が激流となって流れている水路に手を入れてみる。

痛っ、と声が出た。土砂に交じって大量の石が流れていた。中には拳ほどの大きさの石もある。手や足に石の礫(つぶて)が機関銃のように当たる。跳ねた泥も顔に飛んでくる。目にも入る。顔は泥だらけ、目は真っ赤となる。

金鉱山の現場は素人が想像する以上に過酷だ。ラ・バンバの組が掘る穴は直径がおよそ百二十メートル。そこに、いくつかの水路が張り巡らされている。全部足し合わせれば三百メートル以上になるだろう。その長く曲がりくねった水路を右へ左へ走り回らねばならない。

水路には土砂が次々と流れてきて、すぐに流れが堰き止められた。放置しておくと水位は腰の高さまで上がってしまう。

早く石をどけてこい！

グズ野郎、何ボケッと突っ立ってんだよ！

泥水の中に潜って石を取り除くんだよ！

自転車屋に何度も怒鳴られる。ラップ小僧なりに急いでこなそうとしているようなのだが、速い流れに押されて身体が思うように動かない。バランスを崩し、泥水の中で何度も転ぶ。

転ぶな！

走れ！　走れ！

早くしろ！

また怒鳴られる。

歩くたびに長靴の中に小石が入ってきて底に溜まった。水路を出て長靴を脱ぐと足がふやけて真っ白になっている。爪の先まで白い。

休む間もなかった。水路の石を掻き出したり流れを良くしたりする以外にも、様々なことを次々に命じられる。

ツルハシを持ってこい！

ホースを引っ張るのを手伝え！

ジェネにガソリンを足してこい！

煙草に火をつけて持ってこい！

じきに、立っているのがやっととなった。軽口を叩けたのは最初だけで言葉も出なくなる。ついには、膝に手をやり肩で息をし始める。その姿を見た自転車屋がさらなる罵声を浴びせる。

「チッ。情けねぇガキだな。これしきの仕事ができないのなら、辞めてくれていいんだぜ。辞めろ、辞めろ。荷物をまとめて母ちゃん(マーェ)のところにでも帰れ」

午後六時、太陽が沈んだ。ラ・バンバが「今日は終わりだ、ジェネを切れ」と命じる。

初日が終わった。ラップ小僧が梯子を登って穴を出る。足が重く、二メートルの梯子を登るのでさえ苦労している。登り切ったと思えば、すぐにへたり込む。それでも、最後の力を振り絞るようにして顔の泥を拭こうとする。まるでとれない。粘性の強い泥が熱帯の太陽に照らされ、鋼のように固まっている。泥を拭き取ることを諦めて、丸太の上に座り直して長靴を脱ぐ。逆さにして泥水を捨てる。小石がたくさん入っている。靴下を脱いで足を見ると、すべての指にマメができている。いくつかは破れて鮮血が滲んでいる。

ラップ小僧は真っすぐに歩くことさえできなくなっていた。歩く速さも陸亀(ジャブチ)やナマケモノのように遅く、鈍い。食堂に続く森の道を他の四人が次々に追い抜いていった。「若いんだ。飯を食えば元気になるさ」。ラ・バンバだけが優しく声をかけたが、他の連中からは労り(いたわ)の言葉もない。井戸や小川で身体を洗い、その足で食堂に着くと、すぐに夕食となった。

食欲がなく、口数も少なかった。夕食が終わればテレビの時間となるが、食堂の軒先にハンモックを吊り始める。

テレビを見ていた年嵩の男が「そこは通り道だ。ハンモックならテレビが終わってから吊れ」と言った。穴を出たときがそうであったように、またその場にへたり込んでしまう。

大口叩きの新入りガリンペイロは疲れ切っていた。穴を掘り始めてまだ一日、いや、半日が終わったばかりだった。

5

二日目。ラップ小僧にとって、さらに過酷な二十四時間となった。

朝の六時に食堂を出て昼の十二時に戻ってくるまでの六時間、立ちっぱなしの走りっぱなし。疲労の余り、食べることさえできなくなった。初日の昼には三皿もお代わりしたというのに、一皿がやっとである。それでも仕事は続く。午後も穴に入り、水路を走り、ツルハシを振るい、土砂を掬う。十二時半から六時半までの六時間、またしても立ちっぱなしの走りっぱなしとなる。ラップ小僧が疲れ果てる。

もちろん、疲れているのはラップ小僧だけではない。猛者揃いのガリンペイロだって疲れている。だが、ラップ小僧にはないものが彼らにはある。陽さえ落ちなければまだまだ掘ることがでの目には宿っている。

きる。みな、そんな目をしている。赤道直下の熱帯では、どう足掻いても早朝の五時半から黄昏時の六時過ぎまでしか穴を掘ることができない。それでも、熱帯の地が白夜であれば二十四時間掘り続けてやる、穴を煌々と照らすライトがあったら掘り続けてやる、そんな強靭な意志が彼らの目には宿っている。

穴からの帰り、食堂に続く森の道では何十年も穴を掘り続けているガリンペイロたちがラップ小僧を追い抜いていった。一番若い彼だけが足は上がらず、背中は丸まり、頭は垂れ下がっている。やっとの思いで食堂まで到達すると、屋外に置かれている椅子にへたり込むように座る。が、それも束の間、ラ・バンバが「真っ暗にならないうちに水浴びに行くぞ」と仲間たちに声を掛ける。うんざりした顔でラップ小僧が立ち上がる。五人のガリンペイロが一列となって細い道を小川に向かう。一番後ろをとぼとぼとついていく。

食堂の裏は百メートルほどの坂道になっていて、その坂を下り切ると細い小川があった。男たちが石鹸で身体を洗い始める。汗臭い身体にたくさんの藪蚊が寄ってくる。水の中に入ってしまえば平気なのだが、乾季には干上がってしまう細い小川だ。深さは二、三センチほどしかない。

ラップ小僧が浅い流れに手を入れ身体にかける。疲れ果てているせいか、それも数回で止めてしまう。汗もろくに流さず小川を出る。ラ・バンバが声をかける。「やけに早いな、ちゃんと洗った方がいいぞ。こんなちっぽけな川でも、身体を洗えるのは雨季の間だけだ。乾季には涸れてしまう。だから、ありがたく使った方がいい。乾季はもうすぐだ。あそこに井戸もあるんだが、乾季にはそいつも涸れてしまう。水浴びができるのも今のうちだぞ」。ラップ小僧には返事を返すだけの余力もない。

食堂に戻ると、すぐに食事となった。ラップ小僧からは食欲も喋る力も失われていた。

食堂には無表情な顔がいくつも並んでいた。その日は土曜日だったから、六日間連続勤務の最終日だ。強者揃いのガリンペイロであっても、疲れが溜まっていたのだろう。静かな夕食となった。

食堂には十五人のガリンペイロがいたが、ラップ小僧は自分の組以外の男とはまだ話したことはなかった。酒が入ると違うのだが、ガリンペイロには無口な男が多いし、新入りに気を遣って話しかけてくるようなお人よしもいない。刃傷沙汰でも起きない限り、彼らは他人のことに関心を示さない。穴を掘っているときは穴だけを見て、飯を食っているときはコメと豆だけを見て、テレビを見ているときはテレビだけを見ている。

食事の間、ガリンペイロたちの視線はコメと豆とテレビの間だけを動いていた。スプーンが皿に当たる音、フェジョンを噛むくちゃくちゃという音、やけに大きなテレビの音。それ以外は何も聞こえない。

しかし、十五人も男がいれば、何人かは例外もいる。その男が食堂に入って来たとき、静けさは一気に打ち破られることになった。ブリッジ賭博に誘ってきてさんざん嗾けた挙句、ラップ小僧を大敗に追い込んだ男、タトゥ（アルマジロ）だった。

皿にコメと豆を盛って席に座るや、タトゥがあることないことを喋り始めた。ラップ小僧から離れたテーブルにいるのだが、声が大きいから話す内容もしっかりと聞こえてくる。つまらない冗談、テレビに映るタレントの話、サッカーの代表チームが宿敵アルゼンチンに負けたという話、全土を賑わせていた犯罪事件の話、それにお決まりの猥談。話題が女のことに移るとボルテージはさらに上がり、しまいには下品な猥歌まで歌い出す。

――あんたが鳥ならぁ、すぐに飛んできてぇ
あんたが虫でもぉ、すぐに飛んできてぇ
私のあそこはね
もう、ぐちゃぐちゃなのよ
ねぇ、あんたぁ
あんたがどうにかしてくれないと
川になって流れ出しちゃうわ

彼が好きな歌だった。ひとしきり歌い終わると、周りを見渡して「この歌、最高だよな」と言ってゲラゲラと笑っている。

そのタトゥがラップ小僧に気づいた。「おっ、ラップじゃねぇか。元気か?」と遠くから呼びかけてくる。そして、何かを企んだような顔をしてラップ小僧に近づいてくる。

「よお、ラップ」。タトゥがラップ小僧の肩を叩いた。ラップ小僧の疲れた顔が後ろを振り返る。その瞬間、唾がかかるほどの近距離まで顔を近づけて喋り出す。

「おまえ、コロラドに来たんだな。元気か? ちゃんと掘ってるか? ここでも賭場は開かれるから覗きに来いよ。おいおい、しけた顔をすんなよ。大丈夫、大丈夫、心配ねぇって。そう何度も負けねぇよ。運は平等って言うじゃねぇか。運は平等、黄金の女神が舞い降りるのも平等。いつかおまえにもツキは来るって」

ラップ小僧は挨拶だけで去ってくれると思っていたようだが、それで終わるタトゥではなかった。目線をラップ小僧から外すと、一転してふざけた口調になり、食堂にいた男たちに向かってこんなことを言い出し始める。

「みんな、聞いてくれ。こいつはいい奴だぞ。何と言っても気前がいい。賭場で酒は恵んでくれるし、負けてもくれる。がははははは。こいつを博打に誘うといいことがあるぞ！」

まだまだ終わらない。テーブルを立ち去ることなく、ラップ小僧の隣に無理やり鋼鉄のような尻を押し込んできた。

座り終えたところで演説が再開される。

「みんな、もう一つ聞いてくれ。これから、俺の話をこのラップのガキに教えてやる。まずは、消防車の話からだ！　おいラップ、しっかり聞いてろよ！」

それは、興に乗ったタトゥが仲間内に何度も話している持ちネタで、誰もがとっくの昔に聞き飽きていた彼の「自叙伝」だった。

その洗礼をラップ小僧も受けることになった。

うんざりするほどの、長い長い話が始まった。

野卑で粗暴で女好き。端正な顔をしているが、タトゥも鯨と同様に典型的なガリンペイロだ。だが、ほんの少し他の者たちと違うところがあるとすれば、露悪と偽善、猥雑と純朴が何の脈絡もなく行き来するところにあった。自身の性体験をネタにさんざん笑いを誘ったあとで、唐突に母親への感謝を話し出す。下品極まりない話をしたかと思えば神について語り始める。聖と俗が交互に現れてはすぐにどこかに消える。そんな男だった。

生まれたのはこの金鉱山から二千キロ以上離れた南部の地方都市である。国道のロータリーから脇道に入ると二キロほどで大通りがあり、そこに商店や飲み屋や量り売り（ポロ・キーロ）のレストランが軒を並べている。郊外には中央資本のモールとガソリンスタンドが建ち、隣接する空き地はゴミと空き缶だらけの公園となっている。サッカーをする少年たちがいて、錆びだらけの遊具で遊ぶ母と子がいる。老人たちは屯してカードゲームで時を潰し、すぐ傍では大きなスピーカーを持ち込んだ若者たちが大音量のヒップホップで踊っている。裏通りに入ればアルコールとマリファナの匂いがして、さらに一歩外に出ればどこまでも牧場が続いている。つまり、ブラジルならどこにでもある、これと言った特徴のない街だ。

彼には五人の兄弟がいたが、上の三人は父親が違う。母親が飲んだくれの夫と別れ、別の飲んだくれと再婚、タトゥを産んだのだ。

子どもの頃の記憶はほとんどなかった。ひたすら貧しかったことと、父親の酒臭い息ぐらいしか覚えてはいない。

その頃のたった一つの思い出が玩具の消防車にまつわるものだった。ラップ小僧の隣で、タトゥが前口上を語り出す。

「おい、おまえら、子どもの頃に大切にしていたものがあるよな。おい、ラップ、おまえは何だ？　ない？　可哀そうなガキだったんだな。そこのおっさんは？　サッカーボール？　ああ、あのビニールでできた偽物な。そっちの混血は？　銃のおもちゃだって？　チビのくせに強盗でもやろうと思ったのか？　ははははは。じゃあ、聞くぞ。俺は何だと思う？　おいラップ、当ててみろ！」

「そんなこと、オレに分かるわけがないだろう」

ラップ小僧は不貞腐れたように答えるが、タトゥはお構いなしだ。

「おまえらには何度か話したことがあったよな」

「へっ、何度も聞いたよ。どうせ消防車だろう？」

つまらなそうにガリンペイロのひとりがそう悪態をつくが、どこ吹く風で話を続ける。

「そうよ、当たりよ。消防車よ。真っ赤な色をした、いかした消防車よ。クラクションまでついていたんだぜ。でもすぐに壊れちまって、そのときは泣きはらしたもんさ。で、タイヤは黒だった。プラスティックでできた黒いタイヤだ。赤いボディと黒いタイヤ。赤と黒なんて、フラメンゴ（リオ・デ・ジャネイロを本拠地とするサッカークラブ。赤と黒がチームカラー）みたいで最高だろう？」

そのタイヤも何度となく外れ、そのたびに母親が直してくれたという。消防車の思い出話に父親の影はない。タトゥの記憶にあるのは、玩具の消防車に乗って意気揚々としている幼年時代の自分と前を歩く母親の後ろ姿だけだった。

「消防車に跨（また）がっているだけで、とても嬉しかったんだ。今じゃ、跨るものと言えば売女（プータ）だけなのにな。ま、それはそれで跨りがいがあるがな。がははは。ところでおまえら、将来は何になりたかったんだ？　サッカー選手？　ありきたりだな。俺は何だと思う？　んっ？　そうよそうよ、その通りよ。消防士よ。子どもの頃はずっと消防士になりたいと思ってたんだ。真っ赤な消防車に乗りたくてな。本気でそう思ってたんだ」

誰かがテレビのボリュームをあげた。何度も同じ話を聞きたくはないという意思表示である。舌打ちをして席を立つ者もいる。が、それも通じない。

「俺はずっと、消防士になりたかったんだ。ずっとだ。あんなイカした車に乗れるなんて最高じゃねぇか。それに、何たって人の役に立つだろう？　火事を消せば、みんなが喜んでくれるだろう？」

ここで十分に間を取る。周囲を見渡す。「どうだ？」とでも言っているような、まんざらでもない顔を作る。その後で、ラップ小僧の肩を摑んで「おい、ラップのガキ、ちゃんと聞いてるか？」と言う。何人かが聞こえるように舌打ちをしたが、タトゥはまるで気にしない。すぐに話が再開される。

消防士に憧れた無垢な時代は短かったという。十歳を前にして、盗みを覚えたのだ。玩具、コーラ、ガラナジュース、バカリャウ（タラで作るコロッケ）、ポンデケージョ（チーズ入りのパン）、誰かに売るためのビール、サッカーボール。盗めるモノは何でも盗んだ。札付きの不良となるまでさほど時間はかからなかった。盗みだけではなく、マリファナやスピードの売人もやった。すぐに補導されて、日本で言うところの少年院に収監された。一年もしないうちに出てはきたが、学校には戻らなかったし盗み癖も直らなかった。それどころか、悪事は日増しにエスカレートしていった。

少年院を出てから数年後、悪い仲間とつるんで盗みを犯し、刑務所に入ることになる。夜中に電気店に押し入りトラック一杯の商品を盗んだのだ。余罪がぼろぼろ出て来て、二年の実刑判決を受けることになった。前科一、だ。

前科と言えば、ここには前科のある者が少なくとも三十人はいる。刑期や罪状は様々だ。縮れ男（二件の殺人・九年の実刑）のように長く入っていた者もいれば、ラ・バンバ（麻薬密売・半年の実刑）のように短い者もいる。刑務所に入っていたこと自体を隠す者もいるし、前科があることは明かしても具体的なことは何一つ喋らない者もいる。

すべてを話すのはタトゥぐらいのものだった。開けっぴろげに過去を話すラップ小僧とどこか似ている。だが、タトゥの場合は、どこまでが実話でどこからが作り話なのか、よく分からないところがあった。本当か嘘か、問い質す者もいなかった。誰もが他人の過去に無関心だったし、そもそも、タトゥが過去を話しているときは他の者が口を挟むチャンスなどまるでなかった。語り始めてから、既に三十分が過ぎていた。終わる気配は微塵もない。テレビを諦め、食堂を出て行く者も出始める。ラップ小僧も出て行きたくてもぞもぞしている。タトゥが肩に手を回していたから、それも難しかった。彼はこの後も、唾がかかるほどの至近距離で他人の自叙伝を聞き続けることになる。

話は、まだ始まりに過ぎなかった。

刑務所暮らしは優雅だったという。週に三回、恋人が来てくれたのだ。

恋人の名はジェシーと言った。アメリカ風の名前だが、ブラジルの貧困層にはそんな名前が少なくない。少し前ならマイケル（ジャクソン）やジョーダンに因（ちな）んで）やジュリア（ロバーツ）が流行り、今ならミランダ（カー）、スカーレット（ヨハンソン）、ジャスティン（ビーバー）とつける親もいる。タトゥはその謂れを話さなかったが、ジェシーもそんな流行り名前のひとつのはずだ。

ジェシーとは、週に三日、刑務所の一室で戯れ合った。飲んで、吸って、ヤルのだ。酒、煙草、携帯電話、クラックやスピードのような安価で粗悪な麻薬。ボディチェックはいい加減だったから、ジェシーは何でも持ち込むことができた。ないのはルームサービスぐらいで、ホテル暮らしのようだったな。「看守に大麻（カンジャ）でも分けてやれば、だいたいは個室をあてがってくれた。刑務所の中では暴力沙汰もあるにはあったが、巻き込まれたり目を付けられることもなかった。看守とも、独房の怖い奴らとも上手くやれた。でもな、そのうちにな、飽きてくるんだよ。これぱっかりはどうしようもねぇな。もっと大きなものが欲しくなってくるんだ。おまえらだって、ここに長くいれば、ちっちぇえ黄金じゃなくて、でっかい奴が欲しくなるだろう？　それと一緒よ。もっと大きなものって何だと思う？　おい、誰か分かる奴がいるか？　どうだ？　ん？　誰も分かんねぇのか。情けねぇな。そんなの、ムショにないものに決まってるだろ。自由だよ、自由。シャバに出ることだよ。刑が終わるのはまだまだ先だ。だから、脱走を考えるようになった。ムショってところは、どいつもこいつも脱走のことを考えているもんなんだ。だから、いくつものチームがあった。サッカーチームじゃねぇぞ。脱獄チームだ。そいつは二つのグループに分かれていた。穴班と鎖班だ。穴班は穴を掘って脱走を試み、鎖班は窓から鎖を垂らして脱走を試みる。イカしてるだろ？　俺の場合、初めは鎖班だった。毎回、建物から降りるところまではうまくいくんだが、門を飛び越える前に発覚しちまってな。八回やって全部失敗だ。だから、九回目からは穴班に鞍替えした。そこで運が開けた。やってみるとな、俺より穴を上手く掘れる奴は他にいなかった。すぐにみんなが、俺のことをタトゥと呼び始めた。おまえはタトゥだ、アルマジロだ、ってわけだ。以来、俺はずっとタトゥと呼ばれている。おいラップ、ちゃんと聞いてるか？　それが俺の名の謂れってやつだ。気に入ってんだ。すばしっこくて賢そうだろ？　で、何だっけ？　そうだ、脱獄の話だったな。俺の部屋は一階だったから、脱出口は俺の部屋ということになった。必要な道具はジェシーが持ってきてくれた。夜警の連中が見回りに来ることもなかったから、リノリウムの床やコンクリートの基礎はバールで壊し放題だった。最初は園芸用のスコップで掘り始めたんだが、すぐに作業所からツルハシと大きなスコップを手に入れることもできた。一日に五メートルは掘ったはずだ。なんせ俺はアルマジロだからな。早いんだよ、掘るのが。難しかったのは穴の出口だ。思ったところにピタッと掘り着くことができるかどうか、それが勝負の分かれ目だった。出口までの距離はトンネルに持ち込んだ紐で測った。地上も測った。敷地内は俺たちが、外はジェシーが測ってくれた。計測によれば、刑務所の塀までは百五メートル。塀の外側には二十メートルの道路が走っている。その先は公園だ。つまり、百五メートル＋二十メートルだ。おまえらにはちょっと難しい足し算かもしれないが、俺様は頭の中ですぐに答えを出せる。答えは百二十五メートルだ。つまり、百二十五メートル以上掘れば、公園に辿り着けるってことだ。ナチスの収容所から逃げ出す映画があったよな。オートバイで鉄条網を飛び越えるヤツだ。おい、ラップ、おまえも見たことがあるだろう？　ない？　家にテレビもなかったのか、おまえ。俺より貧乏だったんだな。ははははは」

ラップ小僧が何か言い返そうとしたが、それを手で制して先に進む。話の腰を折ることはほとんど不可能だった。「ジェシーが面会に来ない週の四日間、俺は穴を掘った。三ヵ月ほどでトンネルは完成した。面会日はアレのやり過ぎでクタクタだからとても掘れないんだ。三ヵ月ほどでトンネルは完成した。消灯時間とともに俺はムショとおさらばした。あの公園に辿り着いたってわけさ。ムショに入ってから一年半後のことだった」

ここで一息置く。そして、さも重大な話が始まるかのように「さて、ここからが本題だ」ともったいぶって語る。舞台で主役を張る役者が大団円の直前で作る「間」のようである。

時刻は夜の十時近かった。十時と言えば人気のメロドラマが始まる時間だ。いつもなら、主演女優のブルーナ・マルケジーニ見たさに、大勢のガリンペイロがテレビの前に群れをなしているはずだった。だが、延々こんこん興味のない話を喚かれたらどうか。しかも、大声で。とてもテレビどころではあるまい。食堂にいるガリンペイロはめっきり少なくなっていた。

タトゥだけが、ひとり熱を帯びていた。金鉱山に来て二年余り。同じ話を何度喋って来たか数え切れない。誰もが露骨に嫌がったが、彼にとってはどうでもいいことだった。

脱獄したタトゥは真っ先に母親の家に向かったという。早朝だったが母親は起きていた。脱獄してきたことを告げ、ジェシーを連れてどこかへ逃げるつもりだと告白する。

母親はしばらく考えていた。泣きもせず、久しぶりに息子に会ったというのに喜びもせず、ただじっと考えていた。

ずいぶん経ってから、意を決したように母が息子に言った。

「おまえのおじさんに連絡しておくから、そこに行きなさい」

母が言うには、実の兄が遠くで非合法の金鉱山を持っているという。

母親に兄弟がいること、すなわち、自分に伯父さんがいることを、このとき彼は初めて知った。

「ラップ、このおじさんというのが誰だか分かるか？」

ラップ小僧が知るはずもなかった。「もう勘弁してくれよ」とでも言いたげな顔をしているが、喋る気力さえ失せたのか、ただ力なく首を横に振っている。

「俺も知らなかった。でもお袋はな、こう言ったんだ。私はC（実際はCで始まるある土地の名を語ったが、ここではその頭文字のみを記す）と呼ぶけど、あっちでは黄金の悪魔（ジャブ・デ・オーロ）と呼ばれているらしいわってな。これで分かっただろう？　そう、ジャブよ。ジャブ・デ・オーロよ。ここの頭目よ。この金鉱山の所有者は俺の親戚ってわけだ。俺はその親戚を頼って、ここにやって来たんだ」

タトゥが力強くそう言った。食堂に残っていた者は露骨なまでに不快な顔となったが、タトゥはただ一人、顔を紅潮させている。

しばらくは、虎の威を借る自慢話が続くと思われた。

だが、唐突に顔つきが変わる。目線がゆっくりと下に落ちる。背中が丸まり頭も下がる。穴が開いて萎んでいく風船のようにタトゥの身体が小さくなっていく。ついには、涙声になる。

「俺はな……、おじさんに頼るしかなかったんだ。一人の力ではどうすることもできなかった……。朝になれば警察も捜索を始めるだろう。一刻も早くあの街を、いや、あの州から去らねばならなかったんだ。だから……、ジェシーには連絡を入れなかった。時間がなかったこともあるが、それだけじゃない。連れていくのか、置いていくのか……。おじさんの話を聞くまで、俺には二つの選択肢があった。だけど、逃げる先が非合法の金鉱山だと決まったとき、女を連れていくという選択肢はなくなった。……なくなっちまったんだ。素人の女にとって金鉱山がどんなところなのか、相当のマヌケでもない限り分かる話だ。連れて行った女がどうなっちまうか……。俺には無理だ。こんな所に連れてくるなんて、とてもできない。……ジェシーとはそれっきりだ。俺を恨んでいるだろうし、もう二度と会うこともないだろう。おい、ラップ、おまえに分かるか？　俺の悲しみが分かるか？」

タトゥがテーブルに臥せる。テーブルにつけられた顔の奥からは鼻をすする音とむせび泣くようなしゃくり声が聞こえてくる。

タトゥの豹変ぶりにラップ小僧が少し驚いた顔をしたが、食堂にいる他の者たちは平然としていた。何度となく見てきた、いつもの光景なのだろう。

何分か過ぎ、タトゥがようやく顔を上げた。一人とぼとぼ、悲劇の主人公のように肩を落としながら食堂を出て行く。声を掛ける者は誰もいなかった。目線を送る者もいない。

消防車の話を始めてから三時間近くが経っていた。テレビは既に消されていた。メロドラマを見損なったエジネイヤが、不機嫌そうな顔で「ジェネを落とすよ」と食堂に残った者たちに告げた。

食堂には四人しかいなかった。ラップ小僧の組ではラ・バンバだけが残っていた。すっかり疲れ切っているラップ小僧に近づき、「災難だったな」と語りかける。ラップ小僧が「まあな」と返す。すると、「ところで明日だが」と言って、こう続けた。「明日は日曜だから穴の仕事は休みとなる。おまえさん、住む小屋がないから食堂の軒で寝てんだろう？　ガリンペイロには自分の小屋が必要だ。俺と自転車屋が手伝うから、明日、小屋を建てよう。屋根はビニールシートでいいよな。一人用だから三グラム（一万二千円）ってところだ。無線で注文して明日中に金庫に届けてもらおう。明日は六時に起きて、一緒に森に木を伐りに行こう」

ラップ小僧が返事に詰まる。明日は休日なのだから、ゆっくりと寝ていたかったのだろう。だが、家を建ててやると言った男が、それが善意の申し出であることを全身から煌々と発しながら、満面の笑みを浮かべてこちらを見つめている。一拍以上の間を置いて「ありがとう、悪いな」と礼を言う。ラ・バンバの顔がさらに明るくなった。ラップ小僧がハンモックを吊っている軒先まで行き、あたりをしげしげと見ながら諭し始める。「こんなところで眠るのは身体によくない。屋根がないから、雨が降ればずぶ濡れになってしまう。雨が降らなくても朝露でハンモックが濡れ、すぐに真っ黒にかびてしまうぞ。そうなったら身体にも悪い。ガリンペイロは身体が資本だからな」

じゃあ、明日の朝な。そう言って、ラ・バンバが自分の小屋に帰っていった。

食堂にはラップ小僧ひとりとなった。寝る前に水を一杯だけ飲み、食堂の軒先にハンモックを吊る。動きが重い。過酷な肉体労働をした後で他人の半生を三時間近くも聞かされたのだ。ハンモックに身を投げ出すと、寝返りもうたずに眠ってしまう。

6

翌、日曜日になった。

いつもは朝が早い金鉱山だが、休みの日は違っていた。食堂は無人のままで、平日なら誰よりも早く起きる賄い婦のエジネイヤも自分の小屋から出てこない。

日の出直後の朝六時だった。ラ・バンバ、自転車屋、ラップ小僧の三人が森に向かった。穴に続く道から別の小径に分け入ると両脇は原生林となる。その森の中で、柱や筋交（すじかい）にする木を手分けして探すのだ。

「三十分後にここで集合だ」。ラ・バンバがそう言って森の奥に入っていった。自転車屋はその逆方向に去る。仕方なく、ラップ小僧は二人とは別の方向に歩き始める。

森には多種多様な木がある。硬い木や脆い木、曲がる木に曲がらない木、実に様々だ。舟の甲板に使うような湿気に強い木もあれば、すぐに腐ってしまうものの加工しやすい木もある。柱に適している丈夫な木もあれば、筋交だけに利用できる木もある。

ラップ小僧以外の二人はアマゾン生まれのアマゾン育ちだった。街場から遠く離れた不便な土地で暮らした経験もある。そんな僻地では、家は大工が作るものではない。男が自力で建てるものだ。椰子で屋根を葺いた住居（マロッカ）であろうとレンガ造りの小屋（カバーナ）であろうと、家（カーサ）を作れるようになって初めて、一人前の男と見做される。

ラップ小僧だけが無知だった。スラムやバラックだったとは言え、彼は都会育ちだ。知っている木と言えば、大好物のマンゴーやバナナ、あとはアサイー椰子ぐらいしかない。勝手に太い木を伐ろうとすると「その木は柔らかい。柱には向かない」と待ったをかけられる。やることがなくぶらぶらしていると「ここでもさぼってんのかよ」と自転車屋に貶（けな）される。穴だけではなく森の中でも彼は使い物にならなかった。

それでも、ラップ小僧以外の二人の働きで様々な木を集めることができた。

次は組み立てだ。

「ここでいいか？」。ラ・バンバが小屋を建てる場所を聞く。「オレはどこでもいいぜ」。ラップ小僧が精一杯強がって答える。すると、ラ・バンバが「ここは食堂のすぐそばの一等地だぞ」と言って、はははと笑った。

確かに食堂には近かった。が、より正確に言えば、台所の裏と言った方が正しい。そこはときおり、エジネイヤが窓から生ごみを放り投げる場所でもあった。残飯には犬と猫が群がり、必ず近くで糞をする。糞尿のせいで肥料が十分なのか、雑草が繁茂し蝿や藪蚊の温床になっていた。

手で藪蚊を追い払いながら、ラ・バンバが「始めるぞ！」と号令を発した。

バハンコでの穴掘り同様、小屋作りもいたって単純だ。まず、地面に二十センチほどの穴を掘り、四本の柱を立てる。マッチ箱でも作るように梁を渡し、筋交で補強、固定する。基礎はそれで完了だ。一時間もしないうちに、小屋の形がみるみる出来上がっていった。

小屋作りでもラップ小僧のやることは変わらなかった。ここに四つ穴を掘れ。この木をおさえていろ。倉庫から紐を探してこい。紐がなかったら木の皮を剥いで代用品を作れ。言われるがまま、あっちへこっちへ動き回っているだけだった。

昼過ぎには屋根となる黒いビニールシートがバギー車で届けられた。ビニールシートをラップ小僧の方にかざし、ラ・バンバが「どうだ？　なかなかの屋根だろう？」と言った。ビニールシートは二メートル四方ほどの大きさだった。あとはこのシートを屋根に被せ、四隅を柱に縛りつければ小屋は完成だ。「あとはおまえらに任せたぞ」。ラ・バンバがそう言った。

ラップ小僧を毛嫌いする自転車屋が小屋の上に上がって「シートを寄こせ」と怒鳴る。ラップ小僧がだるそうに黒いビニールシートを放り投げる。シートが柱に結わえ付けられる。数分もしないうちにビニールシートの屋根が柱に固定される。「ま、こんなもんだろ。おまえさんには贅沢すぎる家だぜ」。そう言って自転車屋が屋根から飛び降りる。

二人が並んで完成したばかりの小さな小屋を見やる。

新居が完成したばかりだというのにラップ小僧の表情が暗い。小屋を見ながら独り言を呟く。

「できてみると、小さいもんなんだな……」

自転車屋がすぐに言い返す。

「何贅沢言ってんだよ。独り者のガリンペイロにはこれで十分だろ。もっと小さい小屋に何十年も住んでいるガリンペイロもいるんだぞ。おまえ、不潔爺（スージョ）さんの小屋を見たことがあるか？　もっとぼろくて、もっと小さいぞ」

「そうなのか？　……あの爺さん、こんなのに何十年も住んでんのか……」

「どうした？　ずいぶん弱気じゃないか。いつもの大口叩きはどこいったんだよ」

ラップ小僧が黙り込む。「これじゃあ、一人しか住めないな……」と何度か呟く。自転車屋が「おまえ、ほんとうにバカだな。そんなの当たり前だろう？　一人で黄金をがっぽり掘り出すんじゃなかったのかよ」と揶揄（からか）うが、「それはそうするつもりだけど……でもな……」と言葉に詰まってしまう。

話そうか話すまいか、迷っているようだった。

それは、女のことだった。ラップ小僧の胸には、ある女の名が太い飾り文字で刻まれていた。JANISEという六文字だ。彼の身体には他にもいくつかの刺青が彫られていたが、プロの手によるものはJANISEの飾り文字だけだった。ジャニーゼ。ラップ小僧が街に残してきた最愛の女だった。


ジャニーゼと出会う前、ラップ小僧は生きる希望を見失っていたという。金もなく、空腹で、広大なアマゾンをあてどなく彷徨(さまよ)えど目当ての金鉱山は見つからなかった。「ゼ・アラーラになってやる」。親に何も言わず郷里のフォルタレーザを飛び出してきてひと月余り、あると思っていた金鉱山は既に閉山してしまっているか、警察の手入れを受けて壊滅していたのである。

その旅は、出だしから躓(つまず)いてばかりだった。彼はまず、マラバという街を目指した。その六十キロほど南西に、この百年で最大のゴールドラッシュが起きた伝説の金鉱山、セーラ・ペラーダがあるからだ。ラップ小僧が崇拝するゼ・アラーラはセーラ・ペラーダで巨大な一発を掘り当てた。マラバにも何度も立ち寄っている。絵描きがパリを、ジャズメンがニューヨークを目指すように、マラバはラップ小僧が恋焦がれた街だった。

だが、二十一世紀のマラバは彼が勝手に思い描いていた姿とは大きくかけ離れていた。乱立していると思い込んでいた黄金の換金所は一軒もなく、腰に銃を差し込んだ男たちが闊歩しているわけでもない。何もかもが小綺麗で、メインストリートには中央資本のモールや外資系の銀行、マクドナルドやスターバックスまでが軒を並べていた。それでも、彼にとっては伝説の街だ。通りを歩く人や公園で煙草を吸っている者を摑まえて訊ねまわった。「教えてくれ、セーラ・ペラーダにはどう行けばいい？　オレもがっぽり黄金を掘り出したいんだ」。誰もが黙殺を決め込んでいた。驚いた顔をする者もいたし、気がふれた者を見るような目をして小走りで立ち去る者もいた。

　ようやく、一人の老人が憐れむようにこう教えてくれた。「おまえさん、何年前の話をしてるんだ？　セーラ・ペラーダは一九九二年に廃坑になった。もう二十年以上前だぞ。気は確か か？」

　ショックだったという。あのセーラ・ペラーダがとっくの昔に廃坑になっていた。そんな話は聞いたことがなかったのだ。

　どこへ行けばいいのか。彼は北に向かうことにした。マラバから北へ、太く長い道が延びていたからだ。道の名はアマゾン横断道路（トランス・アマゾニカ）。彼は自国の大統領の名を知らなかったが、その道の名だけはどこかで聞いたことがあった。北へ向かった理由はそれだけだった。

　アマゾン横断道路には大型トラックがひっきりなしに走っていた。トゥクルイ、アルタミラ、ジョゼ・ポルフィリオ。ヒッチハイクで六百キロ強をひとっ走りに北上した。

　その街に辿り着いたのは、三台目か四台目のトラックだった。シングー川がアマゾン本流に流れ込む場所で、水上交通の要の地である。

　通りは賑やかで人も多かった。ダメ元ではあったが、波止場で金鉱山のことを聞いてみた。何人か目の男だった。荷下ろしをしていた男が「俺は一年前までガリンペイロだった」と言った。働いていた金鉱山が摘発を受け、仕方なく港湾労働で食い繋いでいるという。その男が言った。「行くならＰ川だ。Ｐ川の上流なら今も黄金が出ているという噂だ」。神は見棄てなかったと言うべきか、悪魔が微笑んだと言うべきか。そのＰ川上流の金鉱山こそ、黄金の悪魔が君臨する、この土地だ。

そして、それ以上の出会いがあった。ジャニーゼと恋に落ちたのだ。

彼女は労働者相手のカンチーナで働く女だった。店に行くと、いつもただで食べさせてくれた。一緒に暮らすようになるまで、さほど時間はかからなかった。役所や教会に届け出たわけではなかったが、ラップ小僧は彼女を妻だと思うようになっていた。女とつき合ったことは何度かあったが、これほど深く愛したのも初めてだった。

ジャニーゼは仕事も紹介してくれた。同じ店の皿洗いだった。三十分もしないうちに飽きてしまったというが、ラップ小僧は耐えた。恋人の名前を身体に彫りたくて、カネが貯まるまでは頑張ろうと決めていた。

刺青を胸に彫り込んだ日、ラップ小僧は一緒にP市に行かないかとジャニーゼを誘った。P川に面するP市からは不法の金鉱山に向かう船が出ていると聞いたのだ。ジャニーゼは同意してくれた。そして、二人でP市に向かったあと、ジャニーゼを一人街に残しラップ小僧は船に乗った。

二人が一緒に暮らしたのは三カ月ほどに過ぎない。その間、ラップ小僧は大きな夢をさんざん吐いてきたという。オレは金持ちになってやる。でっかい黄金を必ず掘り当ててやる。うんと贅沢させてやる。でっかい家も建ててやる。車も宝石も買ってやる。オレはまだ若い。オレたちの未来は黄金のように輝いている。すぐに帰ってくる。でっかい黄金を抱えて帰ってくる。ちょっと時間がかかるようならおまえを金鉱山に呼ぶ。必ず呼ぶ。オレが呼んだらすぐに来てくれ。森の中にでっかい家を建てて、おまえを待っている。そこで、一緒に暮らそう……

気づいたときには、ジャニーゼのことを自転車屋に滔々(とうとう)と話していた。そして、悩んでいることを自転車屋にぶつける。

「聞いてくれよ。一緒に住みたい女がいるんだ。おまえなら、こんなときどうする？」

「ここに女を呼ぶってか。おまえ、本当にバカだったんだな」

助言でも慰めでもなく、コケにされただけだった。それでも、思いの丈を自転車屋にぶつけ続ける。

「ちゃんと聞いてくれ。その女と一緒に住みたいんだ。ここで二人で暮らして、女は穴からオレが戻って来るのを待ってるんだ。一緒にメシを食べて、オレが穴に行っている間に女は洗濯をして、夜は抱き合って寝るんだ。そうしたいんだ。自転車屋、お願いがある。せめて、ハンモックを二つ吊れるように、小屋をもう少し大きくはできないか？」

無残な結果となった。自転車屋が「止めとけ、止めとけ。ここに女を連れて来てみろ。すぐに誰かが手を出すぜ」と笑い出したのだ。「そんな奴がいたら殺してやる」と返したが、自転車屋の笑い声はさらに大きく、挑発的になっていく。

「そうかい、そうかい。なら試してみろよ。自信があるなら試せばいいじゃないか。俺は一週間もしないうちに誰かに食われる方に賭けるけどな。黄金十グラムでどうだ？　二十グラムでもいいぞ」

「誰とでも寝るような女じゃないんだ」

「だったら賭けようぜ。俺の勘じゃあ、その女、ひと月もしないうちに男ができる。おまえの女、街で一人なんだろ？　ひと月じゃなく一週間かもな。いや、もうできちまったかもな。今頃は別の男の腹の下でひぃひぃ喚いているかもな」

ラップ小僧の顔がどんどん曇っていった。自転車屋はさらに下品なことを言い重ね、いたぶり続けた。ラップ小僧が下を向いて黙り込んでしまう。

自転車屋が「さて」と言った。そして、最後のダメ押しをする。「どうした？　おまえの女が股を開くことに賭けんのか？　賭けないのか？　夕飯までに決めておけよ」

結局、その返事が自転車屋に返されることはなかった。夕食の時間も、そのあとテレビでメロドラマが放送されているときも、ラップ小僧は何かを考え込んだままだった。心ここにあらずで、顔が蒼白い。街に残してきたジャニーゼのことを考えているのは明らかだった。

食堂を出て完成したばかりの小屋にふらふらと戻る。ハンモックを吊って横になる。だが、すぐに立ち上がると、リュックが掛けてある柱まで行く。中を漁り、何かを探し始める。

ボロボロになった本がでてきた。

聖書だ。

読みたいページは決まっているようだった。懐中電灯を当ててその章を探している。すぐに見つかり、音読が始まる。

――主は御名にふさわしく　わたしを正しい道に導かれる
死の陰の谷を行くときも　わたしは災いを恐れない
あなたがわたしと共にいてくださる
あなたの鞭　あなたの杖　それがわたしを力づける
わたしを苦しめる者を前にしても
あなたはわたしに食卓を整えてくださる
わたしの頭に香油を注ぎ

わたしの杯を溢れさせてくださる

ラップ小僧はその一節を暗唱できるほど読み込んでいた。神を信じ、神とともに在ることへの感謝と安堵の言葉が繰り返される。

何度も音読を繰り返したあと、今度は讃美歌を歌う。

――神はあなたに微笑んでいてほしい
危険な夜が来ようとも
この十字架が重くとも
キリストがあなたと共にいる
世があなたを涙させようとも
神はあなたに微笑んでほしい……

ここは、無法者が吹き溜まる密林の中の金鉱山だ。教会もなければ神父や牧師もいない。それどころか、教会に一度も行ったことのない者がほとんどだ。

彼だけが、聖書を持っていた。

聖書を読み讃美歌を歌うことで迷いや不安を断ち切ることのできた一日が、これまでも幾日かあったのだろう。安らかに眠ることができた夜もあったのだろう。

だが、その日。

彼は寝つくことができなかった。一晩中ハンモックは揺れ、聖書の言葉が呟かれ、掠れるような歌声が流れ続けた。神の言葉を照らす懐中電灯の光が消えることもなかった。

ハンモックの揺れがようやく止まったのは東の空が白んでくるころだった。

月曜の朝、ラップ小僧は寝坊をした。


「おはよう(ボンジア)」と声をかけても、誰からも反応がなかった。新入りのくせに、それもまだ三日目だというのに、二時間近く遅れて穴にやって来たのだ。自転車屋にいたっては憤怒とも怨嗟(えんさ)ともとれる目を向けている。

午前中は徹底的に無視された。何をしていいか分からず、穴の中で立ちすくむばかりだった。午後からは少しは声がかかるようになったが、雑用だけが言いつけられた。食堂に戻って新しいカフェジーニョを持ってこい。ガソリンを運んでおけ。邪魔だからそこをどけ。ほとんどが穴の仕事とは無関係のことだった。

どうにか雑用をこなしたあと、スコップを持って水路に立つ。しかし、何をどうすればいいのか、彼には何も分からなかった。午前中と同じように立っているだけとなった。

夕方近くになって、ようやく仕事ができかけた。水路の側面が崩れ、水の流れが止まったのだ。ラップ小僧が走る。水路の底を闇雲に掘り返し始める。泥が跳ねかえってきて目に入る。それでも掘り続ける。が、すぐに自転車屋の罵声が飛んできた。「マヌケ野郎！　おまえ、バカか。深くしてどうすんだよ。幅だよ、幅。クソったれ。幅を広げて流すんだよ」

そうしている間に水位は長靴を超え、腰を超えた。ラップ小僧が溺れそうになる。「どけ！」。自転車屋が仕事を取り上げる。猛烈な勢いで水の逃げ場を作り始める。ものの三十秒ほどで水路の土手が破られ、水が抜ける。次に、その水をポンプがある場所まで流し込むための堀を作る。

それも十分ほどで出来上がる。水位はほぼ元通りになっている。そこまで見届けてから、自転車屋がぺっと唾を吐く。ラ・バンバ、鯨、グリンゴ。他の三人も無能な者を蔑むような視線を送っている。ラップ小僧が動けなくなる。顔がどんどん暗くなり精気が失われる。肩が落ちて猫背となる。

夜になってもラップ小僧に声をかける者はいなかった。黙ってコメと豆を皿によそい、黙って食べていた。あからさまに無視をするのはラ・バンバの組だけではなかった。他の組の者たちも、ラップ小僧をそこにいない者として扱っていた。

仕事のこと、食事のこと、今夜のドラマの展開の予想。いつもとは違って、食堂では男たちが楽し気に語らっていた。もし十キロの黄金を掘り当てたら何に使うかというネタに大勢のガリンペイロが食いついている。誰かが「肉だ、腹一杯肉を食うんだ！」と叫んだ。「肉より酒だ。俺は酒と女で使い果たす」と別の誰かが反論する。不潔爺さんは以前と同じように「セスナで肉と酒と女を運んできてみんなに奢ってやるさ」と言う。タトゥはタトゥで「俺は消防車を買うぜ」と喚いている。

会話に入り込めないラップ小僧が食堂を出た。

屋外では犬が何匹か草の上で寝転がっていた。ここに来たときに追い払った疥癬だらけの犬だ。犬の脇に座り、頭や身体を撫でる。だが、犬は甘えることもなく、目も開けてはくれない。辺りを歩きながら、ラップを刻み始める。己を力づけるような、そんな言葉が続く。

――オレは強い！

いつか王になる男だ！

それがオレの人生！

約束された人生！

ここはオレの約束の地だ！

カナンだ！

エデンの東だ！

エル・ドラドだ！

黄金の帝王になるぜ！

オレは一人！

一人で行く！

オレは孤高の戦士だ！


ゆっくりとそのまま、滑走路の方に向かう。

見上げれば満天の星空だった。天の川もはっきりと見える。銀河を横切るように流れ星が四方に舞っている。

即興のラップが続く。


――空はでかい！

銀河もでかい！

オレは流れ星じゃない！

オレの夢も流れ星じゃない！

燃え尽きることなどない！

オレの夢はけっして消えない！

いつまでも輝き続ける！

　いつ……、

ラップ小僧が歌うのを止めた。滑走路の闇の中に人がいたのだ。暗がりの中で煙草の火が揺らめいている。

エジネイヤだった。食堂から椅子を持ち出し一人で煙草を吸っている。

「なぁ、聞いてくれよ」

反応はなかった。

「頼むよ、オレにも煙草をくれよ」

やはり、反応はない。

しかし、しばらくして、エジネイヤが煙草を箱ごと突き出してきた。一本抜き取って「ありがとう」と丁寧に礼を言う。

二人とも黙ったまま煙草をくゆらせていた。その間も流れ星が宙を舞い続ける。

何分か経ったあとで、エジネイヤが口を開いた。

「あんた、夢の歌を歌ってたわね」

「え？　夢の歌？」

「さっき、何か歌ってたじゃない」

「あれはラップさ。オレの将来を歌った即興のラップだ。聞いてくれよ。オレはゼ・アラーラのようなガリンペイロになるんだ」

　女の口元が皮肉っぽく歪んだ。

「ふん」と呟いて、煙草を親指と人差し指で放り投げる。火が草に燃え移り、火の粉をあげる。

やがてそれも煙となり、消えて見えなくなる。

　女が立ち上がった。そして、誰に向かって話したのか分からないような細い声音で独り言のように呟いた。

「あんたが見てるような夢なんて、ここにあるのかねぇ」

第三章　下僕たちは忽然と消える

1

夜明け前に起き、日没とともに穴から戻る。コメと豆だけの食事をとり、翌日が休みの土曜は朝まで飲む。日曜も昼から飲み、飲み疲れたら昼寝をし、再び起き出しては賭博と酒で一日を無為に過ごす。そして、週が変わればまた夜明け前に起きて穴に向かう。そんな週を二、三回経ると計量が行われる。プリンタードかオーロ・ブセッタか。黄金の多寡に一喜一憂する。そうして月が変わり、季節が進んでいく。雨季が乾季になり、また雨季が来る。

ガリンペイロの誰もが、その単調なサイクルにすぐに慣れた。慣れそうもないのは、ラップ小僧ただひとりだった。「一週間もすれば誰でも慣れる」。組頭のラ・バンバはそう言っていたが、彼には当てはまらないようだった。夜が明けてもハンモックに包まったままで、自転車屋に蹴り上げられてようやく目を覚ましたこともあった。穴で疲労困憊となり、水路の脇に座り込んだまま眠ってしまうこともあった。何かを命じられるまで動くことは稀で、仕事を覚えるスピードも遅ければ、覚えようとしているようにも見えなかった。顔に精気はなく、自分がなぜここにいるのか忘れてしまったかのようだった。ガリンペイロらしくなってきたことと言えば、真新しかったボーダーのTシャツが泥に塗れたぐらいで、数日が経っても足手まといであることに変わりはなかった。

最初の一週間が過ぎようとしていた。

季節は雨季の終わりで、一日の半分以上を茫々とした細い雨が降り続いていた。雨止まぬ中、靄に煙る港には何隻もの船が到着した。ガソリンタンクが堆く積まれ、大勢のガリンペイロが乗っていた。

その週に来たのは十三人だった。初めての者もいれば、出戻りの者もいた。若い者もいれば、老いた者もいた。

コロラドには五人のガリンペイロが回され、総勢二十人となった。

新たな組ができた。若い新入りも二人いた。ともに、金鉱山ははじめてで、よく喋り、よく笑う若者たちだった。コロラドに着いたその日から、まだ細い体を泥だらけにして水路を走り回っていた。

まだ仕事もロクに覚えてはいないのに、ラップ小僧は「新入り」ではなくなっていた。

ラップ小僧が黄金の地にやってきて二回目の土曜日となった。

酒場は、相変わらず賑わっていた。午前零時を回っても、まだ大勢のガリンペイロがいた。多くは、五十代以上の老いたガリンペイロだった。

喧嘩もなく、喧しい音楽もかかってはいなかった。珍しく泥酔している者もおらず、元殺人犯の縮れ男だけが早々に酔い潰れて長椅子の上で鼾をかいていた。

それ以外は、静かな夜だった。老ガリンペイロが静かに酒を酌み交わし、ぼそぼそと話をしている。既に何度となく話している話題のようだった。

もはや喋るネタもなくなってきた午前二時頃のことだ。ぱっと見は五十代、近づいて澱んだ目を覗き込めば六十代にも見えるガリンペイロがゆっくりとした口調でこう言った。「これでも、昔に比べれば金鉱山もだいぶ安全になったんだ。セーラ・ペラーダの頃は酷かった。あの伝説の金鉱山では、週に一人は誰かがどこかで殺され、死体が川に流れていたもんさ」

テーブルを囲む者たちが同意するように静かに頷いていた。質問もなければ、議論もなかった。酒を噛み砕くように呑んで、ただ静かに頷いていた。そして、また何十分か経って話題が一回りしたのち、別の誰かが同じ言葉を独り言でも言うように呟く。「そうだよな。昔に比べれば、これでもマシになったんだよな」

酒場には若いガリンペイロもいた。コロラドで黄金の粒を見つけたカベルード（長髪）だった。金鉱山に流れてくる前、彼は麻薬組織に属していた。全国組織であるCV（コマンド・ヴェルメーリョ）やADA（アミーゴス・ドス・アミーゴス）ではなく、アマゾンのとある街を拠点とするちっぽけなギャング団だった。老人たちの話に耳を傾けていたカベルードは、酒場がお開きになる直前、ギャングを辞めてここに来た理由を語り始めた。「ギャングなんて命がいくつあっても足りない。みんな、抗争の中で虫けらのように死んでいくんだ。友達も死んだし、世話になった兄貴分も、可愛がっていた弟分も死んだ。大したカネにありつける商売でもなかったのに。俺は死にたくなかった。だから、ここに来た。ここならでっかい稼ぎも期待できるし、商売敵に命を狙われることもない。麻薬の密売より、金鉱山の方が断然安全だ。命を安売りしないで、でっかく稼ぎたいんだ」

老人たちも頷いている。そして、残った酒を一気に飲み干すと、各々のねぐらに帰っていった。

酒場には金庫（コーフリ）だけが残っていた。老人たちと元ギャングの若者の話を聞いて、金庫はこう思ったという。

老人連中も若い者も本当のことを知らない。黄金の地を貫く真理を知らない。いや、知っているのに気づかないふりをしている。そうでなければ、気づいているくせに忘れようとしているのだ、と。

金庫は黄金の悪魔の片腕の一人だが、ガリンペイロではない。つまり、統べる者でもなければ掘る者でもない。ゆえに、この地の現実を最も客観視できる一人でもあった。その彼が言いたかった現実とは、こういうことだ。

この年、九月までの九ヵ月間で、黄金の悪魔が所有する五つの金鉱山では二人が殺され、三人が疑わしい死に方や行方不明となっていた。空の上か川の底か土の中か。とにかく、五人がどこかに消えたのだ。もちろん、この数はブラジルの劣悪な場所と比べると少ない。コンプレックス・アレマオやヴィラ・クルゼイロのようなリオの貧民街(ファベーラ)では毎年百人近くが殺され、どこかに消えている。だが、実数ではなく人口比にすればどうか。コンプレックス・アレマオもヴィラ・クルゼイロも十万人を超える巨大な貧民街だが、ここの人口は五つの金鉱山を合計しても二百人から三百人だ。仮に三百人として計算すれば、死者と行方不明者の人口に占める割合は一・七パーセントとなる。劣悪なファベーラは〇・一パーセントだから、その十七倍である。「安全になった」とか「断然安全」と言える数字ではない。ガリンペイロが殺される確率は、道端でコカインを売る末端の売人や警察相手に銃撃戦を繰り広げるギャングよりも遥かに高いのだ。

ガリンペイロの命は安い。ブラジルで最も安いと言ってもいい。それは昔も今も変わらない。セーラ・ペラーダの時代から、いや、それよりずっと前のエル・ドラドの時代から、密林に黄金を探す男たちの命は虫けら同然のままだ。

ここでもそうだ。ガリンペイロは黄金を巡って殺し合い、女を巡って殺し合い、酒に酔っても殺し合い、くだらない理由でも殺し合う。殺した者は殺した理由を忘れ、殺された者は名前や顔をすぐに忘れられる。

そしてまた、殺しが起きた。

2

《ピアウイ・カレッカ（禿げ頭のピアウィ男）》はここに七人いるピアウイ州出身者の一人だ。ガリンペイロではなく金鉱山専属の大工である。プリマヴェーラには三人の大工がいたが、経歴は最も長い。賃金は月給制で月に黄金二十グラム（およそ八万円）である。黄金の悪魔が所有する五つの金鉱山には三十戸を超える倉庫や保管庫がある。その建設や補修が主たる業務だった。

その夜、小屋でうたた寝をしていたピアウイ・カレッカは大きな音で目を覚ました。一回ではなく、大きな音が二回聞こえたことも覚えていた。だが、それが何時だったのかと問われれば、正確に答えることができない。夜遅くまでカンチーナで飲み、店を出てから川で水浴びをしたという。しかし、どのように小屋まで戻り、何時に眠ったのか。彼はほとんど何も覚えてはいなかった。とにかく大きな音だったようだ。彼にはその音が何の音かもすぐに分かった。銃の音、より正確に言えば散弾銃の音だ。だが、物騒な音で起こされたというのにピアウイ・カレッカが慌てることはなかった。またかと思っただけで、表に出て何が起きたのか確かめようともしなかった。

凶事なら、ここではさほど珍しいことではない。すぐに眠りに就くと朝まで目覚めることはなかった。

同じ日の夜更け、漁師のポンタ（小男）は不穏な光景を目撃していた。とある倉庫で幾筋もの光が不規則に揺れていたのである。懐中電灯の光だった。誰もが寝静まっているはずの夜更けである。極めて不自然で奇異なことだった。

漁師の朝は早い。高台にある小屋を出たのは午前四時前だという。

不穏な光にはすぐに気がついた。それだけではなかった。倉庫の脇を通り過ぎたときには何人かの忙しい足音も聞こえてきた。懐中電灯を点けた者たちが慌ただしく動き回っているようだった。

中を覗き見たい欲求はもちろんあったという。だが、彼はその場を素通りした。ガリンペイロを辞めて金鉱山専属の漁師となって以来、ポンタは極力、他者との関わりを避けるようになっていた。面倒ごとに巻き込まれるのも嫌だった。

早歩きで三百メートル先の港に急いだ。その夜は新月で外は真っ暗闇だった。港に着き、舟を出す前にもう一度後ろを振り返ると、未だ倉庫の中では幾筋もの光が上下左右に揺れていた。

その倉庫はプリマヴェーラで二番目に大きな建物だった。高床式で床下は一・五メートル、長さは三十メートル、幅も八メートルある。

倉庫には住み込みの季節労働者が二十人ほど寝泊まりしていた。奇跡のナッツとして名高いカスターニャ（先住民の間では三粒食べれば森を一日中歩き通すことができると言われている高カロリー、高タンパクの木の実。プランテーションは存在せず、採集人が森を歩き回って実を集める）を採集する男たちで、ブラジルではカスタネイロ（カスターニャを採る人たち）と呼ばれている。

ガリンペイロとカスタネイロ。奇妙な組み合わせである。だが、多くの非合法の金鉱山ではカスターニャの採集も同時に行い、大勢のカスタネイロを雇っている。収穫期はカスタネイロ、それ以外はガリンペイロとなる男も少なくはない。理由は単純だ。金鉱山の違法性を隠蔽するためである。黄金と違ってカスターニャの採集・販売には――そこが特別な自然保護区や先住民保護区でもない限り――国家の許可を必要としない。カスタネイロがいれば、「ここにいることに違法性はない」と言い張ることができる。自分たちはカスターニャを採っているだけでガリンペイロではない。万が一のとき、そう抗弁するのだ。実際、この金鉱山では、警察が踏み込んで来たときには誰もがこう証言するように指示されていた。「私はガリンペイロではありません。カスタネイロです。この辺りでガリンペイロなんて見たこともありません。ここにいるのは、みなカスタネイロです」

その倉庫で異変が起きたのは深夜のことだった。突如、暗闇に散弾銃の音が鳴り響いたのだ。次に聞こえてきたのは、どさっという音だった。それも束の間、二発目の銃声が轟いた。罵声や床が軋む音、嗚咽のような音、さらには死を前にした病人がする噎せるような呼吸音も聞こえてきた。

目を覚ました何人かが懐中電灯を点けながら音のした方向に様子を見に行った。

二人の男が倒れていた。

懐中電灯で回りを照らすと、そこにもう一人の男がいた。手には血の滴るナイフを握り、床に臥している二人の男を睥睨(へいげい)している。

何人かが倒れている男を介抱しようとしたが、それが徒労であることは明らかだった。一人はうつ伏せになって倒れ、背中に二カ所、直径十センチほどの鮮血が滲んでいた。仰向けになっていたもう一人は腹から大量の血を流している。辛うじて息はあるようだったが、長くはもちそうになかった。

その場にナイフを持って突っ立っていた男は、あっさりと自分が刺したことを認めた。どのように刺したかも含めて、表情も変えずにこう語ったという。「後ろからタックルして男を押し倒した。そのまま背中を刺し、ナイフを引き抜いて、今度は背中から心臓を狙って刺した」。カスタネイロたちが「二人ともおまえが殺ったんだな」と詰問を続けた。「俺が刺したのは一人だけだ。もう一人は俺ではない」。殺人者と思しき男は表情も変えず、他人事のようにそう言った。詰問した者たちには、彼の冷静で無機質な返答が妙に印象に残った。

血塗れのナイフを持っていた男の名は《ナタウ（聖夜）》といった。ガリンペイロ同様、カスタネイロも本名を名乗らない。金庫によれば、その年の五月にここに来たとき、ナタウはこう言ったという。弟が前の年の十二月二十五日に殺された。その日は聖夜だったのに、つまらない喧嘩で殺された。だから、ここではナタウと呼んでくれ。

事件のあった日、ナタウは酒場で酒を飲み、同じ倉庫に寝泊まりをするカスタネイロとトラブルになった。そのカスタネイロが同性愛者でしつこく迫られたからという噂もあったが、理由ははっきりしない。ナタウが話したところによれば、気づいたときにはピンガの瓶を割って立ち上がっていたという。そして、絡んできたカスタネイロを瓶で殴った。拳でも殴った。相手が戦意を喪失するまで殴り続けた。どれくらい殴ったのか、ナタウははっきり覚えてはいなかった。ただ、殴られた男が呻くように呟いていた言葉だけは覚えていた。殺してやる。いつか必ずおまえを殺してやる。男はそう言ったという。

倉庫に戻ったナタウは一緒に働きに来ていた遠縁の若者に「ハンモックを替われ」と言った。

遠縁の若者とは年下の幼馴染で、まだ十代だった。若者は兄貴分であるナタウの命令に訳も聞かずに従った。

そして、深夜となった。酒場で殴られたカスタネイロが散弾銃を持って近づいてきた。ナタウが寝ているはずだったハンモックに蹴りを入れると、いきなり発砲する。遠縁の若者はハンモックから落ち、這うようにして逃げた。さらにもう一発、銃声が響く。

その直後、散弾銃の男に背後から突進していったのがナタウだ。狙撃した者の背中を刺し、そのまま床に倒れ込む。いったんナイフを引き抜き、背中から心臓を狙ってもう一度刺す。つまり、こういうことだ。『カスタネイロがナタウの遠縁の若者を散弾銃で撃ち殺し、ナタウがそのカスタネイロをナイフで刺し殺した』のだ。

多くの者たちに疑問が残った。なぜナタウは「ハンモックを替われ」と命じたのか、ということである。あたかも、その後に起きることを予測していたような行動だ。自分に害が及ぶことを避けるために他の者を生贄（いけにえ）に差し出したともとれる。

何人かがその理由を問い質した。ナタウは「咄嗟の考えでそうしただけだ」としか答えなかった。彼はまた、若者への弔意を口にすることも、カスタネイロを刺し殺してしまったことへの反省の弁も語ることはなかった。

「事件」は、それでうやむやとなった。

彼は殺人者であり、別の殺人事件の目撃者でもある。通常の社会通念で考えれば、一つの殺人事件の容疑者であり、もう一つの殺人事件でも重要な参考人だ。だが、ナタウが殺人犯として警察に引き渡されることはなかった。目撃者として取り調べを受けることもなかった。誰かから訴えられることも裁判にかけられることもないまま、その後もしばらく金鉱山に残り続けることになる。

ここは法の力が及ばない密林の中の金鉱山だ。殺人を犯したとしても公権力によって裁かれることはない。殺された者の肉体のみが、森のどこかで朽ちてゆくだけである。

3

誰かが殺される。誰かが忽然と姿を消す。殺人、あるいは突然の行方不明。一般社会では、世を惑わせ、世間を騒がせる凶事だろう。ここでは違う。そんなことは日常茶飯事、誰もが馴れてしまっている。稀に馴れることができない者もいるが、彼らは彼らなりに「なかったこと」として忘れようとする。馴れるか、忘れるか。どちらもできないようでは、ここに留まることは難しい。

だが。

意外にもたった一人だけ、馴れようとも忘れようともしない男がいた。ジャブ・デ・オーロ、黄金の悪魔である。

彼が事件を知ったのは、その日の夜明け前、午前五時頃だった。

そこからの行動は早かった。すぐピメンタ（唐辛子）の中継小屋に指令を出す。金鉱山への出入りを封鎖し船頭も船も足止めにしろ、というものだった。

そして、衛星電話を取り出し、馴染みのパイロットを呼び出した。

セスナがコロラドの滑走路に着陸したのは午前七時頃だった。セスナ機は有視界飛行しかできないから、午前六時の日の出とともにP市を発ち黄金の地に向かったのだ。

一人セスナに乗り込むと、黄金の悪魔はP市に戻っていった。

王が去り、残された下僕たちがざわつき始めた。馴れていることとはいえ、今回の殺しはいつものそれとはかなり様相が違っていた。通常であれば、雇い主の側から何らかの情報や裁定が通知されるはずである。だが、事件発生から半日近くが過ぎても、無線を使った公式なアナウンスメントは何ひとつない。

憶測や噂が飛び交うようになった。が、その噂にしても要点は三つしかなかった。誰かが殺されたらしいこと。ボスがセスナで街に帰ったらしいこと。川が封鎖され船頭たちはピメンタの中継小屋で待機を命じられているらしいこと。殺人、王の急な不在、金鉱山の封鎖。その三つだけである。誰がどのように殺されたのか。原因は何か。知りたい情報は何一つ明らかになってはいなかった。

至る所で、ひそひそ話が始まった。カンチーナの隅、穴の中、小川の岸辺、小屋の陰、井戸周り、森の小径、一服をするときや森で連れションをするとき。様々な場所、様々な状況で、男たちが小声で囁き合っていた。

奇妙なひそひそ話だった。興味津々で前のめりになっているというわけでもなく、猥談をするときのように野卑な笑い声も聞こえてはこない。何かをためらっているような、怖れているような、そんな顔をしながらひそひそと語り合っていた。

事件のことが「正式」に各所に伝えられたのは、その日の夜だった。二人のカスタネイロが殺されてから、既に十二時間以上が過ぎていた。黄金の悪魔は不在のため、無線で概要を伝えたのは金庫だった。「プリマヴェーラでカスタネイロが殺された。ボスはしばらく街に戻る。金鉱山への出入りもしばらく封鎖される」

それだけだった。既に噂で届いていることばかりで、新しい情報は一つもない。

コロラドでは、金庫が無線で伝えてきた一言一句が賄い婦のエジネイヤによって組頭たちに伝えられた。組頭たちは、ただ「分かった」と答えた。表立って疑問を挟む者や不満を言う者はいなかった。

ラ・バンバも「分かった」と答えた一人だ。ここが長い彼にしても、今回の事件は分からないことだらけだった。理由も状況も処分の見通しも、何もかも分からなかった。彼が知っていることと言えば、ひとつしかなかった。金鉱山で重大な変事が起きたとき、黄金の悪魔がこの地を離れるということ、それだけだった。過去にも何度かあった。これまでの経験では、事態がはっきりするまで黄金の悪魔が戻って来ることはない。

そんな時、自分はどう行動すべきなのか。答えなら決まっていた。いつも通り穴を掘り、事がはっきりするまで迂闊に口を滑らせないこと。一介のガリンペイロが取るべき行動はそれに尽きるということを、彼は十分過ぎるほど心得ていた。

セスナで脱出した黄金の悪魔は金鉱山から二百キロほど離れた街にいた。

その街には何隻もの船舶が停泊する大きな港があった。船を建造したり修理をするためのドックもある。港から延びる大通りには商店が並び、夜更けまで人と車の流れが止まることはない。金細工の店や黄金を現金に換える換金所も、そこにはある。

P市である。ロライマ州のボアビスタ、パラ州のイタイトゥーバやジャカレアカンガと並ぶ、ガリンペイロの街だ。

ゴールドラッシュ以前は、ロバが曳く荷車が行き交い、郊外には広大なオレンジ畑が広がる何の変哲もないアマゾンの田舎町だった。ゴールドラッシュがすべてを変えた。ガリンペイロが押し寄せてきて人口が急増、闇の換金所が乱立し入口では拳銃を持った用心棒が鋭い目を光らせるようになった。小競り合いはすぐに撃ち合いに発展し、殺人事件は往時の五十倍を超えた。ブラジル各地からプロの女たちも集まってきた。最盛期の九〇年代末にはナイトクラブ（ボアッチ）が百軒以上、少なく見積もっても三百人以上の娼婦がいたという。対人口比で最も娼婦の多い街。そんな陰口が叩かれるようになった。

最たる変化は闇の権力を誕生させたことだった。「奇跡の一発」を手にした者が荒くれ者たちを組織化したのだ。彼らはじきに、「黄金の帝王（レイ・ド・オーロ）」の名で住民から畏怖されるようになる。

黄金の悪魔はP市が生んだ「黄金の帝王」の一人だが、他にも二人の王がいた。一人は《パーパ（教皇様）》と呼ばれる男だ。この男、通称から察せられるように本職は神父である。だが、教会以外にもガリンペイロを金鉱山に運ぶセスナを数機、街外れには無許可の滑走路も所有していた。聖職を隠れ蓑に巨利を得ている生臭坊主である。もう一人は《パオロ・ドイド（狂人パオロ）》という。その名の通り、手のつけられない凶暴な男だった。川を流木が塞いでいるときはダイナマイトで破壊しろと命じ、目障りなウルブーの群れを見つけると連射式の銃で撃ち殺す。そんな逸話が実（まこと）しやかに囁かれていた。

P市やそれぞれが所有する金鉱山で三人の帝王による抗争が始まった。街中で撃ち合いをする。黄金を積んだ船を強奪し合う。暗殺を企てる。力ずくで金鉱山を奪おうとする。リオの麻薬組織ほどではないにせよ、血で血を洗う抗争に終わりはなかった。

抗争は既に二十年近く続いていた。その間、黄金の悪魔は競争相手であるパーパとパオロ・ドイドの動向から目を離したことはなかった。カミソリ曰く、それもまた病的なほど徹底していたという。金鉱山や自分の周辺で何らかの凶事が起きたとき、そのすべてを「敵対勢力によって仕組まれたもの」と考えるのだ。今回の事件で言えば、ナタウを唆（そそのか）した者がいるのではないか、その人物はパーパやパオロ・ドイド、あるいは彼らの意を汲んだ者ではないのか。そう疑うのである。

自身の安全を確保した上で対応策を練るのだろう。彼はすぐに黄金の地を離れ、P市の隠し部屋に籠った。隠し部屋は大通りに面していた。燃料や木材を積んだ大型のトレーラーが始終走る産業道路だ。しかし、いくら車高が高くても、運転手が中を覗き込むことはできない。部屋の前には高い塀が聳えているからだ。高さは三メートル以上あり、全体が有刺鉄線でグルグル巻きになっている。塀を作るレンガも厚かった。三十センチ以上はあるだろう。住宅の塀というよりバリケード、部屋の外観は要塞、車庫はトーチカのようである。

黄金の悪魔がこの堅牢な隠し部屋に着いたのは、事件当日の午前九時頃だった。以来、一歩も外には出ていない。

彼はそこで何をしていたのか。

近くで見ていた者がいた。近親者である。その者が街の盛り場で一度だけ口を滑らせた。それによれば、黄金の悪魔は無線機をいじり「情報屋」を呼び出していたという。

黄金の悪魔は多くの情報屋を飼っていた。街にも飼っていたし、自分の金鉱山にも敵対する金鉱山にも飼っていた。各地各所の情報屋を使って、ナタウのことや敵対する金鉱山の動向について調べさせていたようだった。

それから二日間、黄金の悪魔は隠し部屋から出てこなかった。

その近親者以外、黄金の悪魔を見た者は一人もいなかった。だが、彼の声らしき雑音を聞いた者がいた。コロラドの賄い婦、エジネイヤである。

エジネイヤには密かな愉しみがあった。食堂に誰もいなくなると、無線機をいじって見知らぬ者たちの会話を盗み聞きするのだ。たいていは取るに足らない世間話だったが、ごくごく稀れに、思わずボリュームを上げてしまう音や声が流れてくることがあった。それは痴話喧嘩だったり、他の金鉱山での殺しだったり、怪しげな会話だったりした。「セスナを呼べ」「捨ててこい」と怒鳴っている声を聞いたこともあった。声の主は明らかに焦っていた。「埋めろ」「探せ」「燃やせ」という不吉な声も何度か聞いている。

エジネイヤが無線機をいじるのは昼飯を食べたガリンペイロが穴に向かった後が多かった。煙草を燻らせながら無線機のつまみを回し、一人の時間を愉しむのだ。

その日も低周波帯からゆっくりとつまみを回していたという。あいにくスコールが降り出してきて電波状態は悪かった。だが、何分かあとのことだ。雑音の中から「調べろ」という言葉が突然聞こえてきた。聞き覚えのある声だった。それも、毎日のように無線で聞いている声だ。黄金の悪魔ではないか。エジネイヤはそう思った。彼がここを離れ、街に戻っていることは知っていた。とすれば、街のどこかから誰かに対して何事かを「調べろ」と命じているのだろう。しかも、相手は金庫ではない。金庫への指令であれば、いつもの周波数を使った定時連絡で事足りる。誰と、何を話しているのか。

発信地が遠いのか、スコールのせいか、会話は続いているはずなのにほとんど何も聞き取ることができなかった。誰と交信しているのかも、最後まで分からなかった。

事件から二日目の夕食時だった。事件が発生した当日よりは落ち着いていたが、それでもまだ、場はどんよりと沈んでいた。

誰もが、「そのこと」について話すことを自制していた。だがただ一人、「殺し」の話をしたくてうずうずしている男がいた。新入りのラップ小僧である。

誰かが誰かを殺した。彼が知っているのはそれだけだった。殺人はどこで起きたのか。凶器は何だったのか。何が原因だったのか。処分はどうなるのか。何も分からなかった。

組の者に声をかけてみたが、鯨や自転車屋は話そうという素振りさえ見せなかった。最初の遅刻以降も、彼は何度か寝坊していた。組の者たちの態度はよそよそしく、時に刺々しかった。

組の者を諦め、外で煙草を吸っていたタトゥに近づく。そして、半ば懇願調で頼み込む。

「頼む、聞いてくれよ。プリマヴェーラで何があったんだ？」

「俺は何も知らねぇな。知りたきゃ、ラ・バンバにでも聞いてこいよ」

「あのおっさんは何も教えてくれないんだよ。なあ、カスタネイロが殺されたんだろう？　詳しく教えてくれよ」

「知らねぇな」

「頼むよ」

「うるせぇな。おまえが殺されたわけでもないし、これから殺されるわけでもないんだ。別にどうでもいいじゃねぇか」

「お願いだから教えてくれよ。頼むよ、兄貴」

ラップ小僧が子どものような顔になった。甘えているとも、拗ねているともとれる。その顔を見てタトゥがニヤッと笑った。何か企んでいる顔である。

だが、すぐには喋り始めない。煙草を美味そうに吸い続けている。その間もラップ小僧は懇願しているのだが、声の方には顔も向けない。指を火傷するぐらいまで深く煙草を吸い、やおら草地に投げ捨てる。次にふぅっと大きな息を吐く。そして、最後に仕方ないなという顔を作って

「ま、おまえが知るべきことは一つだけだ」と喋り出す。

「おい、ラップ。ここじゃあな、誰かが誰かを殺すなんてことは珍しくも何ともないんだ。おまえはそれだけを知っておけばいいんだ。そんなことよりな、もっといい話を教えてやるよ」

タトゥが立ち上がり、Tシャツを脱ぎ捨てた。腹の傷を見ろと指さす。ラップ小僧が嫌な顔をする。聞いたことのある話を繰り返されることが分かったからだ。

しかし、もうタトゥは止まらない。二度目となる自慢話を延々と聞かされる羽目となった。

「おい、新入り。この傷が何だか分かるか？　そうよ、刺された傷よ。ナイフでグサッとな。あるガリンペイロがここの賄い婦に女房を呼んだことがあったんだが、その女房を寝取っちまってな。ま、俺に言わせれば、寝取られた奴が悪いって話なんだがな、ははは。で、そいつが俺を逆恨みして腹を刺しやがったんだ。けっこう深い傷で血がだらだら流れた。手当をしなければ間違いなく死んでいたはずだ。でもな、俺は助かった。なぜ俺様が助かったか？　おまえ、分かるか？」

「どうせおじさんだろう？」

ラップ小僧が投げやりな言葉で返事をすると、タトゥが満面の笑みで反応した。頭を撫でまわされるのではないかと思われるほど顔がくしゃくしゃになっている。そして、「ラップ、偉いぞ！　おまえは偉い！」と褒めたあと、話を続ける。「おまえの言う通り、おじさんだよ。黄金の悪魔さ。おじさんがセスナを呼んでくれたんだ。すぐに衛星電話をかけてくれて、一時間後にはセスナがコロラドの滑走路に着陸してた。そのまま街の病院に直行して緊急手術よ。手術は上手くいって、今じゃ御覧の通りピンピンしている。腹に傷は残っちまったが、ここでは勲章みたいなもんだ。刺されたのが他のガリンペイロやカスタネイロの連中だったら、こうはいかない。出血多量ですぐにあの世行きだ。いいか、ラップ。よく覚えておけよ。助かったのは俺様だからだ。俺様だから、おじさんはすぐセスナを呼んだんだ。死んだカスタネイロだって、おじさんと血が繋がっていれば結果は違っていたはずだ。あいつらはな、血が繋がってないから死んじまったんだよ」

　さらに二日が過ぎた。事件が発生してから四日後ということになる。

「聞こえるか？」。夜の七時、無線機から冷徹な声が聞こえてきた。黄金の悪魔である。指令を受ける者たちに緊張が走る。誰もが無線機の前に小走りで駆け寄る。

　もう一度、黄金の悪魔が呼びかけた。

――プリマヴェーラ、フィローン、泉（フォンテ）、コロラド、農場1（ファゼンダ・ウン）、農場2（ファゼンダ・ドス）、ピメンタ、聞こえるか？

　全箇所で無線機の前にいる全員が「聞こえます」と答える。

――封鎖を解除しろ。明日、戻る。

　それだけだった。

　直後に、川で水浴びを終えたラ・バンバが食堂に戻って来た。無線を受信したエジネイヤが「明日、ボスが戻ってくるって。封鎖も解除だってさ」と伝える。ラ・バンバは無表情に頷くだけだったが、悪い報せではないことを瞬時に理解したようだった。封鎖が解除されるということは平常に戻るということだ。誰だって、非常時より平時の方がいいに決まっている。それは声からも十分に察せられた。鍋の蓋を開けると、ラ・バンバはやけに明るい声でこう言ったのだ。

「さて、魚介のカルデラーダと思って、コメと豆を食うとするか！」

　プリマヴェーラの無線小屋で金庫も同じ指令を聞いた。彼も、事はつつがなく終わったと理解した。黄金の悪魔が戻ってくるということは、片はついた、あるいは、事件に背後関係はなくただの諍いだったということなのだ。

そして、事件発生から五日後の昼、黄金の悪魔がセスナで戻ってきた。

金庫が呼ばれ、新たな指令が言い渡された。ナイフでカスタネイロを刺殺したナタウへの言づけである。

その命を金庫は以下のように伝えた。

おまえの遠縁のガキもおまえが刺し殺した奴も遺体は親元に返した。遺族には見舞金も渡してある。警察には喧嘩で処理をした。喧嘩をした二人がナイフと銃でやり合った結果、二人とも死んだということだ。ボスはおまえのことは何も喋ってはいない。おまえは何の関係もない。見てもいない。そういうことだ。もう一つ、いい話がある。死者どもを運んだセスナ代と遺族に払った見舞金は本来おまえに請求すべきものだが、ボスはチャラにしてやると言っている。分かったな。

すなわち、王の裁定は「お咎めなし」だった。

その日から、倉庫に住むカスタネイロたちのナタウを見る目が変わった。殺人を犯したのに、罰を受けることなく赦(ゆる)されたからだ。ある者は「誰でも殺すような奴だから気に入られたんだ」と言った。何人かが同意し、ナタウを異常な暴力愛好者だと思い込むようになった。

彼らはナタウを怖れた。例えば、倉庫の入口を塞ぐように何人かのカスタネイロで立ち話をしていたときだ。ナタウが倉庫に入ろうとすると、カスタネイロたちは黙って道を開けた。ハンモックの周りで雑談をしていたときも、彼の存在が近くにチラついただけで皆が一斉に黙り込んだ。みな、突然刺されてしまうのではないかと怯え、身体を強張らせていた。

そんな空気を知ってか知らずか、ナタウの態度はどんどん尊大になっていった。

4

しばらくは何事もない日々が続いた。ガリンペイロは穴を掘り、カスタネイロは森にカスターニャの実を探した。ナタウもカスターニャで満杯となった背負子（しょいこ）を背負い、森と倉庫を何度も往復していた。

人を刺し殺してからというもの、ナタウは連日のように酒場に行くようになっていた。酒量は多くはなかった。ビールを一缶、一人で静かに飲んでいた。

ナタウの姿を見つけても寄っていく者はいなかった。他のカスタネイロはいつも彼から最も離れた席に座った。酒に酔った元殺人犯の縮れ男が「人殺しのカスタネイロってのはおまえか？あと何人殺すんだ？」と絡むことはあったが、その一言だけでテーブルから離れるのが常だった。

その日、事態が一変したのは二人の船頭が入ってきてからだ。二人の船頭とは、ピメンタ老人の中継小屋でしばらく足止めを食っていたペトロリオ（原油）と《ビゴージ（口髭）》である。ともに事件のことは知ってはいたが、刺した者の顔は知らなかった。ナタウという名も知らない。

そのとき、九人掛けの長テーブルに座っていたのはナタウだけだった。壁を背にして奥まった席で一人酒を飲んでいた。

他のテーブルは満席なのにナタウの周りだけが空いている。奇妙な光景である。二人の船頭が素面であれば、何かを察して近くに座らなかったに違いない。だが、ビゴージの手にはピンガの瓶が握られていた。中身は半分しかなく足もふらついている。酒場に来る前から飲んでいて、既に酩酊していたのだ。

二人の船頭は空いていた長テーブルに近づくとナタウの斜め横に座った。ナタウから近い方に座ったのはビゴージだった。彼に背を向け、酒焼けした大きな声で右隣りのペトロリオ相手に熱弁を揮い始める。

ほとんど、誰かの悪口だった。食堂のウエイトレス、ガソリンスタンドの店員、船の修理屋。一人一人の人相や話し方を腐し、性格を貶（けな）し、吝嗇（りんしょく）ぶりをあげつらっている。その間、ナタウは席を立たなかった。いつもなら一缶でねぐらの倉庫に戻っていくのに二本目のビールになっていた。

その後に起きたことについて、ナタウはよく覚えていないと言い張った。だが、酒場にいた全員がそれを見ていた。以下のようなことが起きた。

平板でぬめっとした表情でナタウはビゴージを睨み続けていた。その視線にビゴージが気づいたのは、酒場に入ってからだいぶ時間が経ってからのことだった。ビゴージは首だけを左に向け、ナタウを睨み返した。

目が合ったとき、ナタウがゆっくりと立ち上がった。テーブルの上にあったプラスティックのタッパーを取る。ファリーニャの粉末が入っているタッパーだった。

それをビゴージに「見ろ」とでも言うように翳（かざ）す。無表情のまま、ビゴージが持ち込んできたピンガを手元に引き寄せる。タッパーの蓋がとられる。ピンガの瓶の中にファリーニャの粉末が注がれる。猛烈な泡が瓶の中から零れ始める。酒を吸収したファリーニャの粒がドロドロになって瓶から溢れる。テーブルにサトウキビ特有の甘い香りが立ち込める。吐瀉（としゃ）物そっくりの液体が傾いているテーブルを伝ってビゴージの方に流れ、太ももを濡らす。

とまどうビゴージを尻目にナタウが行動を起こす。ビゴージの椅子を蹴る。ビゴージが勢いよく後ろに倒れ込む。ナタウが近づいていく。飲みかけのビールを顔にかける。倒れているビゴージの顔を覗き込み、不敵にニヤッと笑う。足で横っ腹を蹴る。そして、振り返ることなく酒場から出ていった。

翌朝のことだった。ビゴージが港の桟橋で泣いていた。

近くにはビールの空き缶が転がっている。ファリーニャの粉で台無しとなってしまったピンガもある。瓶の口にはファリーニャが固まっていて、夥しい数の蟻がたかっている。

朝の七時前だった。異変に気づいた船頭仲間が泣いているビゴージを囲んでいた。どうしたんだ？　何があったんだ？　気遣うように声をかける。

しばらくして、ビゴージが呻くように話し始める。

「あの野郎が……、俺のピンガに……、俺のピンガにあの野郎が……」

「あの野郎って、誰だ？」

「あの野郎……あの野郎だ……カスタネイロ……人殺しのカスタネイロ……。あの野郎が……あの野郎が俺のピンガに……」

どんどん人が集まってきた。ビゴージは呂律の回らない口で「あの野郎が……、人殺しのあの野郎が……」と呪詛のような恨み節を呟き続けている。

「殺しちまえばいいんだ、そんな奴は！」、

誰かが甲高い声をあげた。ガリンペイロから漁師に「転職」したポンタだった。漁から戻り、いつの間にか輪に加わっていたのだ。彼がここの連中とかかわりを持とうとするのは珍しいことだった。

「みんな、これは許しちゃいけないことなんじゃないか。ビゴージは小馬鹿にされたんだぜ。そ

んなことを許していいのか！」

勢いのある声に導かれるように、ずっと下を向いていたビゴージが顔をあげた。ポンタを見つめている。ポンタが手を差し出す、その手をがっちりと握り締める。そして、小さいながらも唸るような声音でこう言う。「殺してやる……あいつを殺してやる……あの野郎を殺してやる……」

「それがいい！　奴は殺されて当然だ。殺してしまえばいいんだ！」

ポンタが甲高い声で呼応した。さらに、周囲を見回しながら、力強くこう言い放つ。

「これから俺たちはボスのところに行く。あいつを殺していいかと聞いてくる。ボスがダメだと止めるはずがない。俺はやる。あの野郎を殺してやる。俺は銃もナイフも持ってるんだ！　俺は銃もナイフも持ってるんだ！」

一時間近くそこで喚き散らしたあと、二人は黄金の悪魔のところに行った。

黄金の悪魔は不在だった。

その後、二人は金庫の小屋に押しかけ、桟橋で騒いでいたことと同じ内容を喚き散らした。

金庫が静かに言った。

「分かった。ボスには伝えておく。それまでは、軽はずみな行動はするな。分かったな」


数日後、この騒動は唐突に終わった。

ナタウが消えたのだ。

いつ、どのように彼がいなくなったのか。詳細を知る者は誰もいなかった。喋る者もほとんどいなかった。大っぴらな箝口令など敷かれてはいないのに、誰もがだんまりを決め込んでいるようだった。事件を良く知るビゴージとペトロリオは既に街場に戻っており、ポンタは酔い潰れているだけだった。黄金の地がまるで戒厳令下の独裁国家のように、笑いや表情を失っていた。

ひそひそと噂をする者たちだけがいた。ある者は、ナタウは殺された、追跡屋に殺された、と囁いた。別の者も、ここで殺されてどこかに埋められた、街に送り返すと言いくるめられた挙句、船上で殺され川に投げ捨てられた、と話した。一方、あいつは根っからの殺人鬼だから、他の金鉱山に回されそこで追跡屋になったのだ、言ってみれば昇進だ、と訳知り顔で語る男もいた。だが、噂をする者の中に決定的な現場を見た者はいなかった。生きているナタウを見た者もいなかった。

ナタウは本当に殺されたのか。それとも街に送り返されたのか。別の金鉱山に移ったのか。船頭のペトロリオが街まで運んでいったという噂もあったが、真偽のほどは分からなかった。ペトロリオが戻ってくる度に誰かがそれとなく訊ねたりもしたが、彼は「そうだ」とも「違う」とも言わなかった。口を噤んだのだ。

酒場では、小声で噂話をする者が増えていった。

その夜もそうだった。ナタウのことをさんざん噂し、憶測を並べ、時にもっともらしい自説を開陳し合っていた。

だが、そんなことにも倦(う)んでしまった夜更け、年老いたガリンペイロがぼそっと独り言のように呟いた。

「忘れられる、どうせ、すぐに忘れられる」

そう言ったのだ。

最初のひと言は独り言のような小声だったが、続けられた言葉は酒場にいた全員の耳に届いた。

彼は、こう言った。

「ここじゃあ、忘れなきゃやってられないことが三つある。不快な泥、まずい飯、人が消えることだ。忘れなきゃ、やってられないんだ」

ナタウは殺されたのか、帰されたのか、他に移ったのか。その実、誰も事実を探ろうとはしなかったし、たとえそれを暴いたところで、ここでは無意味なことに違いなかった。

非合法の金鉱山は人の出入りが激しい。誰かがすぐにいなくなる。それに気づく者は少なく、たとえ気づいたとしてもすぐに忘れられる。

そして、その年の九月が終わった。

5

十月である。この土地の暦で言えば、雨季が終わり、乾季が到来する月だ。だが、厚い雲は途切れず、雨は一向に止む気配がなかった。昨日も雨なら今日も雨、おそらく明日も雨だ。

雨が降りしきる中、さらに何人ものガリンペイロが港に降り立っていた。その一方で、収穫期を終えたカスタネイロたちが空の船に乗って街や村に戻っていった。

「モノ」の行き来もこの時期が最も多かった。乾季になれば川の水が涸れる。川が干上がる前に、運べるだけの物資を金鉱山まで運んでおかねばならなかった。ガソリン、オイル類、機械類、工具類、カンチーナで売る商品。様々なモノを積んだ船がひっきりなしにやって来ていた。

船頭たちは多忙を極めていた。この二カ月ほどは、誰も休みをとってはいない。この日も、六十リットル入りのガソリンを二十ばかり運んで来るや、修理に出すバギー車を代わりに積み込むと、ピンガの祝杯もないまま下流の街まで引き返していった。

忙しさのせいか、降りしきる雨のせいか。港では会話が少なかった。ナタウのことが話題となることもなかった。ナタウの肉体がどこかに消えてしまっただけではなく、彼がかつてここにいたという記憶さえもすっかり忘れ去られたようだった。

ナタウのことをいつまでも口にしていたのはひとりだけだった。漁師のポンタだ。しばらくは自重していたようだが、一週間も経たないうちに堰を切ったように喋り出した。酒場を気忙しく歩き回っては、こんな自慢を喋り散らかしている。「みんな、知ってるか？　あいつを殺したのが誰なのか、知っているか？　実はな……、この俺なんだ。へ、へ、へ。俺には銃もあるしナイフもあるからな。みんな、覚えておいてくれよ。ボスに了解をもらってあいつを殺したのは、この俺様なんだ」

さして反応はなかった。レジにいた金庫はもちろん、船頭も大工もガリンペイロもポンタを無視している。

ポンタがどんな癖を持った人物か、ここに知らぬ者はいない。気づくのは簡単だ。一度でも飲めば、子どもじみた虚言を吐くことは誰にだって分かる。曰く、俺はあの映画スターの友だちなんだ。あのヒット曲は俺が作ったんだ。ほとんど全部、俺が詩を書いてメロディもつけたんだぜ。マネージャーがここまでやって来て鞄一杯のカネを置いていったこともあるんだ。

その癖を知っている酒場の者たちは各々の意思を態度で表明していた。無視を決め込むのである。

ポンタだけが上機嫌だった。ガリンペイロを辞めて漁師となってからというもの、バカにされるのが嫌で他者との関わりを避けてきたはずなのに、酒場を歩き回って誰彼となく声をかけ続けている。俺が殺したんだと胸を張り、甲高い声で笑い、大音量でかかっている音楽に合わせて指揮者のように手まで振っている。

五缶ほどビールを飲んですっかり気分がよくなったポンタは、金庫がCDを入れ替えている間の静寂を狙ってこう叫んだ。

「みんな聞いてくれ、あの野郎を殺したポンタ様の歌を聞いてくれ」

ポンタが自作だという歌を歌い出した。

——ギターを作った
ギターを作ったんだ
弦が三本しかない自作のギターだ
それで酒場で歌ったら
醜い娼婦(プータ)がかかったとさ

短い歌だった。歌い終わると、自画自賛でもするようにケラケラと笑っている。そして、頼まれてもいないのにもう一度歌い出す。

金庫が新たなCDを再生したのはそのときだった。激しいファンクのリズムがか細い声を一気にかき消した。もはや、ポンタの声は誰にも届かない。釣り上げられた魚のように、その小さな口だけがぱくぱくと動いていた。

その間も外では雨が降っていた。時にしとしとと、時にざあざあと、朝から晩まで切れ目なく降り続いた。

何日かあと、川が氾濫し港とカンチーナを結ぶ桟橋が水の下に沈んだ。プリマヴェーラ一帯がサッカー場ほどの沼となった。川からは小魚の群れが泳いできてそこを棲み処とし、森の木々からは蛙たちもやって来て昼夜を問わず生殖の鳴き声をあげた。鰐や蛇など、捕食するものたちも追って来た。捕食は夜も続き、明け方まで止むことはなかった。小魚の群れを見つけた鰐が沼に飛び込む音。蛇に捕食された蛙が断末魔の叫びをあげる音。真っ暗闇となった沼地では、生と死が弾け散り泥の中に埋もれていった。

酒場のジェネレーターが落とされる深夜、その音は一層激しさを増した。沼地から発せられる音以外はこの世界から音という音が消し去られたようだった。風の音は聞こえず、降り続いているはずの雨音も聞こえない。

雨が降り続け両生類の雄叫びだけが闇に木霊(こだま)する中、男たちは単色の音に包まれ深く深く眠った。

6

雨止まぬその頃、ラ・バンバ、鯨、グリンゴ、自転車屋、それに新入りのラップ小僧から成るバハンコの組に重要な日が迫っていた。泥だらけとなった努力が報われるのか、水泡に帰すのか。労働の成果が明らかになる日、計量である。

その日が近づくにつれ、誰もが無口になっていった。ラ・バンバは冗談を飛ばさなくなり、鯨が「がはは」と高笑いをあげることも減った。会話もなく、猥談もなく、歌もない。緊張や苛立ちを紛らわすために誰もがひっきりなしに煙草を吸っていた。

計量とは神事のようなものである。バハンコの場合、五人が濾過機の前に揃い踏み、慎重に網を外し、下に溜まった土砂を一粒も無駄にしないように盥(たらい)に移す。そこに水銀を数滴垂らし黄金を吸着させる。運が良ければ、真っ茶色の土砂が黄金色に光り輝く魔法の鉱物に変身する。万に一つ、億に一つの僥倖(ぎょうこう)が舞い込む可能性だってないわけではない。奇跡の一発だ。この地の隠語で言えば「黄金の女神が舞い降りる」のだ。誰もが、女神に祈るような、縋(すが)るような顔になる。

もちろん、女神に懇願したところで採れないときは採れない。一粒の黄金でさえ採れないときもある。そんなとき、神事は一変して凶事となる。下品な言葉が飛び交い罵り合いが始まる。

神事か、凶事か。

ブリンタードか、オーロ・ブセッタか。

計量が極めて重要な儀式であることは所有者の側も同じだ。計量には、この地の所有者である黄金の悪魔が必ず立ち会う。天秤に分銅が載せられ黄金の重さが読み上げられていくと、黄金の悪魔の眼光が鋭さを増す。口は真一文字に閉じられ筋肉が膨らむ。ウエーブのかかった金髪が逆立ち、その圧をまともに受けた男たちが気圧(けお)される。手は汗で湿り、口は渇き、目は真っ赤に充血する。深呼吸をする者や何度も唾を飲み込む者が増える。誰が統べる者で誰が使われる者なのか。誰が王で誰が下僕なのか。一目瞭然となる。

だが、両者が同じ地平に立つことができるのはこの時だけでもあった。出るか、出ないか。結果を知る者は神しかいない。この時点に限れば、どちらに転ぶか分からない運命を王と下僕は共有している。

計量が始まるのは午前八時半だった。男たちはいつもより一時間早く起き、穴に向かった。外は真っ暗闇で肌寒かった。熱帯とはいえ、夜明け前は二十度以下になることもある。男たちの背中が少しだけ丸くなっている。

闇の中に男たちの足音だけが聞こえる。

その歩兵小隊の早朝斥候のような集団の中に、一人、いるべき男の姿がなかった。ラップ小僧だ。彼はまだ、ハンモックの中にいた。ハンモックは小刻みに揺れていたから目は覚めていたはずだ。だが、彼は起き上がってはこなかった。重要な神事であるにもかかわらず、ラップ小僧だけが遅刻することになる。


ラップ小僧を除く四人の男たちが穴の外縁を回り、濾過機の前に集まった。みな、神妙な顔をしている。時刻は午前五時過ぎ。森の木々は動かず、鳥も鳴いてはいない。男たちが踏みしめる砂利の音以外は何も聞こえない。

静寂を破り、ラ・バンバがふっと息を吐いた。始めるか、と男たちに声をかける。濾過機に懐中電灯が当てられ作業が始まった。黄金の悪魔が来る前に、濾過機に溜まった土砂に水銀を入れ黄金を吸着させておかねばならない。

濾過機は穴から二十メートルほど離れた場所に設置されていた。高さはおよそ二メートル。形状は公園にある滑り台によく似ている。滑り台の角度は四十五度ぐらい、長さは二・五メートルといったところか。ガソリンで駆動し、滑り台の部分が小刻みに振動する仕組みになっている。

滑り台部分に設置された樋が上から順に外されていった。

その下には網が仕込まれている。目の大きさが異なる五つの長方形の網だ。最も大きな網で一センチ四方、小さなものは一ミリ四方。網目は滑り台の下に行くほど細かくなっている。

見た目も実際も単純極まりない濾過機である。だが、ガリンペイロが強弁するには、土砂が振動する滑り台を流れ落ちる過程で黄金だけが網を潜り抜け、その下の木箱に溜まるのだという。

原理は単純である。

黄金は極めて重い鉱物だ。純金であれば一リットルで十九・三キロ。一リットルのペットボトルに詰めれば、十九・三キロになる。重いから下に落ちる。周りについた泥も引き連れてどんどん下に落ちてゆく。それだけの「原理」である。

滑り台を注視すると、網と木箱の間に灰色の布のようなものが見える。石綿だ。ブラジルでもとうの昔に使用は禁止されているが、ここではお構いなしで使われている。ガリンペイロの中には、それが危険極まりない有害物であることを知らない者さえいる。だが、そんな無知な者が時に詩人のような言葉を吐く。あるガリンペイロなどは、石綿を潜り抜け木箱に溜まった土砂のことを「黄金の子どもたち（クリアンサス・デ・オーロ）」と呼んでいた。見た目は土砂であっても、それはただの土砂ではない。鉱脈にさえ当たっていれば大量の黄金が含まれている特別な土砂だ。よって、「黄金の子どもたち」なのだという。

黄金の子どもたち以外の土砂は濾過機の周りに捨てられ、ボタ山のような山となる。バハンコが作り出す穴は巨大だ。直径は百メートル以上、深さは三メートル以上ある。仮に三メートルとして計算すると、穴一つにつき、およそ四万トンを超える土砂が出る。穴の周りにはボタ山だけが増えてゆく。

様々な形状、大きさの異なる石や岩、色の違う土と砂、そして木の根っこ。ボタ山に捨てられるのは見るからに「無用なもの」ばかりである。だが、そのすべてを一概にゴミとは言い切れなかった。木材と網と石綿で作った濾過機は精巧な機械とは言えないからだ。ガリンペイロはああ言うが、重機の修理を担当する「機械屋」によれば、少なく見積もっても二〇パーセント近い黄金が濾過機を潜り抜けているという。つまり、ボタ山の中には孤児になってしまった「黄金の子どもたち」が迷い込んでいるのである。

この金鉱山の暗黙のルールでは、ボタ山の中の黄金だけは、すべて精錬した者の稼ぎとなる。黄金の悪魔と七対三で分配する必要もない。ガリンペイロからすれば、ボタ山はちょっとした小遣い稼ぎの場だ。黄金が出ない日々が長く続くと、何人かのガリンペイロが休みの日にボタ山に群がる。そして、大海に針を探すようにして「黄金の子どもたち」を掻き集め、一グラム、二グラムの黄金を採っては酒代の足しにする。


まだ暗い穴のそばでは、計量の準備が進んでいた。中心となって作業に当たるのはラ・バンバと鯨である。

濾過機の一番上、目が最も大きい網が外される。その下に敷かれた石綿も外される。鯨が網に懐中電灯を当て、手で擦りながら何かを探すが、やがて、チッと舌打ちをする。石綿でも同じように何かを探し、またチッと舌をうつ。石綿を放り投げ、下の木箱に溜まっていた土砂をドラム缶に移す。近くにいたラ・バンバが「今回も黄金の女神は降りてこなかったか……」と溜息交じりに呟く。

極めて稀なことではあるが、網の上や石綿の中に金塊が隠れていることがある。一番上の網か石綿に「それ」があれば、大騒ぎとなる。なぜなら、一センチの網をくぐり抜けられなかった金塊、あるいは、ようやく一センチの網を通り抜け石綿に埋もれている金塊だ。間違いなく大物、「お宝」である。キロ超え（四百万円相当）は確実だし、五十キロ級（二億円相当）の「奇跡の一発」さえ十分にありうる。

だが、一枚目には何もなかった。

二枚目、三枚目と、網と石綿が外される。しつこいぐらいに念入りに調べられたが、お宝はない。四枚目の網も同じだった。光り輝く黄金は一欠片、いや、一粒もない。

いよいよ五枚目、一ミリ四方の最後の網だ。

網の上には何もなかった。ガリンペイロたちの顔が曇る。鯨は明らかに苛立っている。最後の砦は網の下の石綿だ。ラ・バンバが「俺に寄こせ」と手で合図をした。鯨が石綿を手渡すと、それを掻(か)っ攫(さら)うようにして受け取り、地面にばさっと投げ置く。そして、青灰色にくすんだ石綿の表面を素手で何度も擦る。懐中電灯を間近に当てて、目を近づける。鼻からの息で石綿の表面が揺れている。目は血走り、生死の分かれ目に在るような顔となっている。彼らの経験則によれば、五枚目の石綿に一粒の黄金もなければ、十中八九、下の木箱に溜まった土砂の中にも黄金はない。あれほど泥塗れになって穴を掘ったにも拘わらず収穫はゼロ、オーロ・ブセッタとなることがほぼ確実なのだ。

誰もが息を潜めていた。

間が悪いことに、そんなときに現場にのこのこ現れる者がいる。ラップ小僧だ。欠伸(あくび)をしながら、おはよう(ボンジア)と声を掛けている。ラップ小僧の方に目を向ける者はいなかった。誰もが石綿とラ・バンバの手だけを見つめている。ピリピリとした空気が周囲に漂う。現れたのがラップ小僧ではなく金庫であっても、朝の挨拶を気安く交わしている状況ではない。

そのときだった。重い静寂を破って雄叫びがあがった。

「いやがった！　いやがったぞ！」

ラ・バンバがそう叫ぶと、石綿の中に人差し指を差し入れ、キラキラと光る粒を指先に張りつける。

黄金だ。黄金の小さな粒だ。

全員がその輝きを確認する。

安堵の表情が広がった。大量かどうかはまだ分からないが、石綿の中に黄金があるということは、その下の木箱に入った土砂にも黄金が含まれているということだ。これでオーロ・ブセッタを免れることができる。

最後の石綿の中には六粒の黄金が隠れていた。どれも十グラムほどの小さな粒だったが——それでも一粒四万円だ——それらが新聞紙の上に丁寧に並べられ、懐中電灯で照らされる。

「みんな、見てくれ。極上の女みたいに輝いてるぜ」

ラ・バンバがそう言うと、ラップ小僧も含めた五人の視線が黄金の粒に集まる。

「さて、包むぞ」

ラ・バンバが新聞紙を丁寧に畳み始める。

こうした作業は、全員が揃い、相互がはっきり見える場所で行うのが決まりになっている。何食わぬ顔でポケットや口の中に隠す者がいくらでもいるからだ。

組の者たちの目前で新聞紙に包まれた黄金の粒がポケットの奥底にしまわれる。そして、ラ・バンバが全員の顔を見ながら、「よし、小川で土砂を洗うぞ!」と威勢のいい声をかけた。

土砂を洗う小川は濾過機から百メートルほど離れていた。ラ・バンバと鯨が先を歩き、自転車屋とグリンゴが土砂が入っているドラム缶を運ぶ。その後ろを遅刻してきたラップ小僧がついていく。

ドラム缶には三分の一程度の土砂が入っていた。二十キロに少し足りないぐらいか。

この時点では、土砂の中にどれくらいの黄金が含まれているかまでは分からない。濾過機の網に大量の金塊があったわけではなかったから、奇跡の一発は夢と消えた。だが、ブリンタードの指標となるキロ超え（四百万円相当）の可能性は残されている。

土手に自転車屋とグリンゴがドラム缶を置く。小川は二、三メートル下を流れている。ラ・バンバと鯨がドラム缶を小川まで運ぶ。ようやく、周囲は明るくなっている。

小川での作業も、ラ・バンバと鯨が中心となって進められた。

まず、水を数リットル、ドラム缶の中に入れる。次に、ポケットの奥にしまわれていた容器を取り出し、水銀の滴を五、六滴、ドラム缶に落とす。

ブラジルにおいて、水銀による黄金の抽出法は許可制となっている。ここは非合法の金鉱山だから、当然、許可など得てはいない。これも違法行為ということになる。また、使用した水銀はこでも回収することになってはいたが、それは「もったいない」からであって人体や環境への影響を考えてのことではない。さらに言えば、その決まり自体も厳密に守られているとは言い難い。

その、水銀が混じった土砂をラ・バンバが素手で何度も掻き混ぜている。途中で鯨と交代する。小川にはラ・バンバと鯨しかいない。自転車屋とグリンゴは土手の上から作業を見つめている。なぜか、二人とも作業に加わろうとはしない。

しばらくして、鯨がグリンゴに何やら命じる。土手に置いてあった盥が投げ込まれる。大きく、底が浅い盥である。直径は六、七十センチ。マリアッチの奏者が被るソンブレロのような形状だが、それよりも大きい。

大盥を受け取った鯨がドラム缶に入っていた土砂を少しずつ移していく。一キロあるかないか。そこに川の水を入れ、再び水銀を落とし、何度も何度も盥をゆする。

大盥の中で水銀の粒が少しずつ大きくなっていった。水銀に黄金が吸着した証だ。このとき、水銀に吸い寄せられない土砂は無用なものとして川に捨てられる。これを二十キロの土砂で繰り返す。彼らはこの作業を「土砂を洗う」と呼んでいる。

二、三分も土砂を洗うと、大盥の中に五、六個の銀色の粒だけが残った。それを手に取り、時に齧る。水銀は黄金以外の鉱物も吸着させてしまうことがある。黄金かどうか、見ただけでは区別がつかない。だから、齧って確かめる。黄金は他の鉱物と比べ格段に柔らかい。ベテランのガリンペイロともなると、齧っただけでそれが黄金かどうか分かるという。

鯨が銀色の小さな粒を口に入れ、何度も噛んでいる。何度目かで表情が曇る。汚いスラングを喋るときのような顔になって粒を川に吐き出す。銀色の粒が小さな音を立てて川底に沈んでいく。

土砂を洗う間、ラ・バンバと鯨の二人は何十回となく水銀を含んだ土砂を口に入れた。入れては吐き出し、時に川に捨てている。だが、その動きは一定のリズムのように見えて何かがおかしい。口に入れる回数と吐き出す回数が一致しない。飲み込むか、どこかに隠している。

一流マジシャン級の早業というわけでもなかったから、自転車屋もグリンゴも気づいているはずだった。なのに、彼らは何も言わない。言い争いが始まってもよさそうなのに、明らかに見て見ぬふりをしている。欲と猜疑心の塊であるガリンペイロらしからぬ行動である。

これには訳があった。この世界特有の「序列」がそうさせているのだ。

バハンコは序列の世界だ。この組で言えば、ラ・バンバ、鯨、グリンゴ、自転車屋、ラップ小僧。それが序列だ。序列の上に座った者が黄金を洗う役割を担い、何粒かを掠め取っていく。この世界では当たり前のことだった。もちろん、序列は永久的に固定されたものではない。下の者が這い上がることもできる。上の者を追放するか、殺してしまえばいい。ない話ではない。掟にはそれが罪だとも書かれてはいない。この地を律する基本原理は「食うか食われるか」である。

正義でも平等でもなければ愛でもない。とは言え、グリンゴと自転車屋に「その気」がないのは明らかだった。川辺での作業には加わらず、不正さえも見て見ぬふりをしている。それが、彼らなりの「恭順の意」だったのだろう。

川に着いて、およそ三十分が経った。すべての土砂は洗われ、いくつもの水銀の粒となっていた。

その銀色の粒がラ・バンバによってひと塊にされた。ゴルフボールの半分ほどの大きさだ。あとは水銀を飛ばすだけだから、この時点で初めて、大よその収量が判明する。重さにして二、三百グラムといったところか。黄金の女神は舞い降りず、ブリンタードとも到底言えない。どちらかと言えば、オーロ・ブセッタだ。

鯨がTシャツを脱ぎ、銀色の球体を包んでラ・バンバに渡した。

「よし、準備は完了だ」。ガリンペイロたちの表情は冴えなかったが、水銀の球を受け取ったラ・バンバが朗らかな声でそう言った。

プリマヴェーラにあるカンチーナの奥から、何か重いものを引きずるような音が鳴り響いたのはちょうどその頃のはずである。鋼鉄のレールを路上で引っ張るような、凶悪犯が収容されている地下牢の頑強な扉が開くような、そんな音だ。

確かに、その扉は重く大きい。縦二メートル、横一メートル、厚さは三センチ近くある。軍用のマシンガンでも撃ち抜くのは難しいのではないか。高温多湿の熱帯では幾分不釣り合いな扉である。

奥にある小部屋も奇異である。憩いや寛ぎ（くつろぎ）とは無縁の作りだ。窓はなく、壁という壁が扉と同じ分厚い鉄板で覆われている。

窓がない代わりに、その部屋には大量の銃があった。寝台から手の届く範囲にピストルが五丁、ライフルが二丁、連射が可能な大口径の軍用銃までが鉄の壁に立てかけられている。

黄金の悪魔の部屋である。彼はここで眠る。そして、精錬された黄金も、おそらくこの部屋のどこかにある。

カンチーナに面した酒場では金庫とカミソリが主を待っていた。

巨体の男が現れる。胸には三つの歪な金塊が光っている。歩くたびに金塊がじゃらじゃらと鳴り、高床がギシギシと軋む。二人に一瞥をくれ、黄金の悪魔がカンチーナの階段を下りる。広場には二台のバギーが並んでいる。先に行けと顎で指示をする。

金庫とカミソリが乗ったバギーが先頭を走る。黄金の悪魔が追走する。右の後ろポケットにピストルが見え隠れしている。闇市場から手に入れたオーストリア製の軍用護身銃である。口径は九ミリと殺傷力は弱いが、最大で二十発近い弾丸を装塡することができる。

数多く所有するピストルの中からなぜこの一丁を選んだのか。その意味を考えたとき、王の側から見た計量というものが自ずと浮かび上がってくる。計量時、ガリンペイロの側は五人で、所有者側は三人。人数的に劣勢の中で土砂から膨大な黄金が採り出された場合、どんな危険が考えられるのか。ガリンペイロたちが徒党を組んで奪おうとすることはないか。彼らが銃やナイフで襲ってきたときには、どのように対処すべきなのか。その答えが銃の選択となって現れる。

撃って撃って撃ちまくるのだ。弾が切れる心配はない。予備の弾丸も左後ろのポケットに入っている。膨らみからすれば三十発以上だろう。加えて、カミソリも銃を持っている。こちらも弾倉が異様に長く、一度に十五発の弾丸を装弾できるタイプである。

スチール合金の銃が二丁、鉛の弾が六十発以上、さらには歪な金塊のついた黄金のネックレスが三本。鉱物と貴金属で身を固め、王と配下の者が精錬小屋に向かった。

コロラドの食堂から滑走路を横切って森の小径にはいると、道は途中で二股に分かれる。右に行けば穴だが、左に折れて森の中を二、三分ほど歩くと開けた土地が現れる。

粗末な小屋が建っていた。六本の柱の上にトタンが載せられているだけである。

精錬小屋だ。大きさは縦五メートル、横三メートルほどで、柱だけで壁はない。壁がないのは水銀を飛ばすときに出る有害物質を小屋の中に充満させないためだ。

土の床に長テーブルが一つと長椅子が二つ置かれていた。引き戸がついた手作りの小さな棚もあり、天秤と分銅が収められている。精錬のための器具類は土間の隅に置かれ、上から埃除けのブルーシートがかけられている。質素ながらも整頓が行き届いた小屋だった。

先に着いたのは五人の下僕たちだった。

小屋に入るなり、ラ・バンバがブルーシートを捲り、器具の点検・確認を始める。十リットルのガスボンベが二つ、バーナーが一台、水銀が吸着した銀色の球を入れる鉄の容器、鼎の足がついている台。すべて揃っている。次にガスの管をバーナーに差し入れ、問題なくバーナーが発火するかも確かめる。炎が勢いよく噴き出す。「異常なしだ」。やや上ずった声でそう言うと、小屋の中に入り長椅子に座る。ラップ小僧を除く他の三人も倣うように後に続き、向かい側に腰を落ち着ける。

各々が煙草の葉を取り出し湿気った紙で巻く。火を点けると、熱帯の澱んだ空間に安煙草のきつい匂いが充満する。匂いに引きつけられるようにラップ小僧が寄って来る。「オレにもくれよ」

と声をかける。四人全員が無視をする。ラップ小僧の顔を見ようともしない。が、それはいじめや嫌がらせとは少々異なる。緊張の余りラップ小僧のことなど目に入っていないというのが正しい。誰からも相手にされなかったラップ小僧が小屋の隅に引っ込み、ブルーシートの上に腰を下ろす。再び、無言の時間が流れる。ラ・バンバと鯨は三本目の煙草を巻き始めている。グリンゴは上を向いたり横を向いたりして落ち着きがない。自転車屋はずっと下を向き、時おり唾を地面に吐いている。

ラップ小僧以外の四人は過敏なほど神経質になっていた。遠くで雷の音がすると、一斉にその方向に首を回す。近くで鳥が羽ばたいたときもそうだった。煙草だけがひっきりなしに吸われていく。

そしてついに、遠くから音が聞こえてきた。男たちが一斉に顔を上げ、耳を澄ませる。間違いなくバギーのエンジン音だ。ラ・バンバが両手で腿を叩き、「よし」と言って立ち上がる。金鉱山の王がやって来たのだ。

四人全員が直立不動となって黄金の悪魔を出迎えた。座ったままなのはラップ小僧だけである。二台のバギーが精錬小屋の前に停まり、三人が降りてくる。金庫とカミソリが「調子はどうだ?」と挨拶をする。だが、金髪の大男からは何の言葉もない。ラ・バンバに向かってひとこと、「どこだ?」と聞いただけだった。

慌てたラ・バンバがうわずった声で「ここにあります」と答えた。包んでいたTシャツを捲り銀色の球を見せる。黄金の悪魔は表情も変えずに一瞥すると、「準備をしろ」とでも言うように下僕たちに向かって顎をしゃくった。

ラップ小僧にとっては、初めて見るこの地の黄金の帝王だった。ウエーブのかかった金色の長い髪、がっちりした骨格、太い腕、胸に輝く歪な金塊、後ろの右ポケットに刺さっているピストル。身長百八十センチ以上、体重も九十キロを超える大男の一挙手一投足から、目が離せなくなっている。完全に気圧されてしまったと言ってもいい。少なくとも、「でっかい黄金を掘り当ててやる。黄金の帝王になってやる」と息巻いた時の面影は完全に消え失せている。

精錬小屋の中ではラ・バンバと自転車屋が必要な器具を外に運び出していた。ラ・バンバが黄金の悪魔に「雨はこないでしょうから、ここでやります」と告げる。黄金の悪魔が小さく頷く。

水銀を飛ばす器具は古い人工衛星のような形をしていた。六十センチほどの足が鼎のように三本ついていて、その上にソフトボールほどの大きさの鉄の球面体が載せられている。球面体のネジが外されると、二つの半球に分かれた。その中に銀色の球を入れ、再びネジを締める。

ガスバーナーが球面体の下に設置される。栓が開かれマッチで点火される。ぼぉっと大きな音がして、火炎放射器のような勢いで炎があがる。焦げて真っ黒になっていた球面体がみるみるうちに真っ赤に変色していく。

そこまで確認したところで、黄金の悪魔が精錬小屋に戻っていった。ガリンペイロたちも中に入る。小屋の中で、黄金の悪魔と金庫、ラップ小僧を除く四人のガリンペイロたちが対面する形となる。

全員が着席したところで、黄金の悪魔が口を開いた。

「三十分も待っているのは退屈だな。どうだ、久しぶりに賭けるか?」

返事を聞くより早く、金庫が立ち上がって棚の中から古びたトランプを取り出す。それを黄金の悪魔に手渡す。

場が重かった。とてもトランプを楽しもうという雰囲気ではない。アマゾン中のすべての湿気が集まり、この場に圧を掛けているようである。

黄金の悪魔だけが無表情だった。カードをシャッフルしながら「何を賭ける?」と問う。

誰も何も答えなかった。

「どうだ?」

誰も返事をしない。

「何を賭けるんだ?」

やはり、無言のままである。

「賭けるのか? 賭けないのか?」

語気が少し強まるが、それでも誰も答えない。カードをシャッフルする音だけが重く鳴り渡っている。

「なら、こうするか」

黄金の悪魔が低い声で言う。

「それぞれが一番大切なものを賭ける。俺は金鉱山を賭けるから、お前らは命を賭けろ」

四人が一瞬凍りついた。何人かが顔を見合わせている。黄金の悪魔の表情だけが変わらない。無表情のままカードを切り続けている。

こんな時にどうすればいいのか。ラ・バンバだけが心得ていた。驚いた顔を崩して媚びた表情を作り、やがて阿る(おもね)ように笑い出す。誰もが彼の真似をし始める。あの傲岸不遜な鯨でさえ諂い(へつら)笑いを浮かべている。それを確認してから、ラ・バンバが道化さながらの言葉を吐く。「ボス、冗談がきついですよ。びっくりするじゃないですかぁ」

結局、最下位になった者が全員にビールを奢るという当たり障りのない賭けに落ち着いた。勝負はスタッドポーカーで行われたが、黄金の悪魔がコールすると誰もがゲームを降りた。ビリにならない限り負けはないのだから、ガリンペイロからしてみれば、それがこの場の最適な身の御し方だった。

「ツーペアだ」

そう言って黄金の悪魔がカードを晒す。全員が降りていたから勝負はその前に決まっているのだが、ラ・バンバが露骨に悔しがり「チクショー」と言う。そのわざとらしい声に呼応して、他の下僕たちが笑う。

奇妙な賭けトランプではあったが、遠くから眺めれば楽し気な遊興に見えたかもしれない。が、たった一人だけ、険しい視線をテーブルに向けている男がいた。カミソリだ。ポーカーが続く間、彼だけが小屋の外にいた。バギーの近くである。そこはまた、精錬小屋を俯瞰できる場所でもあった。

チェーンスモーカーのカミソリが一本の煙草も吸ってはいなかった。いつもは煙草を挟んでいるはずの右手は常に後ろポケットの上に置かれている。手の下では、十五発の弾丸がフル装填されたピストルが不意の出番に備えているはずだった。

「時間だな」

三十分ほど過ぎた頃、黄金の悪魔がそう言った。ラ・バンバがそそくさと小屋を出てバーナーの炎を止めに行く。

ガスの元栓が締められ青白い炎が消えた。数分ほど放置すると、真っ赤になっていた球面体が少しずつ元の黒い色に戻っていく。さらに数分の後、ペンチで球面体のネジが緩められる。誰もが無言である。精錬小屋の周辺ではネジを外すぎいぎいという音しか聞こえない。その音を極度に緊張した男たちから漏れる独特の臭気が包み、場の空気を一層澱ませている。

すべてのネジを外し終えると、小屋の中にいた黄金の悪魔の指示を仰ぐようにラ・バンバが上目遣いの視線を送る。

黄金の悪魔が「開けろ」と命じた。ラ・バンバが頷き、蓋のように閉まっていた球面体の上部をヤットコで一気にこじ開ける。再びぎいっと音がして蓋が開いた。

その瞬間、静かな歓声が上がった。水銀はすっかり飛ばされ、丸い玉が金色に輝いている。燃える太陽や輝く月よりも光度は強い。

その美しさに誰もが見惚れていた。押し黙って凝視している者もいれば、独り言を呟く者もいる。いつも傲岸不遜な鯨は美少女に一目惚れをしてしまった少年のような顔つきになっている。普段は乱暴で下品な言葉しか使わない自転車屋も「何度見てもたまらない美しさだ」と育ちと相反するきれいな言葉遣いで呟く。

温度が下がらないと砕けてしまうため、黄金はそのまま十分ほど冷やされた。その間に金庫が天秤と分銅を長テーブルに用意する。

長テーブルの奥に金庫、その横に黄金の悪魔、向かいには四人のガリンペイロが陣取った。ラップ小僧は相変わらず小屋の隅にいる。

計量は金庫が取り仕切るようだった。

金庫が「では、計量を始めます」と宣言する。

黄金の塊をヤットコで摑み天秤の左側に載せる。

がちゃっと音がして天秤が傾いた。誰もが固唾を飲んでその一点を見つめている。

続いて、右側の皿に分銅が載せられていく。

百(セン)、二百(ドゼントス)、三百(トレゼントス)と言葉を発しながら、鉛の分銅が載せられる。二つ目の分銅で左の黄金が少しだけ浮きあがり、三つ目で天秤は分銅側に傾いた。

「三百グラムに少し足りません」

金庫がそう言うと、黄金の悪魔とガリンペイロたちが頷く。認めた、同意した、ということだ。それを確認してから、金庫が左側の皿にまず二百五十グラムの分銅を載せ、そこに十グラムずつ小さな分銅を足していく。

二百九十グラムでほぼ平衡に近づくと、今度は一グラムずつ加える。一グラムの分銅は皮のような薄っぺらい形状をしていた。空をゆく小鳥が地上に落とした羽根のようだ。

金庫がその一グラムの分銅を一つ一つ、皿の上に載せていく。

「二九一、二九二、二九三、二九四……」

天秤が平衡になった。

「二百九十四グラム(ドゼントス・エ・ノベンタ・エ・クワトログラーマ)です」

金庫が宣言し、黄金の悪魔を見やる。黄金の悪魔が無言で頷く。一人一人のガリンペイロも見る。全員が頷く。小屋の隅に座っていたラップ小僧も見る。先人を真似るように頷く。二百九十四グラム。全員の同意をもって今回の収量が確定する。

黄金の悪魔が動く。まだ熱い黄金を新聞紙で包み、上から何重にもガムテープを回す。すべてを厳重に包み終えると、唯一空いていた右の前ポケットに入れる。

掟にあるように、所有者である黄金の悪魔の取り分は七〇パーセントで、ガリンペイロは三〇パーセントである。二百九十四グラム（およそ百十八万円）の黄金は、二百六グラム（およそ八十三万円）と八十八グラム（およそ三十五万円）で分配されることになる。

その数字を金庫が帳簿に書き込んだ。

帳簿の数字を見ることもなく、黄金の悪魔がバギーのところに向かう。何やらカミソリと立ち話をした後、エンジンを入れる。森にバリバリという乾いた音が鳴り響く。そしてそのまま、黄金で身をさらに重くさせた大男は鋼鉄の扉のある部屋へ戻っていった。こうして、八時半に始まった神事は十時過ぎにはすべてが終わった。


黄金の悪魔がその場を去ると、小屋の隅に座っていたラップ小僧が立ち上がった。金庫のところに近づき声をかける。

「二百九十四グラムっていうけど、オレの取り分はいくらなんだ？」

すっかり、いつもの彼に戻っている。

金庫が組の面々を見やるが、目を合わせようとする者は誰もいなかった。皆、不機嫌そうである。期待したほど黄金が採れなかったことに加えて、無神経な新入りが呑気に自分の取り分を確かめようとしているのだから、勘気に触れるのも当然だ。

金庫が「お前、ここに来てどれくらいになる？」とラップ小僧に訊ねた。ラップ小僧が指を折って日数を数え始める。すると、無視を決め込んでいた自転車屋が「十日だ。こいつはきっかり十日だ」と強い語気で割って入った。それでいいのか、と金庫がラップ小僧に目をやる。

本当はもう少し長いはずである。ここに来て既に二週間以上が過ぎている。だが、自転車屋がずっと睨んでいた。遅刻した日も相当数あるから、自転車屋にしてみれば譲れない一線なのだろう。

あっけなくラップ小僧が折れた。「分かった。いいよ」と答える。

「よし、十日だな。ではこういう配分になる。今回は二十日分の黄金だから、最初の十日分を四人で分け、次の十日分を五人で割る。それでいいか？」

ラ・バンバが無表情に頷く。それを見て、他の三人も頷く。

ラップ小僧だけが質問を続ける。

「早く教えてくれよ、オレはいくらもらえるんだ？」

「それくらい自分で計算しろ」

「苦手なんだよ、そういうのは。なぁ、教えてくれよ」

自転車屋が舌打ちをする。

金庫が少しだけ眉間に皺を寄せながら、帳簿の端で計算を始める。そして、その数字をラップ小僧に伝える。

「いいか、おまえら五人の取り分は八十八グラム。その半分は四十四グラム。それを五で割ると、八・八グラム。それがおまえの取り分だ」

八・八グラム（およそ三万五千円）。それが、ラップ小僧が金鉱山で初めて手にした黄金だった。ゼ・アラーラになると大口を叩いていたことを考えると、八・八グラムという収量は極めて少ない。だが、ラップ小僧はどこか浮かれていた。八・八グラム、八・八グラムと何度も小声で呟いている。

ラップ小僧を置き去りにして、他の四人は相次いで食堂に戻って行った。みな、黙り込んだままだ。ラップ小僧とは明らかに温度差がある。彼らの取り分は十九・八グラム（およそ八万円弱）。一発逆転には程遠く、それぞれの最低目標額にも届いてはいなかった。最も厳しい顔をしていたのは自転車屋だ。彼は「最低でも月百グラム」というノルマを自らに課していた。得られた黄金はその五分の一にも届かなかった。

そのまま昼飯となったが、剣呑な空気は変わらなかった。

相変わらず、ラップ小僧だけが浮かれていた。穴から戻ってきた他の組のガリンペイロに「聞いてくれよ、今日、計量があったんだ」と笑顔を振りまいている。明らかに話したがっている口ぶりだ。

面倒臭そうな顔をして、他の組のガリンペイロが投げやりに質問する。

「で、どうだったんだ、ブリンタードか？　オーロ・ブセッタか？」

「聞いてくれよ。ブリンタードと言いたいところだけど、そうではなかった。でも、オレのガリンペイロ人生は始まったばかりだ。未来は無限にある。きっとこれから、たくさんの黄金を手にできるはずだ」

「けっ、能書きはいいから早く言えよ」

「ちゃんと聞いてくれよな」

「四の五のうるせぇな、何グラムだ？」

「八・八グラムだよ」

ラップ小僧が堂々と答えると、それを聞いた者は一瞬ぎょっとし、次に憐れむような表情になった。

ここでは、「いくら出た？」と訊ねられた場合、組の総量（この場合は二百九十四グラム）で答えるのが一般的だ。しかし、その常識を知らないラップ小僧は自分の取り分を答えたのだ。仮に八・八グラムが五人の総量だとすれば、一人当たりの取り分はようやく二千円を超える程度で、まさにオーロ・ブセッタと言っていい。他の者が憐れむのも当然である。

このちょっとした勘違いが格好のネタになった。他の組のガリンペイロがラ・バンバの組の面々を冷やかし始める。最もしつこかったのはタトゥだ。鯨の肩に手を回し、「八・八グラムじゃあ、女も抱けないいな」と揶揄(からか)っている。

そのタトゥがラップ小僧にも近寄って来た。

「おいラップ。八・八グラムだったんだってな。すごいじゃないか。まさに、ゼ・アラーラへの華麗な第一歩に相応(ふさわ)しい。おまえ、威張っていいぞ」。さらに、「おい、みんな、聞いてくれ!」と大声で叫び、話を続ける。「今夜の賭場にはコロラドのゼ・アラーラが来るぞ。八・八グラムの稼ぎを抱えて、一世一代の勝負にやって来るぞ!」

食堂にゲラゲラという笑い声が起きた。ラ・バンバも自虐的に笑い、鯨は不貞腐れている。グリンゴは聞こえないふりをし、自転車屋は下を向いて明らかに怒っている。

ラップ小僧だけが緩んだ顔を食堂の者たちに向けていた。もちろん、タトゥにしてみれば皮肉を言ったつもりなのだろう。だが、ゼ・アラーラと持ち上げられた新入りは、いつまでも八・八グラム、八・八グラムと浮かれ続けている。

午後の仕事が始まっても、ラップ小僧ひとりが浮かれ他の四人は不機嫌なままだった。聞いてくれよ、稼ぎは何に使うんだ? 次の計量はいつになる? これまで一番出たときでどれくらいだった? 聞いてくれよ、教えてくれよ。調子づいたラップ小僧が自転車屋に何度も話しかける。自転車屋には許し難いことだった。いつも以上に厳しい口調で仕事を言いつけ、それができないと罵倒の限りを浴びせた。

怒鳴られたからといってラップ小僧は熱心に働くわけでも、お喋りを止めるわけでもなかった。

ついに、自転車屋がキレた。

「おまえはもう水路に入るな。水路の仕事は俺が一人でやる。いいか、もう二度とここに入るな」

職場から出ていけというのである。自転車屋が勝手にクビを宣告したに等しかった。明らかに越権行為なのだが、他の三人は誰ひとり異議を唱えなかった。ラップ小僧が「はい、はい、分かりましたよ」という表情で水路から離れてゆく。

陽が沈むまでの三時間余りをラップ小僧は何もせずに過ごした。穴の縁に立ち、四人が仕事をする様を遠くからぼんやり眺めていただけだった。


その日の夜だ。

コメとフェジョンだけの夕食を終えると、ラ・バンバがラップ小僧を除く組の三人に何やら耳打ちをした。「例の話し合いをするから、このあと工具小屋に集まってくれ」と言うのである。

グリンゴは頷いただけだったが、鯨はニヤつきながら「あれか？　答えは出ているようなもんじゃないのか？」と言ってがははと笑い、自転車屋は「今ここで答えを言ってもいいぜ」とすごんでみせた。それを制し、ラ・バンバが小声でこう言った。「ま、続きはこのあと、工具小屋でな」

コロラドの工具小屋は食堂から五十メートルほど離れたところにあった。五人も入れば満杯となる小さな小屋だ。一メートルほどの高床式で入口以外の三方には端材で作った棚が回されている。

右の棚は穴で使う工具の刃でびっしりと埋まっていた。鋸刃、回転刃、溝切り刃、油圧式の耕運刃、駆動刃、切断用の刃、大きさも用途も様々な刃だ。古いものがほとんどで、どの刃にも赤茶色の泥がこびりついている。新品の刃はごくわずかしかないが、匂い立つような鉄色をこちらに向けているからすぐに分かる。錆止めのオイルが塗られたままの真新しい刃はこの世で切れぬものはないと思わせるに十分な、冷たい煌めきを放っている。

左の棚にはオイル類が並んでいた。機械の駆動部分を清浄するオイル、燃料の粘度を上げるオイル、不純な泡を抑えるオイル、乳化剤や油性向上剤の入ったオイル、酸化、摩耗、錆びや腐食などを防ぐオイル。どの容器にも真っ赤な髑髏(どくろ)が印字されていて、得体のしれない臭いが滲み出ている。

左右の棚が刃とオイルでいっぱいなのに対し、正面の棚にはかなり余裕があった。そこに置かれているものは三つしかない。

天秤、分銅、水銀だ。

水銀の瓶はオルゴールのような鉄製の入れ物の中にあり、古びた南京錠で堅く施錠されていた。数年前、ピンガに水銀を入れて誰かを殺そうとしたガリンペイロがいて、以降、管理が厳しくなったという。

天秤と分銅は棚の一番高いところにあった。かなりの年代物だが、それだけに独特の神々しさがある。二つの皿が鎮座して動かない様はヒンズーの神々にも似ている。

秘密めいた話をするときや重大事を合議で決めねばならないとき、ラ・バンバはここで密会をすることを好んだ。「天秤に分銅に水銀。まさに、ガリンペイロそのものじゃないか」。彼はそう力説していたが、鯨などは「あいつはマフィアの会合を気取りたいだけなんだよ。田舎の淫売屋が好きそうな猿芝居だ」と陰で小馬鹿にしていた。そのラ・バンバが、工具小屋の最も奥、天秤と分銅が鎮座する棚の前に陣取り、腕を組みながら仲間の到着を待っていた。

最初にやって来たのは鯨だった。小屋に入るなり、正面の棚まで歩み寄ってポケットから取り出したものを天秤の皿に置いていく。片方の皿には煙草の葉が入ったビニール袋、もう片方にはBICのライターである。がたっと音がして天秤が煙草側に傾く。「次の計量は分銅が足りないくらい出てほしいものだな」。鯨はそう言うと、いつものように「がはは」と笑った。

すぐにグリンゴも自転車屋もやって来た。四人の中では末席にあたる自転車屋が食堂から運んできた小さな椅子を周りに置く。全員が腰を下ろす。雁首が揃うとラ・バンバが椅子からゆっくりと立ち上がり、粛々と語り始める。「もう答えは出ているかもしれないが、大切なことだから、もう一度よく考えて決断してくれ」

大切な話とは、ラップ小僧をバハンコの一員に正式に迎え入れるか否かということだった。新入りが来ると、この組では一、二週間を観察期間に当てていた。そいつとうまくやっていけるのか。足を引っ張られることはないか。性格に難はないか。手癖が悪くはないか。ちゃんと働くか。四人で観察した上で、全員の合議制で採用・不採用を決めるのだ。

新入りには伝えられることのない内々のルールだったが、決められたことには一定の効力があった。誰と組むのかに関してはガリンペイロが決めていいことになっているからだ。誰かをクビにするのも、誰かを別の組から引き抜くのも、あるいは誰かと誰かをトレードするのも、ガリンペイロの側の数少ない専権事項だった。

「で、どうする？」

ラ・バンバが神妙に問うた。

「クビだな。あんな怠け者は組には不要だ」

質問が終わるか終わらないうちに、自転車屋が毅然と言い放った。あいつに五分の一を持っていかれるぐらいなら、掘り出す量が減ったとしても四人で掘った方がいい。強い口調でそう付け加えることも忘れない。

「グリンゴの旦那は？」

「自転車屋と同じだ。使えない奴はいないほうがいい」

「鯨はどうだ？」

「そうだな。俺はどちらでもいいが、あいつが使えない奴だという意見には賛成だ。クビだというなら反対はしない」

三人の意見が出そろったところで、自転車屋が前のめりになって組頭に意見を促した。

「で、あんたはどうなんだ？」

ラ・バンバが一呼吸置いた。息を大きく吐き天を見上げる。重大な決断をしなければならないときの癖だ。が、口が開かれるまで、さほど時間はかからなかった。前を向き、一人一人に確かめるようにこう言う。「三人がクビにしろという意見だった。組頭としては、それに従う」

言い終わるか終わらないうちに、鯨が「がはは」と笑い声をあげた。そして「みなに従う、か。まったくあんたらしいぜ。その調子で代わりの奴の方も素早く手配しておいてくれよな」と言い残すと、煙草とライターを手に工具小屋を出て行った。その後に、グリンゴと自転車屋も続く。

こうして、ラップ小僧のクビがあっけなく決まった。

翌日、バギー車でガソリンを運んできた金庫に、ラ・バンバは組の決定事項を告げた。金庫は「とりあえずボスに報告する」と答えたが、それで決定が覆ることはありえなかった。

ラ・バンバが念を押す。「俺たちも代わりを探すが、そっちでも代わりを見繕っておいてくれ。この際、ちゃんと働く奴なら誰でもいい」。少しだけ黙考したあと、金庫が「ソルド（聾唖者に対する蔑称）はどうだ？」と訊ねた。ソルドはタトゥと同じ組の二十代前半のガリンペイロだった。金庫の説明によれば、若く体格のいい男が新たに二人来ることになっていて、耳ざとく情報を摑んだタトゥが暗躍、ソルドと年嵩のガリンペイロを自分の組から追い出そうとしているのだという。爺さんの方はフィローンに行くと言っているが、ソルドはコロラドのバハンコに残りたいと言ってごねているらしい。

ラ・バンバが「ソルドか、それはありがたい」と即答した。「なら、ソルドには俺から伝えるが、一応、みんなにも聞いておいてくれ」と金庫が念を押す。「聞かなくても大丈夫だ。奴はバカかもしれないが、怠け者じゃないことだけは分かっている」。ラ・バンバが返し、ラップ小僧の代わりが一分もしないうちに決まった。

これで、残った仕事は本人への通告だけとなった。金庫が「ラップへの通告はあんたがやるか?」とラ・バンバに訊ねると、「俺たちが言うと角が立つだろうから、あんたがやってくれ」と答える。それを聞いた金庫が口元を少しだけ上げてこう言った。「ふっ、相変わらずだな、あんたは」

そして、昼飯の時間になった。

この日もラップ小僧は水路への立ち入りを拒絶され、仲間の仕事を見ているだけだった。疲れているはずはないのだが、大きな欠伸をしながら食堂に戻って来た。

組の面々が黙ってコメにフェジョンを盛り始める。金庫とカミソリはその前に食堂に来ていて、すでに食べ始めている。

ラップ小僧も食べ始める。すると、「やあ」と言って他の組の若い男が隣に座ってきた。ソルドだった。彼の組のガリンペイロはまだ一人も戻ってきてはいない。他の者たちはこの意味するところを知っていたが、ラップ小僧だけが何も知らない。

いつも以上にせわしい昼飯となった。ラップ小僧以外はすぐに食べ終わり、カフェジーニョと一服の時間となる。カフェジーニョのポットは台所の中にあった。いつもであれば、台所でガラスのコップにカフェジーニョを注いだあと、テーブルまで戻ってくるのが常だった。だが、この日は屋外に面した長椅子に向かう。ラ・バンバ、鯨、グリンゴ、自転車屋。四人がラップ小僧から二、三メートル離れたところに陣取る。「おまえもこっちに来い」。テーブルに戻ろうとしたソルドに自転車屋が目で合図をした。しかし、ソルドにその「複雑」な意図は通じない。ガラスのコップを持ったまま、食堂をうろちょろとしている。自転車屋が「ソルド、こっちに来い」と叫ぶ。言われるがまま、ソルドが自転車屋の隣に座る。

ラップ小僧だけが異変に気づかなかった。一人平然と、飯を胃袋に流し込んでいる。

そして、金庫とカミソリがラップ小僧の向かいに座る。

金庫が話し出す。

「おい、ラップ」

ラップ小僧が金庫の方を向く。

金庫はおもむろにカフェジーニョを一口だけ啜ると、あくまで無機質に、こういい伝えた。

「よく聞け。おまえが使えない奴だと仲間うちから苦情が来ている。おまえにガリンペイロは無理だ。船を出してやるから、街に帰れ」

ラップ小僧がきょとんとしている。

「もう一度言うぞ、船を出してやるし、借金もチャラにしてやるから、明日、街に帰れ」

まだ、きょとんとしている。

気の短いカミソリが口を挟む。

「クビってことだよ、クビ」

それでもラップ小僧の表情は変わらない。

彼が事の次第を理解したのは、長椅子に座る組の男たちに目をやってからだった。ラ・バンバは厳しい顔で横を向いていた。俺に話しかけるな。そう態度で示しているかのようだ。鯨は「仕方ねぇだろ」とでも言いたげな顔をしている。極めつけは自転車屋だ。彼は笑っていた。悪意のある笑い顔だった。そして、ラップ小僧と目が合うと、「愚図野郎（ポーハ）」と言って、さらに大袈裟に笑ったのだ。

その瞬間、ラップ小僧の身体から力が抜けていった。目線が落ち、頭が下がる。見るからに、激しく落胆している。

予感など微塵もなかったのだ。ゼ・アラーラになる。でっかい黄金を掘り当ててやる。そう宣言してここにやって来た男だ。想像することができたのは成功者になることのみで、よもや自分がクビになるなど、脳裏を掠めもしなかったのだろう。

下を向き続けるラップ小僧にソルドが近づいていった。澄んだ目を向け、「飲みなよ」とカフェジーニョを差し出してくる。

ありがとうとも言わずにコップを受け取る。しかし、とても飲めそうになかった。手で頭を抱え、また下を向いて黙り込んでしまう。
二、三分ほど過ぎたであろうか。ラップ小僧が何かを言った。誰に言うでもなく、独り言のように同じ言葉を繰り返している。
「ダメなのか……、オレではダメなのか……」

そう小声で呟いている。

自分自身に問いかけているような声だった。ダメなのか？　どうしてダメなんだ？　どうしてダメなんだ？　声がどんどん大きくなっていった。オレはダメなのか？　どうしてダメなんだ？　遠巻きにしていたラ・バンバたちにも聞こえていたが、皆、聞こえないふりをしている。

カミソリだけが反応した。

「ラップ、何をぶつぶつ言ってんだ？　明日帰るんだから、さっさと荷でもまとめとけ」

それでも、ラップ小僧は呟くことを止めなかった。「どうしてダメなんだ……、どうしてダメなんだ……」と同じ文句を呪文のように繰り返している。カミソリがチッと舌打ちをするが、独り言は止まらない。カミソリもそのまま黙り込む。ラップ小僧の呟き以外は何も聞こえなくなる。

行動を起こしたのは自転車屋だった。「ソルド、行くぞ」と声を掛けると、干していたTシャツを羽織って食堂から出て行ってしまう。他の男たちも後に続く。五人が森の小径に消えていく。

「帰るか」と言って金庫とカミソリもバギーに乗る。ラップ小僧だけが残される。

ラップ小僧が立ち上がったのは、それから三十分ほどが経ってからのことだった。夢遊病者のように台所に向かう。

台所では賄い婦のエジネイヤが煙草を吸っていた。ふらふらと近づき「なぁ、煙草をくれよ」と頼む。「あんた、明日街に戻るんだろ。だったら、街で買いなよ」と言い返される。

咥(くわ)え煙草のままエジネイヤが台所から出ていく。ここでも、ラップ小僧だけが残される。

ラップ小僧が途方に暮れている。それでも、足を引き摺るように台所を出て、建てたばかりの小屋に戻る。

ハンモックに腰を下ろす。太陽はまだ高く、強い陽射しが森に当たっている。ラップ小僧の背中がだんだん丸くなっていく。すべての力が失われてしまったようだ。腰を下ろしたのも束の間、すぐに横たわる。ハンモックからは手足がはみ出し、だらしなく両脇に垂れさがっている。やがて、ハンモックが動かなくなる。

一時間ほどが過ぎた。

ラップ小僧がハンモックから起き上がった。鼻を激しく動かし、周囲を見渡している。

辺りには、金属が燃える不快な臭いが漂っていた。

ラップ小僧が臭いのする方に顔を向ける。

ラ・バンバがいた。食堂に面した滑走路で盥にガスバーナーを当てている。後ろにはソルドが立ち、真剣な眼差しでラ・バンバの作業を見つめている。

午後の二時頃だった。いつもなら、誰もが穴の中で泥に塗れている時間だ。こんな時間に何をしているのか、ラップ小僧には分からなかった。

唐突に、「そこに立つな！」とラ・バンバが怒鳴った。それでも動こうとしないソルドにこう諭す。「風下は危険だ。風下に立たないで風上にいるんだ。水銀を吸っちまうぞ」

ラ・バンバは黄金を精錬していた。だが、バハンコは五人一組のはずだ。なぜ彼ひとりが精錬をしているのか。やはりラップ小僧には分からない。

台所まで足を運び、夕食の準備を始めたエジネイヤに訊ねる。

「聞いてくれよ。ラ・バンバのおっさんはいったい何をしてるんだ？」

エジネイヤが面倒な顔をして振り返る。そして、目線を竈（かまど）に戻して「もう、あんたには関係ないことだよ」と冷たく答える。

ラ・バンバが何をしているのか。もちろん、エジネイヤは知っていた。何度も見たことがあったし、鯨が「つきあい切れないよ、あれには」と陰で馬鹿にしていることも知っている。

明日ここを出て行くラップ小僧に教えたところで何の意味もないことではあったが、エジネイヤがぶっきら棒に話し出す。

「あんたさ、濾過機の下や脇にはじかれた土砂があったのを覚えてるかい？　ボタ山のようになってただろう？　あそこにある黄金はね、ガリンペイロが自由に取っていいことになってるんだ。七対三で分ける必要もなく、精錬をすれば全部自分のものになるんだ。ラ・バンバはいつもその滓みたいな土砂を一人で洗って、一人で精錬して、黄金を採り出しているんだよ。仕事が早く引けたときや休みの日にね。今日も、あんたが抜けたから午後は休みにしたのかもしれないね。ま、あったとしても、一、二グラムなんだけどさ」

ラップ小僧が不思議そうな顔をする。何のためにそんなことをするのか。大金を求めてやって来たはずなのに、なぜ一グラムの黄金に固執するのか。彼には理解することができなかった。そして、「意外にせこいことをするんだな」と率直な感想を零す。

それを聞いて、エジネイヤの口元が動いた。皮肉めいた笑みだった。少しだけ語気を強めて、こう言い返す。「あんたさ、万が一ボタ山から大きな金塊が出てきても、同じことが言えるかい？　あんたにもさ、ラ・バンバの万分の一ほどの貪欲さと根気があればさ、クビになんかならなかったのにねぇ」

ラップ小僧がエジネイヤの方を睨んだ。だが、すぐに下を向いて黙り込んでしまう。じきに身体から力も抜けていく。表情は曇り、頭は垂れ、食堂で独り言を呟いていたときのような落ち込んだ顔になる。

確かに、彼には貪欲さも根気もなかった。しかも、人一倍厭き易い。彼はゼ・アラーラのようになりたいだけだった。いつか必ずなれる。そう信じてきただけだった。しかし、ラ・バンバのような努力をしなければゼ・アラーラになれないとすればどうか。ゼ・アラーラになるために、無駄に終わるかもしれない努力を続けるだろうか。肉体の限界を超えて二十四時間でも掘り続けるだろうか。他人に小馬鹿にされたとしても、たった一、二グラムのために一人で土砂を浚って黄金を採り出そうとするだろうか。

彼はどれもしてこなかった。しようと考えたこともなかった。

ラップ小僧の視線がラ・バンバから動かなくなった。視線の先では、自分をクビにした男が盥の中の黄金を冷まそうと懸命に息を吹きかけていた。額からは大粒の汗が幾筋も流れている。あんなに近くで息を吹きかければ、小さな黄金がどこかに飛んで行ってしまうかもしれないし、気化した水銀を肺に吸い込んでしまうかもしれないのに、お構いなしに盥に息を吹きかけている。

長い時間が過ぎた。

盥を滑走路に置いたまま、ラ・バンバが滑走路を越え穴の方に去っていった。ボタ山に戻って、さらなる「黄金の子どもたち」を探すのだ。

盥の前にはソルドしかいなかった。

ラップ小僧が歩き始める。台所から食堂へ移動し、次には草地に面した階段を下りる。ゆらゆらと歩き、盥の前に立つ。やあ、とソルドが声をかけてくる。だが、ラップ小僧の目線は、ただ一点、盥だけに向けられていた。その脇には脱ぎ捨てられたTシャツがあった。ラ・バンバが毎日のように着ているものだった。汗と体臭が染み込んだTシャツを丸めて、まだ熱い盥の端を持つ。そして、目の近くまでゆっくりと持ち上げる。

三粒の黄金があった。小さくて、細かい。形も歪で摘まめばボロボロと壊れてしまいそうだ。その一粒を人差し指の先につけ目に近づける。

金色の粒を凝視する黒い瞳はなかなか閉じられることがなかった。そこだけ時間が止まっているかのように、金色の粒を見つめ続けている。

どこかが、微かに動いた。

黄金を持つ人差し指が動いている。

それが、じきに震え始める。ラップ小僧の細い人差し指が細かに揺れている。

指を震わせながら、ラップ小僧が呟いた。知らず知らずのうちに音になってしまったかのような、それでいてずっと奥深いところから言葉が勝手にせり上がって発語されたような、小さな声だった。

「黄金って、やっぱり綺麗なんだな……」


その夜、早めに夕食を切り上げたラップ小僧はハンモックの中で聖書を読んでいた。街に残してきた恋人を案じた夜のように、眠ることができなかったのだろう。

二日ほど雨は降っておらず、空気は乾いていた。時おり吹いてくる風が軽い。

褐色の手がいつものページで止まった。口に咥えていた懐中電灯を首に挟み換え、手垢だらけのページを照らす。

詩篇二十三篇第四節だった。

何度か黙読した後、声に出して読み始める。

――死の陰の谷を行くときも　わたしは災いを恐れない
あなたがわたしと共にいてくださる
あなたの鞭　あなたの杖　それがわたしを力づける
わたしを苦しめる者を前にしても
あなたはわたしに食卓を整えてくださる
わたしの頭に香油を注ぎ
わたしの杯を溢れさせてくださる

声は長く続き、深夜まで途切れることはなかった。

夜中に小便に起きたガリンペイロの何人かがその声を聞いていた。一人が「あいつは懐中電灯を手に聖書を読んでいた。声も聞こえた。神に頼るような、縋るような、そんな一節だった」と言った。

頼るような、縋るような一節と言えば、同じ詩篇の二十五篇から二十七篇がそれにあたる。

深夜、彼は二十三篇から二十七篇まで繰り返し音読していたのだろう。

――主よ　あなたの道をわたしに示し
あなたに従う道を教えてください
あなたのまことにわたしを導いてください
教えてください
あなたはわたしを救ってくださる神

――災いの日には必ず　主はわたしを仮庵にひそませ
幕屋の奥深くに隠してくださる
岩の上に立たせ
群がる敵の上に頭を高く上げさせてくださる

――主よ　呼び求めるわたしの声を聞き　憐れんで
わたしに答えてください
心よ　主はお前に言われる
「わたしの顔を尋ね求めよ」と
主よ　わたしは御顔を尋ね求めます
御顔を隠すことなく　怒ることなく
あなたの僕を退けないでください

翌朝、カミソリがバギーに乗ってやって来たとき、ラップ小僧の小屋はもぬけの殻になっていた。中は綺麗に片付けられていて、何も残ってはいなかった。ビニールのリュックもハンモックもなく、聖書もなかった。

ラップ小僧がどこかに消えていた。

7

ラップ小僧の逃亡はコロラドのガリンペイロたちに格好のネタを提供することになった。

真っ先に、しかも一番の大声で喋っていたのはタトゥだ。

「あのガキ、賭博の負けを払わずにとんずらこきやがって。追跡隊の派遣もんだぜ、まったく。えっ、違うか?」

夕食時の食堂では、タトゥに誘導されるかのように、ガリンペイロたちが思い思いに逃げた新入りを腐していく。「期待の大型新人は何もせずに逃げちまったってわけか」「大口ばっかり叩くガキだったが、大口でも叩いてないと怖くてやってられなかったのかもな」「どこかで殺されてたりしてな」「最後までバカなやつだ。船を出してもらえるなら、それで街に戻ればいいのに」「どうやら歩いて逃げたって話だぜ。ここのところは雨が止んでいるとはいえ、森の中は泥んこ道だ。素人にはきついぞ」「だいいち、あいつどこに逃げたんだ? 歩いて行ける金鉱山も近くにないことはないが、それだって最低でも三日はかかる。いや、素人なら五日以上はかかるだろう。餓死しちまうぞ、あいつ」「逃げる必要もないのに逃げるなんて、あの野郎、正真正銘の大バカ野郎だ」「そうだ! そういえば、ここから六日ほど歩いた先のXには娼館があったな。あいつ、Xに行ったんじゃないか! 女が欲しくなって、Xに行ったんじゃないか!」

嘲笑や罵倒は途切れなかった。寂しがったり悲しむ者など、ここにはひとりもいないようだった。

そんな中、一人だけまったく毛色の違う感想を語ったガリンペイロがいた。一番のベテラン、不潔爺(スージョ)さんだ。

その名の通り、不潔爺さんの身なりは汚くみすぼらしかった。Tシャツだけは二枚あるようだが、パンツもズボンも一着しか持ってはおらず、それを何年も着続けている。

住んでいる小屋もガリンペイロの中で最も小さく、粗末だった。小屋を覆うビニールシートは穴だらけで、ハンモックの下はゴミの巣窟となっている。パン滓、米粒、空き缶、果物の皮。それらが混ざり合った腐臭が漂う。干からびた果肉には何十匹ものチャバネゴキブリが群がり、その何匹かが不潔爺さんの身体に絶えず纏わりついていた。

小屋の中に荷物らしい荷物はほとんどなかった。ハンモックの近くに置かれたプラスティックの箱があるくらいだ。二十キロのマーガリンが入っていた円柱形の箱。どうやら、街のゴミ溜めから失敬してきたものらしい。相当の年季ものだ。

中には老いたガリンペイロの全財産が入っていた。十年以上前に誰かから貰った胃腸薬、銃弾を磨り潰した粉、それと現金だ。銃弾の粉は毒蛇に噛まれたときに飲むのだという。ガリンペイロに古くから伝わる知恵だというが、それで本当に死を免れた者がいるのか、定かではない。現金はコインに代替されて久しい紙幣だった。一レアル紙幣が二枚、乱雑に折り曲げられて放り込まれている。多くの手に触れられてきたにちがいないその札は、印刷はくすみ、数えきれない黴が斑点となって表面を覆っていた。

「そう言えば、俺も逃げたことがあったたな……」

不潔爺さんはそう言って、過去の長い逃亡劇を語り始めた。

「俺はまだ十代で、故郷を捨て金鉱山に向かってたんだ。里はセアラー州の田舎で向かったのはパラ州だったから、千キロ以上は離れていた。途中まではおんぼろバスを乗り継いだりヒッチハイクをしたりで、目的地の川が見えてからはひたすら歩いたっけな。上流に向かって川沿いを一週間ほど歩けば、目的の金鉱山に着くはずだった。歩き始めて二日目だ。木にひっかかっていた死体を見た。仏さんは三倍ぐらいにぶくぶくと膨らんでた。三日目には上流から流れてくる死体も見た。そいつもばかでかく膨らんでた。結局、五日間で四つの死体を見た。みんな、誰かに殺されたガリンペイロだった。俺はまだ十六か十七だったから、身体ががたがたと震えた。怖かった。金鉱山に着いてもいないのに、気づいたら後戻りしていた。それが、逃げた一回目だ。逃げたのはもう一回ある。ゼ・アラーラで有名なセーラ・ペラーダだった。こんな話だ。俺が掘っていた鉱区の近くで十キロの大物がでた。すると、すぐにピストルやナイフを持った連中がやって来て、近くの鉱区を買いまくった。俺のところにも来て、買ったときの五倍のカネを払うからすぐに出ていけと脅した。俺は断った。カネはいらない、俺は黄金を掘り出したいだけなんだ。そう言った。翌日、そいつらはまた来て、今度は俺の頸動脈にナイフの刃を突き立ててこう言った。売るか、ここで死ぬか、どちらにするんだ？　今ここで答えろ、とな。怖くなって、また逃げた。一回目は身体が勝手に逃げ、二回目は逃げることしか思い浮かばなかったんだ。でもな、それでもガリンペイロは辞めなかった。逃げ出しても掘ることを辞めない限り、いつか黄金の女神が舞い降りるかもしれない。そう信じた。この地に居られさえすれば、奇跡の一発がやって来るかもしれない。そう信じたんだ。俺たちが富を手にするには、人生最後の日が来るまで穴を掘り続けるしかない。違うか？　あいつにだってまだチャンスはある。逃げたのもまだ一回だけだ。どこかで再起することを願ってやろうじゃないか」

しんみりとした話になった。お調子者のタトゥが「さすが爺さんだ、イカすことを言うじゃないか」と言った。

意味を飲み込むことができないソルドだけが聞き返してきた。「ねぇねぇ、その逃げた人、どうなるの？」。タトゥが「知るかよ、そんなこと」と言ったが、同じ質問を何度も繰り返している。話の通じないソルドを誰もが無視していたが、不潔爺さんだけは誠実に返事をした。

「いいか、若いの。逃げようが逃げまいが、そんなことはどうでもいいんだ。どこかで掘り続けていれば、それでいいんだ。逃げる逃げないは関係ない。掘り続けていれば、それでいいんだ」


不潔爺さんのこの話は五つの金鉱山に静かに広まっていった。

掘り続けていればそれでいい。その言葉に多くのガリンペイロが励まされたようだった。「さすが爺さんだ」と称賛する者も大勢いた。

だが、言葉尻を捕えて皮肉を言った男が一人だけいた。悪酔いをした年嵩のガリンペイロだった。酒場で誰かが不潔爺さんの言葉をしたり顔で話しているとき、男はこう言ったのだ。

「逃げる逃げないは関係ない、掘り続けていればそれでいい、か。ふん、本当にそうなのか？　どいつもこいつも、そんなことを信じてるのか？　他に行くところがないだけなんじゃないのか？　ここにいるのは、そんな奴ばかりじゃないのか？　行くところも逃げるところもない連中が必死になってしがみついているだけなんじゃねぇのか」

悪酔いをしたガリンペイロの一言で、珍しく前向きな気持ちになっていた酒場の空気が一瞬にして消え失せてしまった。

場は荒み、怒号が飛び交い始めた。ピンガの大瓶が割られ、椅子が放り投げられた。言い争いはすぐに殴り合いまでエスカレートした。行くところまで行かないと獣たちの諍いは収まりそうになかった。

大音量で流れていたヒップホップが止まったのはそのときだ。

レジ番の金庫が別のCDをラジカセに挿入した。

殺伐とした酒場にピアノのイントロが流れ始めた。三連符とシンコペーションのゆったりとしたイントロだった。

何人かが音の方を振り向く。ビール瓶を摑み振り上げようとしていた動きが止まる。

最初の四小節が終わり、イントロが繰り返された。立ち上がっていた男たちが座り始める。

教会の鐘のような澄んだピアノの音が酒場と男たちの間をゆらゆらと横断していく。

ガリンペイロたちが聞き耳を立てる中、歌が始まった。

――俺の世界から遠ざかる君
もう何もできることはない
俺の涙も気にしないで
ひとりでやっていけるから
人を思うがままにはできない
俺は目を閉じる
君が去っていくのを見たくないから
去ってくれ　去ってくれ
君を愛する愚か者のことは忘れて
ずっと笑っていて
ずっと歌っていて

涙で見送る俺のことは忘れて

アマド・バチスタの『ヴァ・インボーラ（どうか立ち去って）』だった。長調なのにどこか物悲しい調べはスコットランド民謡の『蛍の光』やアイルランド民謡の『ダニーボーイ』に少し似ている。三つの和音だけから成り、一番も二番も同じ歌詞が続く。

多くのガリンペイロが愛する曲だった。何かを大量に吐き出してしまった後や何かを喪ってしまったとき、彼らはこの曲をよく聞きたがった。

男たちの荒んだ顔が少しずつ元に戻っていく。

この曲を聞くと死んだ母親を思い出すと言う者がいた。別れた恋人を思い出す者もいた。古い友を懐かしむ者、ただ黙り込んでしまう者、聞き取れないほどの小さな声で「ヴァ・インボーラ、ヴァ・インボーラ」と何度も呟く者もいた。歌が男たちの心の底に忍んでいって、深く沈んでいた、あるいは忘れたつもりになっていた思い出を引っ張り上げるのかもしれなかった。

ゆっくりとしたフェードアウトで歌が終わると、ガリンペイロたちが残っていた酒を一気に飲み干し、レジに向かった。誰もが足を引きずるようにして歩いていた。背中が曲がり、目が窪んでいる。一気に十歳は老けたような顔になっている。

屋外では、夜半過ぎから細かな雨が降り出していた。どこかで生き残っていた雨季の雨雲が最後の力を振り絞って搾り出したような、そんな雨だった。

酒場を出たガリンペイロが恨めしそうに天を見上げている。髪が濡れ、首も濡れ、Tシャツも濡れ、肌も濡れる。家路を急ぐガリンペイロの身体に針のような雨が降り注ぐ。

第四章　熱病の森

1

十月半ば、世界の終末まで降り続くかとさえ思われた雨がようやく止んだ。乾季である。氾濫していた川は通常の流れに戻り、プリマヴェーラを覆っていた沼地からは一気に水が引いていった。

ぬかるんでいた道も乾いた。

ガソリンを運ぶバギー車が砂煙をあげて爆走していく。時速五十キロは出ている。水溜まりで産卵していた蝶や、餌の運搬に夢中だった葉切り蟻が次々と潰されてゆく。元殺人犯の縮れ男の作った道が屍で埋もれる。

陸亀（ジャブチ）も何匹か轢き殺されたが、その度にコロラドに運ばれ食材となった。陸亀はアマゾンの先住民がよく食する貴重なタンパク源のひとつである。だが、いざ食べようとすると、香辛料でいくら誤魔化そうとも独特の臭みが消えることはない。「こんなものを食うようになっては、俺たちもインディオと一緒だな」。陸亀の手のひらを食べたガリンペイロが自嘲気味に笑った。

2

雨があがったその頃、一人の男が黄金の悪魔の命を受けて森の奥に分け入った。「機械屋」の《マルシオ》(本名の可能性もあるが定かではない)である。

マルシオは非合法の金鉱山では珍しいタイプの男だった。ガリンペイロのように悪相ではなく、と言って金庫(コーフリ)のような冷徹な人間には見えない。見るからに善人、それも、七〇年代からタイムスリップしてきた若者のような風貌をしている。白人で痩身、栗色のロン毛にはアート・ガーファンクルのようなくりくりパーマがかかっている。年は二十代後半か。

風貌以外にも目を引くところがある。口の中にはめ込んだ矯正ブリッジだ。歯に黄金を詰めている男なら何人かいたが、矯正ブリッジをつけているのは彼だけだった。さらに言えば、腋毛の処理をしていたのも小屋に鏡を持っていたのも、マルシオだけだった。

彼はまた、高学歴の男でもあった。P市の機械専門高校を卒業している。日本で言えば高専卒ということになる。中卒が大半を占めるP市にあっては数少ないインテリだ。それがどういうわけか、不法の金鉱山専属の「機械屋」となった。彼はその理由を語らなかったが、元来山っ気があるのかもしれないし、ここ以上に給料のいい仕事がP市にはなかったのかもしれない。

実際、マルシオはそれなりの収入を得ていた。月に四十グラム(およそ十六万円)。二十グラムの大工の倍、ガソリンや重機の手配などマネージメントもこなす金庫と同額だから、歩合制のガリンペイロや船頭を除けば一番の高給取りということになる。それもそのはず、この金鉱山で電気や機械の専門知識を持つのは彼だけだった。プリマヴェーラやコロラドにあるCS放送受信用のパラボラアンテナを設置したのも彼だし、バックアップ用の電源としてカンチーナの屋根に巨大なソーラーパネルを取り付けたのも彼だ。ジェネレーターや掘削機が故障すればバギーを飛ばして修理に駆けつけるし、食堂のテレビが映らないという苦情がくればそれも直した。マルシオは替えの利かない人物だった。

替えが利かない理由はもうひとつあった。理系の知識を買われ、金鉱山の将来を左右する担務も任されていた。

新たな鉱脈探しである。

年に二度、マルシオは鉱脈探しの旅に出る。時期は決まっていて、雨季が明けたばかりの十月と次の雨季が始まる四月だった。ひと月以上を要するジャングルでの過酷な探索行である。その間は食糧も水も自力で確保しなければならない。ゆえに、水の確保と狩りの容易さ――雨が降り続く中での狩りは先住民でも難しい――という二つの条件を満たす、季節の変わり目が選ばれていた。

鉱脈探しと聞けば探索器具を駆使した大がかりなものを連想するかもしれない。が、マルシオのリュックには特別なものは何一つ入ってはいなかった。少しの着替え、ナイフ、ハンモック、散弾銃の弾、釣り竿と釣り糸、懐中電灯と乾電池、調理器具とマッチに小さなアルミの盥(たらい)と水銀。それがすべてだった。

森に入ると、毛細血管のように流れる小川(イガラペ)に沿って鉱脈を探した。それだけでもけっして楽ではないが最も難儀なことは食糧の確保だった。探索中に野ブタや鳥を見かけると、散弾銃で撃ってすぐに燻製にした。野ブタを仕留められれば一週間、ムトゥン(大型の鳥。美味とされる)や宝冠鳥(キジの仲間)でも二、三日分の食料にはなる。森で最も多く最も獲ることが容易なのは猿だったが、彼はどうしても食べることができなかった。獲物が獲れないときにはR2川まで歩き、ピラニアや鯰を釣って腹を満たした。

特命の探索とは言うものの、探すのはマルシオ一人である。実態は当てずっぽうの山師と何ら変わらなかった。そもそも、彼の専門は電気や機械であって地質学ではない。勘を頼りに黄金がありそうな場所で試し掘りと精錬を行う。それのみ、である。何年か前には、独学で地質学の勉強をしてみたこともあった。が、分厚い専門書はすぐに放り投げられてしまった。地雷探知器のような形状をした器具を購入し現場で試してみたこともあったが、それも最初の探索行であっけなく故障、まったく役には立たなかった。

専門知識もなければ探査器機もない。そんな彼が頼りにしたものがあるとすれば、「かつてこの一帯では六十五キロの大物がでた」という伝説だけだった。鉱脈はどこかでつながっているはずだから、この森のどこかにきっとある。マルシオはそう信じ切っていたのである。

信じる者は救われると言うべきか。

森に入って三週間後のことだった。とある小川の畔でマルシオが雄叫びをあげていた。機械屋として雇われておよそ十年、探し求めていたものがついに見つかったのだ。

小川で水を飲もうとしたときだった。キラキラと光るものが川辺の砂場に輝いていた。砂金だ。小川に砂金があることはさほど珍しいことではなかったが、特筆すべきはその量だった。粒にして百粒以上――その後、酒場でこの話を喋るときは、五百粒となり、ついには千粒まで増えた――の砂金である。

試しに、その場を一メートルほど掘り、百キロほどの土砂を精錬してみた。五グラムの黄金が採れた。通常、土砂に占める黄金の割合は百キロ当たり〇・一グラムから〇・五グラム。マルシオの言を額面通りに受け取れば、平均値の実に十倍から五十倍だ。

あの伝説のセーラ・ペラーダも近くの農夫が大量の砂金を見つけたことから始まったのだ。雄叫びがあがるのも当然のことだった。

プリマヴェーラに戻ったマルシオは直ちに黄金の悪魔に報告を入れた。

王の反応は早かった。その日のうちにマルシオを呼び、二つのことを命じた。もう一度現地に行き、周囲一キロにわたって仮掘りをすること。さらに、周辺の水源を調査することである。バハンコをするには大量の水が必要となる。乾季でも涸れない川や地下水が周辺にあるか調べよ、というのだ。仮掘りの結果如何ではあるが、すぐにでも採掘を始めるという強い意志が滲んでいた。

そこからも早かった。十二時間後の翌日朝早く、四人の男たちがカンチーナに招集された。「何でも屋」で元殺人犯の縮れ男、二人の大工、そしてマルシオである。

集まった男たちの顔は明らかに上気していた。夜が明けたばかりだというのに眠たそうにしている者など一人もいなかった。

彼らの頭の中では一つの単語が駆け巡っていたに違いない。コリーダ・ド・オーロ、ゴールドラッシュである。セーラ・ペラーダでゴールドラッシュが起きたのは一九八〇年代で、P川水系では一九九〇年代。既に三十年近く、アマゾンでは何も起きてはいなかった。そろそろかもしれなかった。

機械屋マルシオが見つけた鉱脈はプリマヴェーラから二十キロほど北東に位置する森の中にある。午前八時。熱気を帯びた調査隊がその森に向けてカンチーナを出発した。

四人が野営地に到着したのは、陽が落ちる一時間ほど前だった。小川の近くで、上流に向かって一キロほど歩けばマルシオが発見した鉱脈に着く距離だ。

到着するや否や、さっそく四人は野営地の設営に取り掛かった。まず、灌木を切り倒し、倒木をどける。次に手ごろな二本の木を選びハンモックを吊る。倒木を集めて火を熾す。夕食はコメとカラブレーザで済ませた。金庫から支給された食糧はコメが十キロ、三十センチの大きなカラブレーザが五本、干し肉が二キロだった。それでは足りないので、誰かが狩りか漁に出ることになる。その役目は縮れ男に与えられていた。

夜の九時前に眠り、翌朝は五時前に起きた。真っ先に野営地を出て行ったのは縮れ男だった。手には散弾銃と釣り竿を持っている。酒さえ飲まなければ、縮れ男は極めて仕事熱心な男となる。

マルシオたち三人も仮掘りのポイントに向かう。

仮掘りは一日一カ所、計十二日間にわたって行われることになっていた。なぜ十二カ所もの地点で試し掘りをするかというと、鉱脈が延びる方向に目星をつけるためだった。まずは、マルシオが発見したポイントを中心に半径一キロの円を描く。デコレーションケーキを切るようにして、その円を六つに分割する。その分割された線に沿って中心から五百メートル先と一キロ先の二カ所を掘る。一つの線で二カ所、二×六で計十二カ所だ。そして、それぞれの場所で採れた黄金の多寡を比べることによって、鉱脈が延びる方向を特定するのだ。

その結果、十二カ所のすべてから黄金が出た。最も少ない場所で二グラム、多い場所では十二グラムだった。鉱脈が延びる方向も分かった。北西方向だ。マルシオが前回調査したポイントから北西に五百メートル先では八グラム、一キロ先では十二グラムの黄金が出たのだ。

バハンコを行うためには欠かせない水脈も見つかった。何カ所かに湿地帯があり、水が湧き出ている場所があったのだ。十メートルも掘れば井戸となるはずだ。

問題があるとすれば、プリマヴェーラからの距離だけだった。直線で二十キロ余り。ガソリンや機材や食糧を運搬するには遠すぎる。

調査の最後に新しい港を探すことにした。GPSで確認すると、R2川が五キロほど先に流れていた。だが、どれくらいの川幅があるのかは実際に行ってみなければ分からない。

運のいいことに、五メートルほどの川幅が続く場所が見つかった。所々に瀬や小さな滝もあるが、船を留め置くことができる淵もある。水深も二メートル以上、十分な深さだった。

そうして、二十日間の調査が終わった。

男たちは高揚していた。酒が入ってもいないのに、会話は盛り上がり誰も眠ろうとはしなかった。焚火を囲んで、止めどない話が続いた。いつから開山するのだろうか。開山してバハンコが始まったら月にどれくらいの黄金が出るだろうか。コリーダ・ド・オーロは来るだろうか。そして、新しい港や鉱山は何と名づけられるのだろうか。

四人が思い思いの名を口にした。金鉱山・奥（ガリンポ・ヴォルター）、金鉱山・森の小川（イガラペ・デ・フローレスタ）、金鉱山・肉の海（マーレ・ド・カルネ）、金鉱山・アラバマ、金鉱山・コロラドちゃん（コロラジーニョ）、金鉱山・果て（フィム）、金鉱山・ジャガー（オンサ）、金鉱山・黒ピラニア（ピラーニャ・プレット）、金鉱山・豊富な水（アグア・アブンダンテ）、金鉱山・西暦二〇一五年（ドイスミルキンジ）、金鉱山・未来（オ・フットゥーロ）、金鉱山・蝶の接吻（ベージャ・フロール）……名前が尽きることはなかった。酒が入らないと無口な縮れ男でさえ、いくつかの名を挙げたほどだったという。

ただ一人、マルシオだけが静かだった。おそらく彼には、どうしても言い出せない名称があったのではないか。同行していた者たちの何人かは密かにそう思っていた。その名が何であるかは明らかだ。金鉱山マルシオ。第一発見者である自身の名を冠した金鉱山だ。無論、それはありえない話だった。この土地の実質の所有者は黄金の悪魔であり、マルシオはそこで雇われている機械屋に過ぎない。発見者だからと言って金鉱山にその名を記す権利が授けられるわけでもなければ、ここでの立場が変わるわけでもない。

調査隊から報告を受けた黄金の悪魔は、拠点をプリマヴェーラから移すことを即座に決断した。

その時、プリマヴェーラには機械小屋が二棟、倉庫が三棟、その他にも無線小屋、ガソリンを保管する倉庫、ジェネレーター小屋、カンチーナに酒場もあった。大きな建物ではないが、大工たちや船頭が暮らす小屋だってあるし、二基の無線塔にパラボラアンテナ、カンチーナの上にはソーラーパネルも設置されている。そのすべてを解体し、新しく建設する港に移築するのである。移転が完了するまで、半年以上はかかりそうだった。

新鉱山を開山するとなれば、新たな道路も必要となる。新しい港から新しい鉱脈を結ぶ新しい道だ。加えて、縮れ男が作った幹線道路と新港を結ぶ道も必要だ。ＧＰＳによれば、新港と新鉱山の距離は七キロで幹線道路と新港の距離は五キロだった。計十二キロ。山あり谷ありの原生林を切り裂き、バギー車が通ることのできる立派な道を早急に作らねばならない。これも、優に三カ月以上はかかりそうだった。

大勢の人間と膨大な日数を要する一大プロジェクトである。金鉱山では混乱も予想された。コロラドや泉といった「古い」穴は忘れられ、物資の補給が滞ってしまうことも考えられる。重機が故障することもあるだろうし、船頭たちが何度も街と港を往復してもガソリンが不足してしまう可能性だってある。

だが、そんなことを案ずる者は誰もいなかった。気にしてもおらず、話題にものぼらない。全員が浮かれていた。男たちの足取りが軽やかになっている。寡黙な者が饒舌となり、不愛想だった者の顔には微笑みが漏れている。何人かの大工はガリンペイロへ鞍替えすることを話し合い、ガリンペイロを辞めたポンタでさえ情報収集にやっきになっている。休みの日には、マルシオが発見した鉱脈の近くで勝手に試し掘りをする者まで現れる始末だ。

密林の中で、みな、熱病にかかってしまったようだった。

黄金の魔力は計り知れない。憑かれてしまったら最後、もはやそれ以外に心が動かなくなる。五千年以上前からそうだった。族長もファラオも皇帝も数多(あまた)の王も、みな黄金の虜になった。我が身を飾り、王宮や神殿を飾り、墓を飾った。時代が進んでも、黄金に対する「信仰」は変わらなかった。黄金さえ手にすればすべてが変わる。多くの者がそう信じた。大航海時代には、黄金を求めて大海を渡る者も現れた。アメリカ大陸を発見することになるその一人は、ヨーロッパの西端にある港を出る直前、日記にこう記している。「黄金を持つ者は魂を楽園に導く財産を持つに等しい」。実際に黄金を手にした者だって大勢いる。ピサロやコルテスやバルボアといった征服者(コンキスタドール)だ。一五三三年にピサロがインカ帝国を滅ぼしたとき、せしめた黄金は三つの大部屋が埋まるほどだったという。まさに王、いや神にでもなった気分だったのではないか。

この病には特効薬もワクチンもない。一度燃え上がってしまったら最後、鎮めることは不可能に近い。そして、未来には虚しかないことを薄々分かってはいるのに、ほとんどすべての罹患者が前へ前へと突き進み、立ち止まったり戻ったりすることを忘れる。

囚われるか、踏み止まるか。

今、瀬戸際にいるのがマルシオだった。調査から戻って来た晩、マルシオは酒場に向かった。すぐに、新鉱脈を発見したときの「とっておきの話」を語り始める。誰もが熱心にマルシオの話に耳を傾ける。三十分もしないうちに酒場の長テーブルが聴衆で埋まる。気持ちのよくなったマルシオが「俺の奢りだ」と言ってピンガを振る舞う。聴衆はどんどん増えていく。

そしてついに、危ない一線を越える。「あそこは俺が見つけたんだぜ。そうさ、俺が見つけたんだ。世が世なら俺も大金持ちだ。黄金の帝王（レイ・ド・オーロ）の仲間入りだ。なぜって、俺が見つけたからだ。ボスにしろとは言わないが、せめて、共同経営者ぐらいにはしてもらいたいもんだ」。マルシオは何度も、「俺が見つけたのだ」「所有者は黄金の悪魔（ジャブ・デ・オーロ）かもしれないが、第一発見者は自分なのだ」と言った。あの鉱山が自分のものだったとしたら。見つけた者が所有できるのだとしたら。せめて採れ高の半分、いや一〇パーセントでも自分のものになるのだとしたら……。その後も、マルシオは連日のように酒場に繰り出しては、そんな危険な言葉を口にすることになる。

3

彼の話を信じるならば、その少し前のことである。マルシオが雄叫びをあげた場所から南へ三、四十キロ余り、ゴールドラッシュの熱気は届かず、重機の振動とも無縁で、ガソリンの臭いもしない。腐った泥の臭いだけが満ちる鳥獣虫魚の森の中だ。

そこを、一人の若者が彷徨（さまよ）っていた。ズボンやボーダーのTシャツは泥に塗（まみ）れ、小川沿いを歩いたせいか藪蚊に刺された肌が斑点だらけになっている。

コロラドから逃亡したラップ小僧である。

船に乗って街に帰るのではなくコロラドから逃げよう。そう決めたのは夜明け前のことだった。借金もチャラになるのだから、本来、逃げる必要などなかったはずだ。街に戻れば愛しのジャニーゼとだって再会できる。だが、彼は逃げた。

最初の二日は森で野宿をした。食べ物はコロラドの食糧庫からくすねてきたビスケットとファリーニャで凌いだ。ハンモックはあったが蚊帳などあるわけがなかったから、ひたすら蚊に刺された。

小さな川を下ること三日。森の中に小さな滑走路が見えてきた。開けた場所に出てみると、プリマヴェーラにあったようなカンチーナが建っていた。いくつかの小屋もあった。小さな金鉱山だった。

奇跡的、かつ運命的なことだったのかもしれない。彼がR２川水系の上流に向かって歩いていたら、彼の「その後」は違っていたはずだ。いくら歩いても、そこには何もないからだ。集落もなければ金鉱山もない。先住民もいなければガリンペイロも貧しい漁民もいない。川が涸れ、水場を失うだけである。下流に向かっていなければ、彼は確実に死んでいただろう。

辿り着いた金鉱山は景気が悪そうだった。そこにいた老人が「かつては三百人のガリンペイロがいたんだが、今では十人ぐらいだ」と言った。「マンゴー畑(マンゲイロン)」と呼ばれる金鉱山に残っていたガリンペイロは老人だけだった。バハンコもなくフィローンもない。自給自足をしながらツルハシひとつで黄金を採っていた。

老人たちは親切だった。突然現れたラップ小僧に煙草を分けてくれたり、森から獲ってきたというアルマジロを食べさせてくれた。小屋にも泊めてくれた。夜になると、老人たちはラップ小僧を相手に話し続けた。昔話だった。一キロの黄金を掘り当てたことがある。昔は娼婦にモテたもんだ。喧嘩だけは誰にも負けなかった。長く続いている孤独のせいか、話は熱を帯び、そう簡単には終わらなかった。

老人たちがツルハシを振るっている間、近くを歩いてみたりもした。滑走路から湿った森に入っていくと、セスナの残骸があった。それがセスナであったことが分からないぐらいバラバラになっていた。方々に散らばっている座席には蔓が巻きつき、タイヤには雨水が溜まり蚊の温床になっている。コックピットの残骸には巨大な白蟻の巣ができていた。

カンチーナらしき建物も残ってはいたが、そこも蜘蛛の巣だらけだった。食べ物を漁ってみても黴だらけのビスケットしか見つからない。服や乾電池などの日用品は一つもなかった。

カンチーナの先には、十軒ばかりの空き家が並んでいた。廃墟となった娼館だった。かつての賑わいを想像できないほど外観は荒んでいた。柱や壁は蜘蛛の巣だらけで、蟻に芯まで食い尽くされている。桃色、水色、黄色に橙色。鮮やかだったはずの扉も腐りかかっていた。

その中央に消えかかった文字があった。娼婦たちの源氏名が手書きの文字で記されている。気まぐれ子猫ちゃん。極楽天女。おさわりマリアーナ。かわいいアマンダちゃん。愛しのマリリン。客が書いたと思われる落書きも残っていた。男性器に女性器。サイコー！　また来るぜ！　おまえの×××は世界一だ！　恋文のような文章もあったが、それなりに長い歳月を経たせいでほとんど読めなくなっていた。

マリリンという娼婦が使っていた小屋を仮の家にすることにした。ベッドマットは既になく木枠も壊れていたが、ハンモックを吊るフックだけは残っていた。壁と地面には三つの白蟻の巣があり、野犬のものと思われる糞が落ちていた。とても小さな糞だった。

しばらくはマリリンの小屋に泊まり、腹が減ると老人を訪ねて生臭さの抜けないアルマジロを一緒に食べた。

誘われるままにツルハシで周囲を掘ってもみたが、黄金が出る予感はなかった。それは老人も同じらしく、掘っている間に目が合うと照れたように笑った。

打ち棄てられた金鉱山に老いたガリンペイロがへばりつくように生きていた。何かを諦めた人間がいて、アルマジロの生臭い臭いと冷めた苦笑いだけがあった。


十一月となった。

新たな鉱脈が発見されたという噂は多くのガリンペイロの知る所となっていた。見つけたマルシオがあれこれ自慢気に吹聴していたし、それを聞いた者たちもマルシオ以上の熱量で言いふらしていたからである。

何と言っても、コリーダ・ド・オーロの可能性のある鉱脈だ。連日連夜、酒場ではその話題でもちきりとなった。どれくらい出るのか。そこで働くためにはどうすればいいのか。誰がどのように新鉱山に行く者を選ぶのか。議論は熱を帯び、酒が入ると勢いはさらに増した。

ビールやピンガが飛ぶように売れ、酒場の閉店時間は遅くなっていった。いつもなら十一時には店仕舞をしていたのに、そんな時間では到底誰も帰ろうとはしない。金庫が何度か『ヴァ・インボーラ』をかけてみたが、熱気は止まず席を立つ者もいなかった。日付を跨ぎ、深夜の一時、二時までの営業が続いた。

客たちが興奮する中、金庫だけが不機嫌だった。自分には関係のない話につき合わされた挙句、拘束時間が大幅に増えたのだ。その日も、最後の客が出て行ったのが午前二時過ぎで、帳簿を書きカンチーナの鍵を閉めたときには三時近くになっていた。川まで行き水浴びをする余力はなかった。小屋に戻ると着替えもせずに眠った。

金庫の記憶によれば、午前四時を少し回った頃だった。何かの物音で目が覚めた。寝ついてからまだ一時間も経ってはいなかったから、身体が重かったこともよく覚えていた。

外では乾季特有のスコールが降っていた。雨季のしとしと雨と違って、積乱雲が降らせるスコールは強い風を伴う。最初は、その音だと思ったという。

だが、様子がおかしかった。音は雨音より強くなったり、遠慮がちに低くなったりする。自然の音ではなく、明らかに人間が出す音だった。こんな時間に、誰かが小屋の扉を叩いている。午前四時過ぎである。通常なら、賄い婦以外は誰もが寝静まっている時間だ。また、何かが起きたのだろうか。誰かが誰かを殺し、それを知らせに来たのだろうか。そんな考えが過った。

音はいつまで経っても止まなかった。どんどんどん。少し間を置いてから、とんとんとん。扉を手で叩く音が何度となく聞こえてくる。明らかに変である。凶事の報告であれば扉はもっと強く叩かれるだろうし、金庫の名も大声で呼ばれるはずだ。だが、やや遠慮がちに——しかも間を置いて——扉が叩かれるだけなのだ。

訝しんだ金庫が玄関に向かった。彼はピストルを持っていなかったから、代わりにナイフを忍ばせた。そして、屋外の音に向かって「誰だ？」と問う。

しばらくの間、無言が続く。

何度か問う。

すると、屋外の誰かが小声でこう言った。

「聞いてくれよ。話があるんだ。お願いだから戸を開けてくれ」

聞き覚えのある声だった。

金庫がゆっくりと扉を開けた。

若い男がずぶ濡れになって立っていた。

ラップ小僧だった。

金庫は感情が顔に出る男ではなかったが、さすがの彼も驚いたという。だが、口から出た言葉はいつもと変わらない冷静な一言だった。

「何の用だ？」

ラップ小僧は黙って下を向いているだけだった。

金庫の方もそれ以上の質問を投げず黙っている。

沈黙が続く間、金庫はラップ小僧の恰好をつぶさに観察した。いつも被っていたラッパー気取りのキャップはない。青と白のボーダーのTシャツは泥だらけで、すっかり茶色に変色している。靴はサンダル、足は泥だらけだ。コロラドから消えてから一ヵ月以上が経っている。その間どこで何をしていたのか。服装からは、森を流離(さすら)っていたことが察せられた。

何十秒かが過ぎ、痺れを切らした金庫が「用がないのなら帰ってくれ」と告げた。そして、扉を閉めようとする。

ラップ小僧が口を開いたのはそのときだった。絞り出すような声音で真っすぐにこう言ったという。

「もう一度、ここで働きたい」

金庫からしてみれば、意外な言葉だった。ここは無許可・非合法の金鉱山だ。借金を残して逃亡する者なら過去にいくらでもいたが、一度クビになった男が「もう一度働きたい」と直訴した例など、これまで一度もなかった。しかも、わざわざ徒歩で戻って来てである。見込みがあるのか、よほどのバカなのか、ただのおめでたい野郎なのか。いずれにせよ、金庫には信じ難いことだった。

だが、雇うのか雇わないのかとなれば、答えは決まっていた。ここは来る者を拒まない土地だ。掟にも「ここは誰でも受け入れる」とある。

掟さえ守っていれば、ここは何度でも来ることができる。つまり、何度でもやり直せる場所だ。

ガリンペイロ同士の賭博の貸し借りは別だが、ラップ小僧には借金もない。「借金をチャラにしてやるから街に帰れ」と一度は言ってしまったのだ。今更返せとは言えない。問題は、彼を受け入れる組があるかどうかだけだった。真面目な人間か、がむしゃらに働く男であれば問題はなかった。が、彼はそうではない。「ラップは遅刻の常習犯だ。怠け癖もある」。コロラドの組頭のラ・バンバは金庫にラップ小僧のクビを告げた時、そんなことも話していた。ここで働いていたのはたかだか二週間ほどだったが、評判の悪さは既に金鉱山中に知れ渡っている。おそらく、彼と組もうというガリンペイロは一人もいないだろう。まして、人の性格は容易に変わるものではない。心を入れ替えたつもりでも、いつかどこかで怠惰な心根が目を覚ます。目を覚ましてしまったら、あとは真っ逆さまに奈落に落ちていくだけだ。金庫はそんなガリンペイロを何人も見てきた。ラップ小僧がそうならないとも限らない。

だが、掟は掟だ。ここは、「誰でも受け入れる」のだ。五人一組で掘るバハンコではなく、一人で黄金を掘ることができるフィローンに送ることにした。それなら、文句を言う者もいないはずだ。

尤も、フィローンは「訳あり」の金鉱山でもあった。坑道を掘って黄金を探すフィローンでは大型の掘削機が不可欠だが、肝心要の機械が故障し、ひと月ほど前から休業状態に陥っていたのである。ガリンペイロは他の金鉱山に移り、《パト》(アヒル)という変り者以外は誰もいない。賄い婦もいなければ、ジェネレーターも掘削機もない。ただひたすら人力で掘るだけの効率の悪い穴となっている。それでは、「奇跡の一発」など夢のまた夢だ。誰でも受け入れる黄金の地とは言え、ラップ小僧が働くことができるのは、そのフィローンしかなかったのである。

金庫はそのありのままを説明し、最後にこう付け加えた。

「それでもいいならフィローンに行け。着いたらパトという名のガリンペイロを探せ。仕事のことはそいつから教えてもらえ」

プリマヴェーラから一時間も歩けば、縮れ男の作った道が二手に分かれる。一つはコロラドに向かう幹線道、もう一つはフィローンに向かう脇道だ。

ラップ小僧が細い脇道に入る。鬱蒼とした森が天を覆っている。

五百メートルほど歩くと、ガリンペイロの小屋が見えてきた。コロラドのものより質素で小さい。何より、どの小屋にも生活感がない。暮しを窺わせる音は聞こえず、ハンモックや荷物もなく、蜘蛛の巣が小屋を占拠しているだけである。十軒近い小屋を素通りしたが、どれも同じように寂れていた。深い森の中とは言え、そこに人間がいれば何らかの気配があるものだ。が、そこには何もなかった。

行き止まりに大きな小屋があった。食堂だ。壁はなく、屋根には突風が吹けば飛んでいきそうな錆びたトタンが載っている。これも、コロラドとは違って粗末な作りだった。

食堂にも誰もいなかった。犬と猫だけがいた。小屋の端で微妙な距離をとって昼寝をしている。誰かが与えた餌なのか、近くにはコメが散らばっていた。

竈（かまど）に近づき、鍋の蓋を開ける。フェジョンが煮られコメが炊かれていた。鍋の中に手が伸びる。フェジョンを人差し指につけて舐め始める。一口、二口、三口。スピードが次第に速くなり、止まらなくなる。四口目ぐらいからはアルマイトの皿にコメを盛り、豆をかけて食べ始める。あっという間に鍋にあった食べ物を食べ尽くす。そして、食堂の長椅子に寝転がる。辺りは静かで森の音しか聞こえてはこない。そのまま、ラップ小僧は眠ってしまう。

どれくらい経ったか。遠くから、リオの人気サッカークラブ、フラメンゴの応援歌が聞こえてきた。大柄の男が食堂に近づいてくる。がたいのいい黒人で、赤と黒の横縞、フラメンゴのユニフォームを着ている。

フィローンにたった一人だけ残っているガリンペイロ、パトだった。筋骨隆々でやせ型が多いガリンペイロにしては珍しく、腹が先住民のように張っている。うっすらと口髭を生やし、髪は縮れ毛の短髪、なかなか強面の男である。

パトが食堂に入ったとき、彼の目には若い男が長椅子で寝ているのが見えたはずだ。彼からしてみれば、見知らぬ男である。流れ者であれば金庫に報告しなければならなかったが、あいにく無線は壊れていたし、そもそも彼には使い方がよく分からなかった。フィローンに来たガリンペイロである可能性も頭をかすめたかもしれないが、自分以外に今のフィローンで働こうとする物好きがいるとは到底思えなかった。

パトにしてみれば、昼寝をしている若い男が誰であろうとどうでもいいことだった。彼はただ、気ままな暮らしを邪魔されたくないだけだった。大勢で徒党を組んで仕事をすること自体が不快だったし、飯も一人で食べたかった。だから、フィローンの一時閉鎖が決まったとき、チームを組んで穴を掘るバハンコには絶対に行きたくないと言った。自分一人でもここに残る。そう金庫に伝えたとき、あの鉄仮面の男が驚いた顔をしたという。「フィローンが復旧するのはだいぶ先だ。もしかすると来年になるかもしれない。ジェネレーターも掘削機もないのに、ここでどのように穴を掘るのか」。金庫がそう説得を試みたが、パトは「大丈夫だ。当てはある。だから、ここにいさせてくれ」と言って譲らなかった。ガリンペイロから強く主張されれば金庫は了承するしかない。どこで誰と穴を掘るのかは、ガリンペイロ側が決めることなのだ。

晴れて、たった一人で暮らす環境ができた。「当てはある」というのも嘘ではなかった。フィローンでは、竪穴を掘るときに出た残土やら工程の途中で間引かれた石がいくつも堆く積まれ、たくさんのボタ山を作っていた。掘削が始まって二十年近く経っていたから、そこら中ボタ山だらけと言っていい。その屑だらけの山から黄金を掘り出すのである。コロラドの濾過機の傍でラ・バンバがやっていたことと同じだ。

バハンコでは地下三〜五メートルの砂礫層から黄金を採り出すが、フィローンの場合は地下十〜二十メートルの竪穴を掘って、そこにある岩盤層（大きな岩石からできている地層）から黄金を採り出す。採掘方法こそ違うが、よく言えば豪快、悪く言えば大雑把であることに変わりはない。コロラドの濾過機が黄金を含んだ土砂をはじいていたように、フィローンでも黄金を含んだ石をボタ山に捨てていた。有用な石と無用の石とを厳格に分別することはなかったのである。

パトは、そこに目をつけた。もちろん、楽な仕事ではなかった。閉山中のフィローンにはジェネレーターもなければ掘削機もない。ツルハシでボタ山を掘り、埋もれている石を探し、一輪車で石を運び、ハンマーで砕く。そのすべてを、機械の力を借りずに一人きりでやらねばならなかった。

生産性は低かったが、一向に気にならなかった。彼は一発を望んでいるわけではなかった。そこそこ採れれば、それでよかったのである。幸い、収穫も悪くはなかった。最初の一カ月分を精錬したところ、十グラム（四万円相当）の黄金が出たのだ。廃棄物から取り出した黄金だから、黄金の悪魔に七〇パーセントを取られることもない。バハンコの平均値からすると五分の一ほどの稼ぎにしかならないが、それで十分だった。一人の暮らしとそこそこの収入。フィローンにはパトが望んでいた環境が揃っていたのである。

そんな、彼にとって理想的な暮らしが壊されようとしていた。昼寝をしているラップ小僧に声もかけずに竈に向かう。素早く昼飯を食べて食堂から立ち去ろうとしたのだろう。だが、鍋の蓋を開けた時だった。中には一粒の豆も残ってはいなかった。鍋の中がピカピカになっている。

「悪いな」

後ろから声がした。ラップ小僧だった。彼は、もう一度「悪いな」と謝り、「オレが食べちまったんだ。コメを炊き直すよ」と言った。そして、名を名乗り、コロラドをクビになったことを伝え、金庫から「パトを頼れ」と言われたことを話し始める。それを聞いて、当のパトが憂鬱な気分になったことは想像に難くない。この日をもって、一人だけの暮らしは終わったのだ。

パトが「炊かなくていい」と言った。そして、ボタ山から黄金を取り出す方法と、空いている小屋は好きに使っていいことだけを手短に伝えると、そそくさと食堂を出ていった。

しばらくして、一人になったラップ小僧も食堂を出た。人気のない小径を歩き、これから暮らす小屋を探し始める。フィローンには大小様々な小屋があり、どれも空き家だったから選び放題だった。

食堂から百メートルほど離れた小屋を選ぶ。もっと大きな小屋もいくらでもあったが、彼は小さなものを選んだ。ラ・バンバと自転車屋が作ってくれた小屋の半分ほどで、壁はない。柱も二本だけで、その上に方々が破れたビニールシートが掛けられている。少しでも雨が降ればびしょ濡れになってしまうだろう。だが、彼はその粗末なあばら屋を選んだ。

さっそく、二本しかない柱に黴臭くなったハンモックを吊る。ハンモックに溜まったゴミや塵を払ってから腰を掛け、何やら考え事を始める。パトはここでの仕事をこう説明していた。まずボタ山を探し、どのボタ山を掘るか決める。決めたらツルハシで掘って中から石を探す。その石を砕石場まで運ぶ。一定量の石が溜まったらハンマーで粉になるまで叩き潰す。あとは水銀を入れて精錬すれば黄金を採り出すことができる。

ハンモックに座ってからまだ二、三分しか経ってはいなかった。ラップ小僧はハンモックから勢いよく立ち上がった。そして、ボタ山を探すために森の方へと歩いていった。

ボタ山は簡単に見つかった。小屋から森に続く道を百メートルほど歩くと見晴らしのいい高台があり、見えるだけでも七個の山が聳えている。

その一つに登る。五メートルほどの山で表面は砂礫ばかりだった。この中に黄金があるかもしれないと聞いていなければ、誰が見てもただの屑山にしか見えないだろう。

ボタ山のどこをどう掘ればいいのか。ラップ小僧には知識も経験もなかった。二メートルほど中腹まで登りツルハシを振るう。いくら掘っても砂礫ばかりが現れた。一時間ほど掘ってみたが、石は一つも出てこない。場所を変えることにした。今度は山頂でツルハシを振るい始める。そこでも出ないと別のボタ山に行き闇雲に掘った。結局、陽が完全に落ちる夜の七時まで粘ってみたが、石と言えるような石は一つも見つからなかった。

翌日も、ラップ小僧は夜明け前に起きボタ山に向かった。昨日と同じようにがむしゃらに掘り始める。滴る汗、一定の速さで振り降ろされるツルハシ、土砂に鉄器が突き刺さる音、舞い上がる埃、森の奥から聞こえてくる鳥や獣の鳴き声、ときおり吹き流れていく乾季特有の乾いた熱風。砂利だらけの斜面にはツルハシを打ち込む童顔の男だけがいた。

フィローンにいるもう一人のガリンペイロ、パトの小屋は食堂から五百メートル以上離れたところにあった。

見るからに世を厭(いと)う者の住まいである。フィローンの敷地の一番端にあり、一番近い小屋とも二百メートルは離れている。床は板が敷かれていて小綺麗ではあるが、ハンモック以外の荷物はほとんど何もない。服と言えばフラメンゴのすっかり色落ちしたユニフォームが二着とズボンが一本あるだけで、長靴もなければ帽子もなく鞄やリュックもなかった。

鞄類がないということは身一つでここに来たことを意味している。よほどの貧乏人、あるいは、訳ありの人物だ。それもあって、ここに来た当初からパトには様々な噂がついてまわった。曰く、誰かを殺して逃げてきたのだ。刑務所を脱獄してきたに違いない。どんな事情かは知らないが街場にいられなくなったんだろう……。例によってガリンペイロたちが勝手な憶測をあれこれ噂にしていた。

憶測だけならすぐに飽きられるはずだった。だが、仕事が終わり大勢のガリンペイロが水浴びをしていたときだ。そこにパトがやってきた。手で腹を隠している。誰かが「おい、どうした？腹でも痛いのか？」と訝しがる。しかし、パトは「何でもない」としか言わない。

すぐに「何でもない」ことが嘘であることが判明した。小川に入るときに一瞬手が離れ、隠していた腹部が顕わになったのだ。一斉にどよめきがあがった。

臍のあたりに大きな切り傷があった。三センチほどの刺し傷だった。尤も、刺された痕を持つガリンペイロなど、ここではさほど珍しいことではない。どよめきの理由は、その真新しさにあった。

傷跡はまだ治りきってはいなかった。赤く腫れて化膿しかかっている。手当がなされた形跡もない。どう見ても刺されたのは最近、一週間以内にしか見えない。傷を目の当たりにした者たちはこう思った。奴がここに来たのはその傷と関係があるのではないか？　やはり、何かをしでかして、ここに逃げ込んできたのではないか？　あいつ、いったい何をしでかしてきたんだ？

「なあ、パトさんよ、その立派な傷はどこでどうした勲章だ？」。多くのガリンペイロが質問攻めにした。パトが「何でもない」と答えても、男たちはしつこく訊ね続けた。繰り返される問い掛けにうんざりしたのか、パトはこう答えるようになった。「町の酒場でヤクザ者に絡まれてな。突然刺されたんだ。まったく酷い話だよ」

　事はそれでは収まらなかった。P市に一時帰宅していたガリンペイロが面白い話を仕入れてきたのだ。妻を間男に奪われた、ある中年男の話だった。

　おそらく嘘や作り話も巧みに入れ込んで、その男がこう言った。

「いいか、よく聞けよ。あいつが来る十日ほど前のことだ。ちょうどその頃にな、P市の外れで殺しがあったそうだ。殺されたのは若い優男で腹と胸をナイフで刺されたらしい。なぜその優男は刺殺されたのか。街の噂によれば、優男はある人妻と逢瀬を重ねていたようなんだ。夫がそれに気づいて間男の家に乱入し、刺し合いになったってわけだ。現場にあった血痕から夫の方も腹を刺されたことは分かっている。さて、本題はここからだ。間男は死んだが、夫はどうなったかって話だ。驚くなよ。その旦那の方はな、警察にも捕まらず、まだ逃げているらしいんだ。いいか、よく思い出してみろ。あいつがここに来たのは先月の中頃だよな。事件があったのはな、その一週間ほど前だ。な、ぴったりだろう？　間男を刺殺して逃げたというのが、あいつなんじゃねぇか？」

　パトが一層殻に籠るようになったのはその頃だ。小屋を一番端に移し、他人と話をすることもなくなった。誰もいないときに食堂に行き、誰も川にいない時間を選んで水浴びをした。フィローンが閉鎖されることになったときも、他のバハンコへの配置換えを頑なに拒んだ。

その姿勢が、逃亡犯であることの疑いを一層高めることになった。あいつはな、時効が成立するまで、こんな奥地の金鉱山に身を潜めているつもりなんだろうさ。誰かが陰でそんなことを言い始めた。

ブラジルにおける殺人の公訴時効は十年である。その十年を、パトはここに居続けることで逃げ切ろうとしている「訳あり」の男かもしれなかった。

4

マルシオが新鉱脈を発見した。その報せは、黄金の悪魔が所有する金鉱山に猛烈な速度で伝わっていた。刃傷沙汰や下種な噂話より遥かに速い伝播スピードである。

ガリンペイロであれば当然のことだった。殺し、逃亡、寝取りに寝取られ。加害者か被害者でもない限り、所詮それらは他人事に過ぎない。一方、新しい鉱脈が見つかり、しかも破格の埋蔵量を持つものだとしたらどうか。もはや他人事ではない。指を咥（くわ）えて傍観していていい事態でもない。ここにいるすべてのガリンペイロにとっては人生の分岐点、一生に一度巡り会えるかどうかの勝負所だ。

どの金鉱山もざわついていた。ガリンペイロたちの関心事は一つだけだった。自分が新金鉱山に移れるかどうか、それだけである。誰が発見したとか、誰の所有物であるかということはどうでもいいことだった。

誰がどのような基準で選ばれるのか。多くの者が勝手な憶測を語り始めた。コロラドのラ・バンバもその一人だったが、事情通の彼をしても選考基準はよく分からなかった。彼が分かっているのは、新鉱山には五十人規模のガリンペイロが送り込まれるだろうこと、そして、誰もがその一員になりたがっているということだけだった。密かに動いて探りを入れたようだが、金庫やカミソリは「知らない」「分からない」と言うだけだった。時期が来たら黄金の悪魔に直談判するしかない。彼はそう考えるようになっていた。

誰よりも早く動いた者がいた。鯨（バレイア）である。ラ・バンバの組を抜け、新鉱山への道を作る人夫に自らを売り込んだのだ。

鯨が狡猾なのは、もう一人仲間を連れて行ったことだ。声をかけたのはコロラドの他の組の男だった。いつ、どのように口説いたのか誰も気づかなかったというから、電光石火の早業だったに違いない。一人でやるより二人の方が早くできる、俺たちなら三カ月かかるところを半分で片づけてみせる、そう売り込んだという。道づくりは最優先事項の一つだったから、黄金の悪魔は了承したようだった。無論、鯨がボランティアでそんなことをするはずはない。工事を買って出る見返りとして新鉱脈行きの確約を取ったと噂されていた。

金鉱山がさらにざわついた。鯨に対して、「俺も工事の仲間に入れてくれ」と擦り寄る者が増えていった。その者たちは、鯨が自分を組頭とする新しい組を作るはずだと考えた。道路工事の五人組がそのままバハンコの組に移行すると踏んだのである。だが、鯨は頑として他の者を工事に加えようとはしなかった。本当に二人でやるつもりなのかもしれないし、焦らしに焦らして恩を高く売りつけようと考えているのかもしれなかった。懇願を続けるガリンペイロに対し、鯨はこう言って一蹴した。「新しい道は俺とあいつの二人で作る。他の奴らの助けは一切不要だ」。そしてそのまま、荷物をまとめてコロラドから出て行った。

コリーダ・ド・オーロという熱病が蔓延する金鉱山にあって、病とは無縁の場所が一カ所だけあった。ラップ小僧とパトがボタ山を掘るフィローンである。ここを訪れる者はなく、噂も届かず、ゆえに熱病禍に魘(うな)されることもなかった。

外界との関係が断たれた森の中で、パトは寡黙に暮らし、ラップ小僧はただひたすらボタ山にツルハシを打ち込んでいた。

ここに来て一週間、ラップ小僧は寝坊ばかりしていたコロラド時代とは別人となっていた。夜明け前には起き、ボタ山に登り、ツルハシで掘り、石を探す。食事も自分で作り、小川で洗濯もし、小屋の掃除もした。

肝心の成果の方は芳しいものではなかった。一週間もボタ山を掘っているのに、石は二、三個しか集まらない。ボタ山はいくらでもあるのに、砂利ばかりで黄金を含んでいそうな石はほとんど出なかった。

計量にこぎつけるためには、少なくとも一輪車五杯分の石が必要だった。このままでは、パトのように月に一度の計量をすることはとても無理だ。二カ月に一度でも難しい。年に四、五回できれば御の字のペースである。何かが間違っているのではないか。掘り方や掘る場所が悪いのではないか。ラップ小僧なりにいろいろと考えているようだったが、解決策を思いついた気配はなかった。

相当思い悩んでのことだろう。ある日の午後、ラップ小僧がパトを探し始めた。フィローンと一口に言っても、範囲は一キロ四方とそれなりに広い。至る所に竪穴がありボタ山がある。ボタ山とボタ山の間には道も通じていたが、どれも細く、獣道と大差はない。森とボタ山と空き家と獣道。その中をラップ小僧がパトを探し回った。

パトがいたのは、ラップ小僧のボタ山から一キロ近く離れた場所だった。赤と黒のフラメンゴのユニフォームを着た男がボタ山の中腹でツルハシを振るっている。

ボタ山の下には石を溜め置く一輪車があった。半分以上が埋まっていた。ほとんどが大きな石だ。片手では持てないぐらいの石もある。どれも、ラップ小僧が一度も出会ったことのないサイズだった。

パトがボタ山から下りてきた。ラップ小僧が「聞いてくれ。教えてほしいことがあるんだ」と声をかける。彼は何も答えない。すぐに一輪車を押して中腹に戻ってしまう。ラップ小僧が後を追う。ボタ山の中腹には掘り出されたばかりの石がいくつか並んでいた。パトがそれを一輪車に投げ込み始めると、ラップ小僧が手伝う。タイミングを見計らって「教えてほしいことがあるんだ」と何度も頼む。

すべての石を積み終わったとき、パトがやっと口を開いた。

「いったい、何を知りたいんだ？」

ラップ小僧がたどたどしく訊ねる。

「聞いてほしいんだ。砂と小石ばかりで、大きな石が出ないんだ。どうすればいいのか、教えてほしいんだ」

無言が続いた。ラップ小僧は下を向いたまま、答えを待っている。

ボタ山の周りには森がない。頭上には灼熱の太陽だけがあり、容赦なく照りつけている。二人の黒い肌にはじっとりと汗が滲んでいる。

諦めたようにパトが話し出した。「俺の経験では、竪穴の近くのボタ山の方が石は多い。離れているものは屑ばかりだ」

ラップ小僧は自分の小屋から近いボタ山を掘っていた。竪穴からは離れている。一筋の光明が差したのだろう。ラップ小僧が急ぎ足でボタ山を下りようとする。「おい」と言ってパトが呼び止める。慌てて振り返るラップ小僧に、もう一つ、貴重な情報を伝える。「フィローンにいた奴から聞いたんだが、黄金が含まれているのは灰色の石のようだ。緑色や茶色の石にはないらしい」

「ありがとう、ほんとうにありがとう」ラップ小僧は何度も礼を言ってボタ山を下り、竪穴の方に駆け出していった。

パトが言っていたボタ山は容易に見つけることができた。二メートルほどのボタ山だった。これまで掘っていた山よりかなり小さい。

猛烈な勢いで掘り始める。

表層は小さな石と砂だけだった。しかし、一メートルほど掘り進めると、中から割れた石の塊が出てきた。灰色の石だ。大きさは四十センチほどで、重さも二、三キロはある。この中に黄金があるかどうか。そこまでは分からなかったが、フィローンに来て初めて見つけた大きな石だった。

半日で一輪車に四分の一ほどの石が集まった。ここに来て一週間、それまで集めた石よりずっと多かった。

その日、ラップ小僧は二人分の食事を作った。

パトが食堂に現れたのは夜の八時ぐらいだった。ラップ小僧が昼間の礼を言い、こう伝える。

「これから一週間は、オレがコメとフェジョンを作る。作らせてほしいんだ。前に勝手に食べてしまったし、今日だっていろいろ教えてもらった。コメとフェジョンだけなら、母さんが作っていたのを覚えてるから大丈夫だ。うまく作れるかどうかは分からないんだけど、そうさせてほしいんだ」

そして、一週間が過ぎた。

パトはのんびりと過ごしていた。食事はラップ小僧が作ることになっていたし、死に物狂いで石を探さねばならないというわけでもなかった。何日かは五キロほど離れた川に釣りに行った。初めは小魚しか釣れなかったが、それを餌にしてみるとまずまずのサイズの魚を釣り上げることができた。十センチほどのピラニアが二匹、十五センチほどの鎧ナマズが一匹だった。二人で食べれば丁度いい釣果だ。

パトが戻って来たのは陽が落ちる頃で、食堂ではラップ小僧が食事を作っていた。「おい」と呼びかける。振り返ったラップ小僧に三匹の魚を誇らしげに掲げる。そして、すこし笑みを浮かべてこう言った。「ピラニアを釣ってきたから、こいつをフリッターにしよう。俺が作る」

ピラニアはアマゾンを象徴する魚だが、街場でそれを食べる者はほとんどいない。骨が太く、険しく湾曲し、しかも多過ぎるのだ。いい出汁は取れるのだが、好んで食べる魚ではない。しかし、肉はもちろん、魚もとんとご無沙汰の二人にとって、ピラニアのフリッターは御馳走だった。いつもなら、コメを半ば無理やりフェジョンで流し込むだけだったが、その日は骨の髄までしゃぶるように食べていた。

久しぶりに舌と胃が満足したのだろう。食事が終っても、パトは食堂に残っていた。「煙草が吸いたいな。あんた、持ってないか?」とラップ小僧に訊ねる。生憎、ラップ小僧は持ってはいなかった。フィルター付きの上等な煙草はもちろん、紙で巻いて吸う安物もとうの昔に切れてしまっている。ラップ小僧が「いつか分からないけど、石を砕いて黄金を取り出したら、その稼ぎで煙草を買うよ。一緒に吸おう」と言った。パトはパトで、こんなことを提案した。「飯のことなんだが、来週からは俺も作る。一日交替にしよう」

その夜、二人は少しだけ話をした。パトにしてみれば、当たり障りのないサッカーの話が良かったようなのだが、ラップ小僧は有名なクラブチームはおろか、代表選手の名もろくに知らなかった。少し気を遣って流行りの音楽について訊ねてみたが、今度はパトの方がついてはいけなかった。

そもそもない話題がとうに尽きた頃、ラップ小僧が自分の過去を語り始めた。

生い立ちを話した。父や母や兄弟姉妹のことも話した。麻薬の密売で捕まり刑務所に入っていたことも話した。家出をして金鉱山を目指したことも話した。コロラドをクビになってからここに戻ってくるまで、どこで何をしていたかも話した。街に惚れた女を待たせていることも話した。そして、最後に、「ちゃんとやり直したいんだ」と言った。ゼ・アラーラのことは出てこなかった。ラップ小僧は何度となく、「もう一度、やり直したい。ここでやり直すんだ」と言った。


プリマヴェーラで倉庫などの解体が本格化したのはその頃だった。

三人の大工がトタン屋根を剝ぎ、釘を抜き、材木を一カ所に集めている。「何でも屋」の縮れ男もそこにいた。「機械屋」のマルシオと鉱脈探しに行ったのは二週間ほど前のことだったが、今度は解体作業に回されたのだ。縮れ男は何も喋らず、表情も変えず、ただ黙々と材木を運んでいた。

カンチーナでは、道路づくりに向かう鯨たちが物資の支給を受けていた。テーブルの上には、散弾銃、銃弾百発、新しい山刀、斧、鋸、ロープ、チェーンソー、ガソリンなどが並べられている。すべて、道路工事に必要な物資と野営時の必需品である。

「これで全部だ」。金庫が二人にそう言った。膨大な量だった。これらの物資は最初のキャンプ地（プリマヴェーラとコロラドとを結ぶ幹線上で建設予定の新しい港に最も近い場所が選ばれた。そこを起点に新鉱脈と新港に向けて道を通していく）まで金庫がバギーで運ぶ手はずになっていた。「キャンプ地についたら野営の準備もしなければならないから、日が暮れる二、三時間前までには運んでおいてくれ」。鯨が煙草を吸いながら、そう言った。

道路工事はキャンプ地をスタート点に奥地へ奥地へと進められることになっていた。そして工事が二キロ進むたびに新たなキャンプ地が設営される。バギーによる物資の供給をいつでも受けることができるようにするためだ。

出発を前に鯨はビニールいっぱいの煙草の葉を買ったが、酒は買わなかった。道路工事の間は酒を断つつもりらしい。鯨のやる気が窺われた。

準備万端、まさに出発しようとしていた鯨に、たまたまカンチーナにいた大工が嫌味を言った。「あんた、コロラドの組を抜けたんだって？ 驚きだな。人夫に名乗り出たんだろ？ でも、道路を作っている間にコロラドで大物が出るかもしれないよな。おまえさんがいない間に黄金の女神が舞い降りることだってある。そうしたらどうする？ 悔やんでも悔やみきれないことになるんじゃないか？」

鯨は笑うだけだった。その顔は、いつも以上に尊大で自信と野望に満ちていた。

最初のキャンプ地に向かう途中、鯨たちがフィローンに立ち寄った。やって来たのは正午前後で、ラップ小僧とパトは食堂で昼飯を食べていた。

ラップ小僧を見つけるなり、背後から近寄り「よお、元気そうじゃないか」と言って肘で肩をぐりぐりと押す。ラップ小僧が振り返る。少しだけ吃驚(びっくり)したような顔で鯨の顔をしげしげと見つめている。

　鯨はコロラドにいた頃の風貌ではなかった。背には大きなリュック、肩には散弾銃、手には刃渡り六十センチの山刀を持っている。髭も蓄えられていて、出で立ちはセリンゲイロ（森を放浪してゴムの木を探す人）のようだった。

　ラップ小僧の目線が上下に泳いでいる。それに気づいた鯨が小馬鹿にするような声で話し始める。「何じろじろ見てんだよ。こんな格好をしているからと言って、山賊になるとか、おまえさんのように夜逃げをするわけじゃないぜ。これから、新しい金鉱山への道を作るのさ。おまえも聞いてるだろ？」。もちろん、ラップ小僧には何のことか分からない。フィローンの二人だけが新しい鉱脈が見つかったことを知らない。

　鯨が講釈を垂れ始める。機械屋のマルシオがでっかい鉱脈を見つけたこと。試し掘りで十グラムを超える黄金が出たこと。バハンコをすれば計量のたびにキロ超えは確実らしいこと。拠点や港の移設が決まったこと。新しい道も作ること。その重要な任務を自分が務めること。そのためにコロラドの組を辞めてきたこと。

　鯨はラップ小僧が乗ってくることを期待したようだった。オレも新しい鉱山に行きたい。お願いだから仲間に入れてくれ。道を作るのも手伝わせてくれ。そう言わせておいてから、拒絶して楽しみたかったのかもしれない。だが、ラップ小僧に引っかかったことがあるとすれば、鯨が組を抜けたということだけだった。「本当に辞めたのか？」の一言しか質問がない。打てども響かないラップ小僧に鯨が不機嫌になった。「コロラドの組のことなんてどうでもいいんだよ」と答えると、新しい鉱山に関する自身の野望を一方的に話し始める。「あそこは出るぜ。浅い所をちょっと掘っただけで十グラム以上も出たんだ。深く掘らなくてもきっと出るはずだ。もしかすると、桁外れの鉱脈かもしれない。伝説の六十五キロに匹敵するやつが、たんまり眠っている可能性もある。いや、俺の勘では、ぜったいにある。俺は手にするぜ。俺一人が手にするんだ。この運を見逃さず、黄金の女神を抱きしめてやる。俺にもようやく、ゼ・アラーラになる日が来たってことだ」

ゼ・アラーラの名を出したにもかかわらず、ラップ小僧の顔に変化はなかった。新しい鉱脈に興味を示した様子もない。何か他のことでも考えているような顔をしている。ますます鯨の苛立ちは強まり、ついには捨てゼリフを浴びせ始める。「おい、ラップ。おまえ、ずいぶん変わっちまったな。前はバカなりにでっかい野望をしょっちゅう話してたじゃねぇか。忘れちまったのか？　黄金の帝王になるとほざいていたのは、ほんの二ヵ月前だぞ。あれは嘘だったのか？　早々と諦めちまったのか？　おまえ、漁師に鞍替えしたポンタを知ってるよな。今のおまえは腑抜けのポンタと瓜二つだ。だいいち、こんなところでちまちま掘ってても黄金の帝王にはなれっこない。食ってもいけない。街場で道路掃除でもしてた方がよっぽどマシだ。いいか、ラップ。今のおまえはポンタそっくりだ。ガリンペイロじゃなくて惨めな漁師がお似合いだぜ」

それでもやはり、ラップ小僧の表情は変わらなかった。

根負けしたのは鯨の方だった。立ち去るような仕草を見せる。だが、脳裏に何かが閃いたのだろう。ふいにニヤッと笑い、ラップ小僧ではなくパトの方を見た。

鯨たちがやって来た時からパトの様子はおかしかった。何も喋らないし、どことなくそわそわしている。

鯨がニヤニヤしながら話し始める。

「あんた、パトさんだよな」

パトが何か言おうとしたが、鯨が遮る。「俺はあんたのことを良く知っているぜ。遠い街で誰かさんを刺し殺し、ここまで逃げてきた色男のパトさんだろう？　腹の傷はそのときのもんなんだろう？　おまえさんの街じゃあ、あんたを知らない者なんていないそうじゃないか。あんた、その街では有名人なんだから、戻らなくていいのか？　おい、ラップ。このおっさんは、こう見えて怖い男だぞ。おまえも刺されないように気をつけろよ」。そう言い捨てると、鯨は「がはは」と笑って食堂から出て行った。

パトは無言のままだった。鯨の話を否定も肯定もせず、彼もまた、黙って食堂を出て行ってしまった。ラップ小僧ひとりが残される。

ここに来るまでをどのように生き、どんな暮らしをしてきたのか。ガリンペイロの中に進んで話そうとする者は少ない。タトゥのようにぺらぺら喋る者もいるが、嘘で固めた作り話がほとんどだ。多くの者は頑なに過去を閉ざしている。親を語らず、家族を語らず、故郷を語らない。趣味を語らず、友を語らず、夢を語らない。パトもそんなガリンペイロの一人だ。

多くの場合、語らないということは何らかの負い目があることを意味している。狡猾なサディストはその負い目を嗅ぎつける。いつ、どこで相手の傷口に塩を塗り込めばいいのかも分かっている。鯨にしてみれば、パトから匂い立ってくる隙を見逃さなかったということなのだろう。

悪意から逃れようとすれば、人を避け殻に籠るしかない。パトは再び、食堂に顔を見せなくなった。

5

十一月も半ばとなった。雨はほとんど降らず、川の水位はどんどん低くなっていった。黄金の悪魔が持ついくつかの金鉱山では生活用水を得ていた小川が涸れた。以降は井戸に頼ることになったが、その井戸の水位も下がる一方だった。

何日かに一度はスコールが降った。しかし、川や井戸の水位は数センチも上がらなかった。スコールがやってくる度に、ガリンペイロたちはバケツというバケツを屋外に並べ水を集めた。雨水が溜まる間、天に向かって口を大きく開けて水を飲もうとする者もいた。誰もが渇き切っていた。

コロラドでは井戸も涸れた。一日一回、金庫がバギー車で水を運ぶことになった。六十リットルのタンクに川の水を入れるのだが、アマゾンの水はバクテリアの宝庫だ。タンクだって新しいものではない。少し前までガソリンが入っていた「中古」である。濾過をして使っても、ガソリン臭さと生臭さは消えなかった。

乾季の金鉱山は一年で最もきつい。ここが長いラ・バンバがそう言っていたが、それは暮らしや労働を見ているだけで容易に分かった。誰もが喉の渇きで声が擦れ、肌が荒れた。穴での仕事も一層過酷になった。水が絶望的に足りないのだ。穴を削る水は泥水をポンプで吸い上げて再利用するようになった。それが何度か繰り返されると、どんどん水分が抜けていき、泥水はただの泥となる。ポンプやホースがすぐに詰まって使えなくなる。ガリンペイロたちが泥だらけになって修理をする。どの顔も泥に塗れていた。泥はすぐに土に変わり、やがて砂となった。ガリンペイロの顔は白粉（おしろい）でも塗ったかのように真っ白になっていた。

フィローンの水だけが涸れなかった。小川にはまだ三十センチほどの水位があり、澱むことなくゆったりと流れていた。ここで水を使うのはラップ小僧とパトの二人しかいない。バハンコもない。使う量などたかが知れていた。

ラップ小僧がフィローンに来て何週間かが過ぎようとしていた。その間、彼は一日も休むことなくボタ山に登っていた。寝坊することもなかった。起き、掘り、食べ、眠る。この世に生を享けて以来、これほど規則正しい日々は初めてだったのではないか。パトの方は遁世した僧侶のように人との交わりを断っていたから、ひとりラップを歌う以外に声を出すこともなかった。彼はまさに、黙々と働き続けていた。

だが、その日。彼は仕事を休み、近くの金鉱山に遊びに行った。そもそもがお喋りで、まだ二十一歳の若者なのだ。誰かと話したかったのかもしれないし、誰かの声を聞きたかったのかもしれない。

彼が向かったのは「泉(フォンテ)」だった。泉はフィローンから二キロ余りと近く、歩いても二、三十分ほどしかかからない。ラップ小僧が泉に着いたのはちょうど正午過ぎで、何かを焼く香ばしい匂いが漂っていた。

青いビニールシートを天井に張っただけの食堂に入る。年配のガリンペイロたちが数人、一つのテーブルにかたまり酒を飲んでいた。それなりに酔ってはいるようだが、乱れた飲み方ではなかった。ラップ小僧と目が合うと、ある者は目線を逸らし、ある者は媚びるように笑った。

「フィローンから来たんだ」。そう声をかけながら奥に進んでいく。食堂は五メートル四方ほどで、端には太い丸太が椅子代わりに横倒しになっていた。

丸太の上に座る。しばらくすると、ガラス玉のような目をした髭だらけの男がピンガの瓶を持って近づいて来た。男が黙ったまま瓶を渡す。ラップ小僧がしばし躊躇(ためら)っていると、少し離れたところに座っていた男が「遠慮はするな、飲みたきゃ飲めばいいし、飲みたくなければマカクに返せ」と言った。

《マカク（猿）》と呼ばれていたのは、目の前に立っていた三十代前半の男だった。確かに猿のように毛深い。口、頬、顎、胸、指、どこも毛だらけである。マカクと呼ばれるようになったのも頷ける。

ありがとうと言ってラップ小僧がピンガをほんの一口飲み、マカクに瓶を返した。マカクは無表情のままだった。ラップ小僧に「遠慮はするな」と言った男がマカクを指さしながら話し始める。

「もらってくれてありがとよ。あいつは気前がいいんだ。ゴミ箱生まれの孤児なのによ」。ラップ小僧が「えっ」と聞き返す。男がもう一度言う。「あいつはな、ゴミ箱で見つかった孤児なんだ」

男が近づいてきて手を差し出してきた。

「俺はエスピーニョだ。髪の毛が短くて棘のようだからそう呼ばれている。ここの組頭だ。あんた、フィローンから来たと言ったな。フィローンは大変だろう？　でもな、マカクに比べれば、世の中に大変なものはほとんどない。そうだよな？」

《エスピーニョ（棘）》がそう言ってマカクの方を見たが、表情に変化はなかった。相変わらず、透き通った目をこちらに向けている。少しだけ微笑んでいるようにも見えるが、ただ茫漠としているようにも見える。

エスピーニョが視線をマカクからラップ小僧に移し、話を続ける。

「こいつの産みの母親は、こいつが生まれるとすぐにゴミ箱に捨てたんだ。だから、ゴミ箱生まれだ。近所の女が育ての親になったらしいが、そこでも満足に食わせてもらえなかった。物心がついてからもしょっちゅうゴミ箱漁りをしていたらしい。マカクは、ゴミ箱で生まれ、ゴミ箱で育った男なんだ」

エスピーニョはきわめてざっくばらんに、それでいて年長者が年下の者を慈しむような口調でそう言った。

獣のように凶暴か邪悪で姑息な男ばかりが集う金鉱山にも、稀に穏やかな人間が存在する。彼はそんな男だった。年はマカクの一回り上、ずけずけと物を言うが名前と違って言葉自体に刺々しさはない。

エスピーニョによって自分の悲惨な生い立ちが語られる間もマカクの表情はほとんど変わらなかった。照れたような顔をしたのは一瞬だけで、すぐに人形のような無表情に戻ってしまう。

ラップ小僧がマカクに近寄り右手を差し出した。ぎこちなく握手を交わしながら、こう言う。「ガキの頃はオレも家なんてなかった。あんたがゴミ箱生まれなら、オレはフォルタレーザ生まれの家無し混血（カボクロ）だよ」。やはり、マカクの表情は変わらなかった。代わりに、エスピーニョが笑みを浮かべてこう応じた。「ここにいるのはそんなやつばかりだ。おまえも混血なら俺も混血だし、マカクも混血だ。おまえがフォルタレーザ生まれの混血なら、俺はアマゾン奥地の混血、マカクはゴミ箱生まれの混血だ」

世間話がしばらく続いた。ラップ小僧も、コロラドをクビになったこと、やり直したくて戻ってきたこと、今はフィローンでボタ山を掘っていることを伝えた。

身の上話も一段落すると、ずっと頷きながらラップ小僧の話を聞いていたエスピーニョが「おい、マリア」と言って隣の台所にいる女を呼んだ。
混血の女が出てきた。こんにちは(ボアタージ)、とラップ小僧に挨拶をする。女は三十代の後半ぐらいで、ふっくらとしていて気立ての良さそうな顔をしていた。エスピーニョが女に言う。「こいつに何か食わせてやってくれ。干し肉が少し残っていたろ?」。女はにっこり笑うと、すぐに台所に戻っていった。「あの女は俺のカミさんで、ここで賄い(まかない)婦をしている。大したものは出せないが、遠慮せずに食べていってくれ。こんな場所だ。助け合わないとな」。ラップ小僧は「ありがとう」と言ってから、もう一度、「ありがとう」と言った。

マリアが持ってきてくれた食事は豪勢だった。コメも温かかったし、フェジョンの中にはカボチャやズッキーニが入っていた。干し肉もあったし、カラブレーザを網で焼いたものと鯰の煮込みもついていた。これほど豪勢な食事をとったのはピメンタ(唐辛子)の中継小屋で鶏のフライや煮物を腹一杯食べた時以来のことだった。

食事が一段落すると、エスピーニョと妻のマリアがラップ小僧の向かいに座った。ラップ小僧に故郷のことを訊ねる。フォルタレーザだと答えると、「北東部(ノルデスチ)は海がきれいなんでしょ。いつか行ってみたいわ」と言って笑った。エスピーニョは両親のことを聞いてきた。両親には迷惑をかけてきたこと、黙って家出をしてここまできたこと、それは一年以上前のことで、以来電話もかけてはいないし手紙も書いてはいないことを話した。

ひと通り話を聞いたエスピーニョがラップ小僧の肩を叩いてこう言う。「ここにいるのはそんな奴ばかりだ。だから助け合わなきゃな」

久しぶりの会話に気持ちが絆(ほだ)されたのか。ラップ小僧がコロラドをクビになってからのことを話し始めた。何日も歩いて老人だらけの金鉱山に辿り着き、そこで世話になったときの話だった。

これほど喋るラップ小僧は久しぶりのことだった。黄金の地に着いたばかりのとき、大言壮語を放って他のガリンペイロからうんざりされたことがあったが、それ以来ではなかったか。

長い告白が終わったとき、エスピーニョが一つだけ質問をした。

「なぜ、もう一度ここに戻る気になったんだ?」

「なぜ……」

ラップ小僧はいったん黙り込んでから、「よく分からないんだ」と言った。だが、その後で、言葉を選びながら、こんな話をした。

フォルタレーザにいた頃、通りには浮浪者がたくさんいた。寝ているとき以外は、通りの端から端まで歩いて食べ物やカネを漁っていた。静かな男たちだった。怒った顔も笑った顔も見たことはなかった。みな同じような顔をしていた。年も違えば格好も違っているのに、顔だけが同じだった。金鉱山にいたガリンペイロも同じような顔をしていた。みんな、通りを歩いていた浮浪者とそっくりだった……

都会には同じ顔をした浮浪者がたくさんいて、寂れた金鉱山にも同じ顔をした老人たちが大勢いた。それが嫌でここに戻ってきた。どうやら、そう言いたいようだった。

誰も、何も言わなかった。近くにいた者にも、少し離れたところで酒を飲んでいた老人たちも、これといった反応はなかった。エスピーニョが老人たちの方に目をやり少しだけ苦い顔をしたが、それもほんの束の間のことだった。妻のマリアだけが深く頷いていた。だが、相槌を打っているのか、それが人の話を聞くときの癖なのか、はっきりしなかった。そして、しばらくすると台所に戻っていった。

一時間ばかりが過ぎた。

静かになった食堂で四人の男がドミノを始めた。マカクも加わっていたが、他の三人は年配のガリンペイロだった。

大人しそうな老人たちだった。熱気もなければ毒気もなく、何かの感情がすっぽりと抜け落ちてしまったような顔をしていた。みな、皺は深く、肌はシミだらけで、背中は同じような角度で丸く曲がっていた。遠くから見れば見分けがつかないほど、よく似ている老人たちだった。

楽しそうでもなければ、和気あいあいというわけでもない。機械が牌を切り機械が手の中の上がり目を読んでいるような、そんな時間が流れていった。ここは間違いなくアマゾンの熱帯雨林の中なのに、そこだけが広漠として乾き切った荒れ地のようだった。会話は途切れ途切れで、笑いも冷やかしも慰めも温もりもなく、かさかさになった老人の手だけがゆっくりと動いていた。

ラップ小僧が老人たちから目線を外した。そして、何かを考えるように、いや、おそらく何も考えまいとして、空をぼんやりと見つめ始めた。彼の視線が老人たちに戻ることは二度となかった。

その年の十一月、長閑（のどか）で静かな日曜の午後である。食堂には牌の音だけが響き、空には入道雲が浮かんでいた。時刻はまだ昼過ぎで、まだまだ暑くなりそうだった。

第五章　聖夜が過ぎて澱となる

1

空は一層高く、雲は淡く、陽射しは痛かった。雨はめったに降らず、降ったとしてもすぐに止んだ。

十二月は乾季の盛り、この地が最も乾燥する季節である。一日が過ぎてゆくにつれ、土は乾き、森も乾き、穴も乾いていった。

川の水位はみるみる下がり、ついには船の航行が不可能となった。

物資の供給や人の往来も途絶えた。再び雨が降り出す三月まで、ここには何も運ばれてこないし、誰もやっては来ない。黄金の地が外界から完全に隔絶された孤島となる。

その十二月、「いつもと変わらない一年だったな」とガリンペイロたちがよく言っていた。何が「変わらなかった」のか。その年も、黄金の女神が舞い降りることはなかったのだ。

人の往来だけが激しい一年だった。新たに三十人以上のガリンペイロがやって来て、その半数以上が既にこの地を去っていた。

死者も出た。R川水系では三人だった。Q川水系でも二人が死んだと言われていたが、詳しいことは分からなかった。どうせ誰かに殺されたのだ。多くのガリンペイロはそう信じた。

R川水系の死者のうち、二人はナタウ（聖夜）がらみのいざこざで死んだ。カスターニャの採集人がナタウと誤って若者を撃ち、ナタウがその男を刺し殺した、あの事件である。

もう一人の死者は病によるものだった。フィローンにまだたくさんのガリンペイロがいた頃、《ボンディーニョ（お尻ちゃん）》とか《シッコ（フランシスコの愛称だが、それが本名かどうかは分からない）》と呼ばれていた初老のガリンペイロが心臓発作で死んだのだ。

第一発見者は若い賄（まかな）いの女だった。死の直前までシッコの上に裸で跨（また）っていたという。とは言え、二人は恋仲だったわけではない。賄い婦の中には身体を売る女もいる。つまり、売る側と買う側、娼婦と客だったに過ぎない。

シッコの遺体はその日のうちに森の中の墓地に埋葬された。フィローンとコロラドの中間あたり、縮れ男が作った道から数メートルほど入った藪の中である。

墓地には、いくつかの十字架が無造作な距離をとって並んでいた。すべて手作りで大きさはばらばら、細く丸い灌木を組んだだけの十字架もあった。

どの十字架もそうだが、シッコの墓にも名は記されていなかった。花もなく、聖書の文言もない。すっかり色褪せてしまった帽子が十字架の先端にかけられ、泥がついたままの長靴が遺体を埋めた場所に置かれていた。

熱帯は浸食と腐食が早い。どこの誰とも分からない男たちの墓は、どこの誰とも永遠に分からぬまま、数年のうちに朽ち果てることだろう。

2

その乾ききった十二月の末のことだ。突如、プリマヴェーラの船着き場にこの地にそぐわないものがたなびいた。黒いレースのパンティや真っ赤なブラジャーだった。一枚や二枚ではない。往年のナポリタンフラッグや田舎のフェスタを彩る万国旗の如く、港に設置された物干しロープがびっしりと埋め尽くされている。やや大きめのサイズではあったが、紛れもなくそれは、女性の乳房や性器を覆い隠す薄い布きれに他ならなかった。

クリスマスが近づいていた。

毎年、この時期になるとほとんどの男が浮かれ出す。信心深い者などほとんど誰もいなかったから、その浮かれぶりは信仰心からではない。女、そして肉である。年に二回——聖夜(ナタウ)と謝肉祭(カルナバル)——黄金の悪魔は大量の肉をガリンペイロに与え、娼婦を呼ぶのだ。

一機のセスナが飛来したのは前日のことだった。中には大量のビールと肉が積まれていた。ビールは五百缶以上、肉は三百キロ以上だ。セスナに積まれているのはそれだけではなかった。狭い機内には生身の人間が安い香水をぷんぷんと匂わせて、ともに乗り込んでいた。

やって来た娼婦は三人だった。金庫の運転するバギーでカンチーナに到着するや、荷台から颯爽と飛び降りる。全員が身体の線を強調する薄いニットの服を着ている。巨大な胸が揺れる。次に、ポーチからレイバン風やグッチ風のサングラスを取り出し、辺りを睥睨(へいげい)しながら煙草を吸う。狭いセスナと大揺れのバギーを「乗り継いで」来たにもかかわらず、疲労や窶(やつ)れは一切窺われない。

プリマヴェーラの港では建物の解体が進んでいたが、きっかり三棟だけ、新築の小屋が建てられていた。彼女たちの住居兼仕事部屋である。それぞれの小屋に入り旅装を解く。仕事用の衣服を並べ、化粧品や避妊具を所定の場所に置く。

が、それも束の間。女たちが川に向かった。桟橋に座り、やや色のくすんだ下着を洗い始める。洗剤の強い匂いがして、川面が激しく泡立つ。一人の娼婦が泡をシャボン玉のように吹く。嬌声があがる。強い日差しを受けて、舞う泡が虹色に煌めいている。

　遊興のような洗濯が終わると、船着き場の杭に張られたロープに下着が干される。乾季の熱風が吹いてきてロープが揺れる。樹上の葉や湿地帯の葦のように、色とりどりの下着が涼し気にそよぐ。

　下着は港からもよく見えた。男たちからすれば、ブラジャーやガードルの金具がぶつかり合う音まで風に乗って聞こえてきたに違いない。それらはまるで、饗宴の始まりを男たちに告げる女たちからの挨拶状のようだった。

　すべての段取りを終えると、女たちが素っ裸になって川に入った。首、胸、腋、腹、内股、膝、そして大切な穴（ブセッタ）。濁った川の水に石鹸を泡立て、丁寧に商売道具を磨いてゆく。

　大柄な女たちだった。黒い髪、黒い肌、太い腕、巨大な乳房と尻。逞しい肉体はアマゾネスの戦士を髣髴とさせた。あるいは——遠くから眺める限りであれば——逆光の中で水浴びをする姿は男を惑わせるニンフのようにも見えた。

　明日はクリスマスイブ（ヴェスペラ・デ・ナタウ）、一週間もすれば新しい年（フェリス・アノ・ノーヴォ）だ。その間、金鉱山は休業となる。野心溢れるガリンペイロであっても、お祭り好きのブラジル人であることに変わりはない。年末年始は盛大に遊ぶ。飲んで、歌って、踊って、女を抱く。

その日の夕方頃から、勇んだガリンペイロたちがプリマヴェーラに集まって来るはずだ。道路工事も休みとなったから鯨も来るだろう。三時間近く歩いて、コロラドからはラ・バンバやタトゥも来るだろう。

集ってきた男たちの毛穴という毛穴からは、あふれんばかりの性欲が匂い立っているに違いない。顔は顔で、直情的な欲望に囚われた男のそれになっているだろう。そんな彼らに節約という概念などあろうはずがない。娼婦への支払いは食料や日用品と同様にカンチーナへのツケとなるから、財布の中の有り金を心配する必要もない。

娼婦に支払う額自体はけっして安いものではなかった。ショートで二グラム（八千円）、朝までのロングなら五グラム（二万円）もする。アマゾンの大都市にある高級なナイトクラブ（ボアッチ）とさほど変わらない額である。とは言え、そんなことは彼らの行動原理に何の影響も及ぼさない。例年、一週間で五十グラム（二十万円）以上使う強者もいるし、一日三人、それを一週間買い続ける猛者もいる。この時のためにせっせと黄金を貯めこんでいたガリンペイロだって掃いて捨てるほどいる。

三人の娼婦たちは二十日間ほど滞在することになっていた。彼女たちからすれば、一年で最も重要な稼ぎ時である。様々な手練手管を繰り出し、男たちからなけなしの黄金を巻き上げようとするだろう。

クリスマスだというのに、キリスト教が定める七つの大罪は悉く（ことごとく）破られることになる。好色、暴食、強欲、傲慢、憤怒、嫉妬、怠惰。狂ったような祝祭の日々が、間もなく始まる。

3

川での沐浴を終えカンチーナに向かう女たちを高台の小屋から眺めている男がいた。いよいよ来たか……。目じりが下がり、口元が綻ぶ。男は古いTシャツを脱ぎ、前日にカンチーナで買った臙脂色のポロシャツに着替える。髪に櫛を入れ、うなじには香水を振る。そして、これも前日に買った真新しいカウボーイハットを被ると白蟻の巣がいくつもある小屋を出た。

漁師のポンタだった。

本来、「ポンタ」とは舟などの舳先のことをいう。「小舟の舳先のように細いチビ」という意味で命名されたという。どこか小馬鹿にするようなニュアンスが含まれている。

ポンタには他者が揶揄したくなるような言動が少なくなかった。例えば、年に何度か泥酔して「ここを出て行く、出て行ってやる」と喚き散らす。しかし、それが実行されることはなく、今なお居続けている。「俺は死にたいんだ、誰か、俺を殺してくれ」と騒いだ時も、翌日にはその言自体をすっかり忘れてしまっていた。まだある。小屋の中で白蟻を飼い、名前まで付けている。誰かに理由を尋ねられると、「家族なんだから当たり前だ」と真顔で抗弁する。ブラジル人なら誰でも知っているヒット曲を「俺の曲だ、俺がメロディと詩を書いたんだ」と力説したこともあった。その歌手のマネージャーがここまで来て、鞄一杯の百レアル紙幣を置いていった、鞄だって手元に残っている。そう自慢するのである。虚言を面白がった者が「じゃあ、マネージャー様とやらが持ってきた鞄を見せてみろよ」と嗾けた。ムキになったポンタが小屋から鞄を持ってきて、「これがその鞄だ」と見せびらかした。どう見ても、チープなイミテーション以外の何物でもなかった。田舎町の市場（メルカード）であれば、二十レアル（六百円）もしないだろう。素材はビニールで表面にはあやしい英語がプリントされている。そんな鞄を売れっ子シンガーのマネージャーが持つわけがない。ありったけの失笑を買うことになった。極めつけは、大当たりの来ない日々に疲れ果ててガリンペイロから漁師に転向したことだった。腰抜けポンタ。ふやけたポンタ。間抜けのポンタ。ガリンペイロたちが陰でそう言っていた。

だが、ポンタにしてみれば漁師は気楽な稼業だった。一発逆転の夢は失ってしまったが、実入りはガリンペイロより手堅い。何より、仕事が楽だった。前日に網を仕掛けておいて翌朝に引き上げるだけでいい。魚はキロ当たり黄金〇・一グラム（四百円）で金鉱山が買ってくれることになったから、大物の鯰だけを狙った。魚が一カ所に集まる乾季になると、面白いように鯰が獲れた。一日で五十キロの鯰がかかるときもあった。それだけで黄金五グラム（二万円）の稼ぎになる。乾季には月に黄金十五グラムから二十グラムの収入を得ることができた。毎日ビールを数本飲み、お洒落着を買い、女たちと遊んだとしても、十分にお釣りがくる額だ。

酒を飲むことと娼婦を抱くこと。黄金を諦めてしまった男には、生きる楽しみはその二つしかなかった。クリスマス休暇はその両方をともに楽しめる特別な時だ。準備に怠りはなかった。女と小屋で飲むためのピンガ。臙脂色の新しいシャツ。香水。そしてキャメル色のカウボーイハットとカウボーイブーツ。年に一度の大イベントに備え、ひと月分の収入にあたる黄金を叩（はた）いて、様々なものを買い揃えていた。

そのポンタが、真新しい服を纏（まと）い、ひときわクールな表情を作ってカンチーナに到着した。彼ならではの立ち回りが始まる。店に入る前におもむろにブーツの埃を払う。すぐに席には座らず、入口に立ち止まって大きくゆっくり首を回し、店内を見回す。女たちは遠くのテーブルにいて、コカコーラやガラナジュースを飲んでいる。女の一人が気づき、軽くウインクをする。すると、西部劇の逞しい男たちがそうするように、目深に被っていたカウボーイハットを人差し指で上にあげ、にっこりと微笑む。そして、明らかに作った声でこう語りかける。「お嬢さん方、初めまして。ようこそ黄金の地へ。お困りのことがありましたら、このポンタにお申し付けを」

他のガリンペイロが見ていたら腹を抱えて笑い転げたであろう。だが、本人はいたって真剣である。テレビで見たカウボーイを気取り、時に英国紳士を真似る。Rの音を教科書通りに発音する正統的なポルトガル語で自己紹介をしたあとで、鬱陶しがられない程度にゆっくりと質問を繰り出していく。里はどこだい？　親御さんたちは元気かい？　仕事は大変かい？　ここでの暮らしに不便はないかい？　ここには悪い男はいないから安心しな……。

店が開く前とは言え、相手もプロだ。年増の娼婦が下手な芝居に付き合ってこう言う。「あんた、普通のガリンペイロとは違うのね。優しそうだし、話も面白いし。きっと、あっちの方も強いんでしょうね」。ポンタが「試してみるかい？」と返すと、女は再びウインクを添えて微笑み、こう言った。「それは、あ、と、で」。これもまた、他のガリンペイロが見ていたら大笑いしたに違いない。

三十分ばかり話したあと、娼婦たちが小屋に戻っていった。女たちを見送ったポンタがレジに向かう。一部始終を皮肉屋らしい顔で眺めていた金庫に話しかける。

「決まってただろう？」

「さあな。おまえが良ければ、それでいいさ。ま、準備万端で結構なことだ」

「当たり前よ。ああいう女と楽しむには最初が肝心ってよく言うだろう？　確かに女たちは美人じゃない。でもな、そんな女だからこそ優しくしてやらなきゃならないんだ。それが男、それがガリンペイロってもんだろ、違うか？」

ガリンペイロという言葉が出たとき、金庫が明らかな悪意を込めてこう言った。

「ふん、ガリンペイロだって？　おまえ、辞めたんじゃないのか。それとも、また掘るつもりかい？」

返事はなかった。カウボーイハットを目深に被り直すと、高台にある自分の小屋に帰っていった。


六時になり、西の森に陽が沈んだ。ジェネレーターが駆動し、明かりが灯る。テレビが点き、柱の上のスピーカーからは激しいヒップホップが鳴り出す。

そして、酒場が開店する。

ガリンペイロたちが我先にと入ってきた。二十人はいる。開店と同時にこれほどの客が入るのはこの時期以外にはない。その日は十二月二十三日。彼らの暦で言えば仕事納めである。穴を掘るのは午前中いっぱい、遅くても午後の三時までだから、仕事が引けたその足ですぐに酒場に向かったのだろう。この日を待ち焦がれていたのはポンタだけではない。多くのガリンペイロにとっても特別な日なのだ。一時間後の夜の七時過ぎには酒場はぎゅうぎゅう詰めの満杯になっていた。

女たちはなかなか現れなかった。

女はどこだ！

早く出せ！

いったいどこだ！

どこにいる！
ガリンペイロが口々に金庫に不満をぶつけ始める。金庫が表情を変えず、近くの小屋を「あそこだ」と顎で指し示す。せっかちなガリンペイロが小屋まで「下見」に出向く。そして、戻って来るなり侃々諤々（かんかんがくがく）の論争を始める。今年は凶作だな。ブスばかりだ。あんなもんだろ、違うか？　あっちが良ければ見てくれは二の次だ。ボスの野郎、どこであんなブスを仕入れてきたんだ？　ボスには女を見る目がないのか？　おおむね、評判は芳しくなかった。

だが、彼らは、この地の王があえて見てくれの悪い娼婦を選んでいることを知らない。それは、かつての経験に因っていた。美女を呼べば、必ずと言っていいほど諍いが起きるのだ。ナイフや銃の力で独占しようとする者だって現れる。実際、何年か前には娼婦の奪い合いから複数名のガリンペイロが死んでいる。以降、黄金の悪魔は街で売れっ子の娼婦をここに呼ぶことはない。

ガリンペイロたちの落胆は大きかった。中には、「いい女がいない」という現実から逃避するために、遠い過去の甘い思い出に縋（すが）ろうとする者までいた。そんな男たちが旧式の携帯電話に格納されている何年か前の画像を眺め始める。蠱惑（こわく）的な娼婦がこちらを向いて笑っている画像、一物をしゃぶりながら蕩けた目を向ける画像、臀部や局部のアップ、カメラに向かって淫らにキスをしている画像。どうやら、その女はマリアという源氏名の若い娼婦らしい。その男がこんなことを呟いている。「マリアちゃん（マリアーニャ）は今年も来なかったのかぁ。マリアちゃんに会いたいなぁ。いい女だったよなぁ。優しくて、激しくて。マリアちゃんは最高だったなぁ」。その横では、別の男が下品極まりない言葉でこう言い聞かせている。「なあに、酔ってしまえば美人もブスもあるか。女は女、穴（ブセッタ）は穴だ」

三人の娼婦が酒場に現れたのは夜の九時を二十分ほどまわったころだった。大御所ロックスターのコンサートのように、焦らしに焦らして満を持しての登場である。その瞬間、あれほど下品な悪口を飛ばしていたにもかかわらず、ガリンペイロの態度が変わった。誰の口からも熱い歓声が上がっている。歓声とほぼ同時に音楽のボリュームが最大まで引き上げられる。女がそのバイレファンキ（リオのファベーラ発祥のヒップホップ。音楽に合わせ性交渉さながらに踊る）に合わせて激しく腰を振り始める。歓声が一段と高まり熱を帯びてゆく。

初日が始まった。女たちはガリンペイロたちと酒を飲み、媚を売り、猥談に花を咲かせ、時に思わせぶりに男性器の傍にそっと手を置いた。バカな男たちがその気になり交渉が成立すると、二人一緒にレジに向かう。金庫が帳簿のページを捲り、鼻の下を伸ばしてやってきた男の出費欄に「C／2g」と書き込む。「ショートで二グラムの支払い」と言う意味だ。女たちにもページができていて、収入欄に男の名と二グラムの2という数字が記される。

早速、ひとりのガリンペイロが女を連れてカンチーナを出て行った。ポンタではなかった。鯨である。

鯨が女と腕を組んで高床式の小屋に入っていく。扉が閉められ、中からは女の嬌声と鯨の高笑いが聞こえてくる。小屋の明かりが消える。アメリカンポルノのような痴れ声があがる。大工たちがこの日のために作ったベッドが激しく軋む。

一戦を終えると、鯨が上気した顔で酒場に戻ってきた。が、すぐに次の女を物色し始める。相変わらず、酒場ではバイレファンキがかかっている。鯨が女の背後に近づき腰を密着させて踊り始める。みるみる勃起していく男根を女の臀部に擦りつける。女も腰を振ってそれに応える。身に着けていたホットパンツを少しずつ下していく。黒いTバックが露わになる。鯨が女の尻を手で叩く。ぱんぱんと音が鳴り、鯨が大口を開けて笑う。そして、「気にいったぜ」と女の耳元で囁く。女が小声で囁く。「あたしのいいところはね、あそこだけじゃないのよ。あたし、いい薬も持っているの」。もちろん、いい薬とは医薬品ではない。栄養剤でもない。マリファナやクラック、つまり麻薬だ。鯨がニヤッと笑った。事が終わり女の小屋から戻ってきたとき、鯨はきっとこう言いふらすことになる。さも重大な話のように声を落として。ここだけの話だがな。あの年増のブス、いいブツを持ってるぜ。

結局、鯨は一晩で三人の女全員を買った。最後の女の小屋から戻って来たとき、「グランドスラム達成だぜ」と言って、がははと笑った。

午前零時をまわり、クリスマスイブの十二月二十四日となった。少し客は減ったようだが、酒場にはまだ二十人以上のガリンペイロがいた。ポンタもいた。開店からずっとビールを飲み続けている。飲み干したビールは軽く十缶を超えていた。

周到な準備を施しあれほど楽しみにしていたのに、ポンタはまだ、一人の女も買ってはいなかった。時おり満を持して女の近くに寄っていくのだが、いつも他の誰かに先を越されてしまう。大海を泳ぎ切って川を遡(さかのぼ)って来たのに、交尾する雌を見つけられない雄の鮭のようだ。酒量ばかりが増え、今や目は虚ろ、足はふらついている。

三人目の女と事を終えた鯨が戻ってきたのは、そのときだった。目ざとくポンタを見つけると、背後から忍び寄り肩の上に肘を載せて絡み始める。

「おいポンタ、西部劇みたいないかした帽子じゃねぇか。お似合いだぜ。漁師もやめて次は牧童(ガウショ)にでもなるのか？　がははは。そんなにめかしこんだんだ。ぶっこんでこいよ。やり方が分からないなら、手とり足取り、俺が懇切丁寧に教えてやろうか？」

がははと大笑いをして、鯨がポンタの肩を肘でぐりぐりと押し続ける。
鯨は百八十センチを超える大男だが、ポンタは百五十センチほどしかない。二人が並ぶと大人と子どもに見える。

肘が解かれ、今度は腕をポンタの首に回す。プロレスのヘッドロックのような体勢となる。そして、ニヤつきながら耳元に侮蔑の言葉を吐く。「どうした？　立たなくなっちまったのか？　お前のあそこ(ピント)も短小(ポンタ)なのか？　ピントがポンタだから、ガリンペイロを辞めて漁師になったのか？」

ポンタの顔色が変わった。腕を振り払い、鯨の顔に人差し指を向ける。怒鳴ろうとしているようだが、指が動くばかりで声が出ない。唾を何度も飲み込んで、ようやく何かを喋り出す。「バ、バ、バカにしやがって……ぶっ殺してやる……俺は銃を持ってるんだ……銃を持ってるんだぞ」

鯨は動じない。ポンタをさらに嘲ける。「そうかい、そうかい。じゃあ、その銃を見せてくれよ。銃もお前と同じで、どうせ短小のインポ野郎なんだろ？」

鯨の長い腕を振り払うようにポンタが酒場を出る。坂を登り自分の小屋に向かう。その後を鯨がゲラゲラと笑いながら追う。

月は雲で隠れ、外は真っ暗闇だった。二人が持つ懐中電灯の他は何ひとつ光がない。その唯一の光でさえ足元に向けられているため、周囲には漆黒の闇が広がっている。

声だけが聞こえてくる。ポンタが何かを喚いているのだが、呂律(ろれつ)が回っておらず、何を言っているかまでは聞き取ることができない。

俺(エウ)……、俺は(エウ・ソウ)……、見せる(モストラー)……、昔から(テンポス・アンチーゴス)……、殺す(マターー)……、クソったれ(カラーリョ)……。乾いた地面にサンダルが擦れる音とともに、そんな単語だけが闇に響く。

ポンタの小屋は酒場から五十メートルほど離れていた。道行きの途中で鯨が追いつき、ゲラゲラと笑いながらポンタのクビに腕を回す。

二人が倒れ込むように小屋に入っていった。腕を振り解いたポンタが這うようにして小屋の奥に向かう。

小屋には裸電球の淡い明かりがあった。壁に立てかけられた銃が見える。犬のように這いつくばったまま、ポンタが銃に近づいていく。土間に敷かれていた簀子(すのこ)がドタドタと音を立てる。その必死な姿を見て鯨がさらに大声で笑う。

ポンタが壁にたどり着く。短い手を伸ばし、銃を掴む。その後ろから、「撃ってみろよ、殺したい奴を撃ってみろよ」と鯨が嗾ける。

銃を手にしたものの、ポンタは構えようとしなかった。何かを探している。ふらつく足で引き出しを開け、籠の中を漁り、最後には土間に敷かれた簀子を一枚一枚ひっくり返す。

ようやく簀子の下に小さな箱を見つける。慌てて掴もうとして手が滑る。箱の中身が爆(は)ぜ、円柱形の赤い物体がコロコロと四方に転がっていく。散弾銃の弾だった。再び四つん這いになって弾を拾おうとする。手足が思うように動いていない。酔っているだけではなく、怒りや焦りも加わり身体が強張っている。それでも、何とか弾を掴む。しかし、掴んでからも慌てている。無理やり銃に詰め込もうとして、また床に落とす。世界で最も滑稽な人間を見たかのように、鯨が「がはは」と笑う。

やっとの思いで弾丸の一つを捕まえ、震える手で遊底をガチャッと開ける。真っ赤な散弾が装填される。そのとき、鯨がすっと近寄ってきて、後ろから抱きかかえるようにはがいじめにした。自由を奪われたポンタが「うー、うー」と唸り声をあげる。鯨の長い手がゆっくりと、だがさらに強く、ポンタの首を絞めあげてゆく。小動物に巻きつくアナコンダのようだ。ポンタの呻き声がどんどん大きくなる。

十分にいたぶったのち、鯨がニヤつきながら耳元でこう囁いた。「淫売婦の息子(フィーリョ・ダ・プータ)さんよ、おまえの父ちゃんは逃亡して殺されたガリンペイロなんだろ。おまえも無理しないで、どこかへ逃げちまったらどうだ？　俺はおまえの母親のことも知ってるんだぜ。淫売だったそうじゃないか。俺のような薄汚ない男に何度も抱かれ、喘ぎ声をあげてきた淫売だったんだろう？　だから淫売を抱けないんだろう？　淫売のあそこが母親のあそこに思えて、どうしても差し込めないんだろう？」

囁きの途中から、ポンタの身体から力が抜けていくのが分かった。散弾銃が手から零れ、乾いた音を立てて床に落ちる。だが、銃を拾い上げようとはしない。直立不動のまま凍ったようになっている。

鯨が言ったことが事実かどうか、本当のところは誰にも分からなかった。だが、ここでその話を知らない者はいない。鯨が古参のガリンペイロから聞き出し周囲に広めたのだ。それによれば、ポンタはガリンペイロと娼婦との間に生まれた私生児だという。父は逃亡して殺され、母は幼いポンタを置き去りにして別の金鉱山に消えた。一人残されたポンタがどのように生きてきたのか、それを知る者はいなかった。誰かに拾われたか方々に連れて行かれるなりして、どうにか生き延びてきたのだろう。

立ちすくんだままのポンタを見て、鯨がこの日一番の大声で笑っている。言いたいことを言い尽くしたのだろう。嬲(なぶ)りたいだけ嬲り倒したのだろう。満足した顔で小屋を出る。

遅れて、ポンタも小屋から出てきた。

手に銃はなかった。空になった手を盛んに動かしている。口も動いているが、声は出ていない。手の動きから察すれば、鯨を呼び止めているようだった。行かないでくれ。俺を一人にしないでくれ。違うんだ、嘘なんだ、俺の話を聞いてくれ。そう懇願しているようにも見える。

その時、誰かが懐中電灯でポンタの途方に暮れる顔を照らした。金庫だった。

「どうした？　大丈夫か？」。金庫の問いに、鯨はつまらなそうな顔を作ってこう答える。「心配ねぇさ。あいつに撃てるわけがない。ちょっと過去をほじくってやったらあの通りだ。オツムもあそこも、すっかりふやけてしまっているんだよ、あいつは」

鯨が酒場に戻っていった。ポンタと金庫だけがその場に残る。

ポンタは放心状態となっていた。金庫に対しても手招きをするように腕を動かし、口をぱくぱく動かし続けている。金庫が聞き取ろうとしたが、声が出ていない以上、無駄なことだった。

金庫もその場を離れ、ポンタだけが残された。まだ、手と口だけが動いている。小屋から漏れてくる裸電球の光がその惨めな輪郭をうっすらと浮かび上がらせていた。

4

クリスマスイブだというのに「おめでとう」も神への感謝もなかった。代わりに、酒場の外では薪が集められ、その上に巨大な網が敷かれた。黄金の悪魔が差し入れた三百キロの肉が次々に焼かれていく。ビールの消費も凄まじかった。ガリンペイロたちは一日二百缶以上のペースでビールを飲み干している。酒場の周りは空き缶だらけだ。大食と大飲と大淫の夜が、まだまだ続く。

三人の娼婦は順調に稼いでいた。

初日、二日目の一番人気は若い女だった。人気の理由は若さだけではなかった。ズブの素人で、一年前までは人妻だったのだ。これまで、そんな女が辺鄙な金鉱山に来ることはなかった。我先にと男たちが殺到した。

女は二十九歳で生まれも育ちもP市である。裕福ではなかったが、自分が娼婦になるとは一年前までは考えてもみなかったという。きっかけは夫が事故で死んだことだった。山間の道路を作っていたとき、崩れてきた巨岩の下敷きになったのだ。雇主は保険など掛けているはずがなかったから、慰謝料はほとんど支払われなかった。生活が一気に困窮した。一歳と三歳の子どもを近所の知人に預けてピザ屋で働いてみたが、月収は三万円にもならなかった。背に腹は代えられなかった。金鉱山が女を募っている。その話を聞いたのは夫が死んで半年後のことだった。背に腹は代えられなかった。すべての男を死んだ夫だと思って受け入れよう。そう決意した。

意外なことにガリンペイロたちは優しかった。身の上話も聞いてくれたし同情もしてくれた。事故死した夫のことを客に話すたびに娼婦になりたての女は泣いた。

だが、彼女をもう一度抱こうとする男はいなかった。一巡したところで客足が止まったのだ。女が醸し出す過剰な悲劇性が敬遠されたようだった。ガリンペイロたちは女の境遇に同情はしていたが、セックスをするために「物語」を必要とはしていない。むしろ、そんなものは邪魔だと考える男の方がここでは圧倒的に多い。逢瀬のたびに泣かれ亡き夫の思い出を語られては、遊ぶ気にもなれない。黄金二グラムを支払うのは一回で十分、そう見極められてしまったようだった。若い未亡人を買うのはグランドスラムを続けていた鯨だけとなった。

次に男たちが殺到したのは麻薬を持っていた年増の娼婦だった。女は四十三歳で、お世辞にも美人とは言えず、年相応に垂れるところは垂れていた。それなのに、足繁く通い詰めるガリンペイロが後を絶たなかった。麻薬のせいではない。持ってきた麻薬は十グラムもなかったからすぐに使い切ってしまったはずだ。それでも客足は遠のかず、逆に増え続けていた。

女は金鉱山を専門に渡り歩く娼婦だった。一カ所に二カ月ほど滞在し、客が厭きだしたら別の金鉱山に行く。そんな暮らしを十年以上続けていた。

「あんた、すごい人気らしいな。よっぽどあそこの具合がいいんだろうな」。ある日の昼下がり、カンチーナでのことだ。「運び屋」のカミソリが洗剤を買いに来た女にそう話しかけた。カミソリをちらっと値踏みした後、女が「じゃあ、あんたも試してみたらどうだい?」と答える。

探り合うような会話が続いた。

客と娼婦、あるいは、客になるかもしれない男と娼婦の会話である。だが、黄金の悪魔が金鉱山にいるとき、カミソリはけっして女を買わない。彼はプロなのだ。しかし、女もプロだった。すぐに、カミソリが客にはならない男だと見抜いたようだ。さらには、言葉遣いや仕草が発するある種の匂いから、彼がこの地に深く昏くかかわっていることも察しただろう。糞蠅のように金鉱山に寄生し、その周辺を徘徊して生業を得ている者。つまり、自分と同類だということを。

女の口調が、娼婦の客に対するものから少しずつ変わっていった。

しばらくしたのち、女が身の上話を語り出した。街で商売していたころの話、一度だけ結婚した話、ろくでもない亭主だったという話、子どもはできなかったという話、二度と行きたくない金鉱山の話。カミソリは煙草を燻らせながら、ただ黙って話を聞いている。

だが、話題がさらにしみったれた方向に行きかけたときだった。女が膝を打って笑みを作った。そして、半ば娼婦の声に戻ってこう言った。「あたしはね、自分をよく知っているのさ。ブスでデブで若くはないってことをね。あたしなんて、街場じゃ一レアルも稼げないわよ。そんな現実をよく知って商売してるんだよ。それにさ、あたし、ガリンペイロのことをよく知ってるんだ。この仕事が長いからね。街場で稼げなくなって十年、ずっと金鉱山でガリンペイロの相手をしているんだよ。あの男たちがどんな人間なのか。どこをどんなふうに触れられたいのか。どんなセックスがしたいのか。どんな嘘をつきたいのか。何をしたくて、何をしたくないのか。何を話したくて、何を話したくないのか。あたしはね、連中の好きなことから嫌いなことまで、全部知っているんだ」。そして、「今夜も稼がなきゃね」と言って小屋に戻っていった。

その後も、女の人気は衰えることを知らなかった。

こんなことも起きた。朝早くから、その年増の娼婦の小屋にガリンペイロたちが並ぶのである。セックスが目的ではなかった。ある男は女の洗濯物を持って川に向かい、別の男はカンチーナからパンを買って届ける。洗濯をしてあげるよ。一緒に朝飯を食べよう。強面のガリンペイロたちが純朴な顔に戻ってそう言った。

ついには、プロポーズをするガリンペイロまで現れた。《タンバリン(パンディロ)》という男が「結婚して街で暮らそう」と言い出したのだ。女はタンバリンにこう返事をしたという。「分かったよ、結婚してあげるよ。あんた優しいしさ。ただし、一発当ててからだよ。あたしがいる間にでっかい一発を当てるんだよ」

女は、あくまでプロだった。彼女がここを去るのは一月の第二日曜日である。その年で言えば、一月十日だ。金鉱山は一月三日の日曜まで休みだから、その男が大物を当てるチャンスは一月四日から九日までの六日間しかない。一方、「奇跡の一発」と呼ばれる大物は二十年に一度、いや五十年に一度ぐらいしかガリンペイロの前に姿を現してはくれない。隕石が身体の上に落ちてくるか、アマゾンに雪が降るくらいの、まずありえない話である。

タンバリンは俄然やる気になっていた。自分には来る。奇跡の一発が必ず来る。そう信じ切っているようだった。

そのタンバリンが酒場で宣言した。「俺は四日からがんがん働く。そして必ず、でっかい一発を掘り当てて見せる。あいつと一緒にここを出るんだ」。何人かのガリンペイロが冷やかしと祝福の歓声をあげた。レジにいた金庫だけが、皮肉な笑みを浮かべてこう言った。「ま、クリスマスの間だけでもいい夢を見るんだな。まったく、クリスマスおめでとうだよ」

ガリンペイロから娼婦への求婚。ここでは、毎年のように繰り返されている年中行事である。

5

年の瀬が近づくにつれ、二千缶近くあったビールの在庫が寂しくなり始めた。黄金の悪魔は再びセスナを呼び、さらに大量のビールを調達した。それでも、一日三百缶近いペースで飲み干されていく。間違いなく、年明け早々にもう一度補充することになるだろう。

酒場では誰もが限界を超えて酒を飲み続けていた。床はべとべと、酒場の外は空き缶だらけだ。掃除をする者など誰もいないから、空き缶はみるみる溜まり瞬く間に酒場周辺の地面を覆い尽くした。その空き缶の海を目掛けて、高床式の酒場からガリンペイロが放尿する。勢いのある尿がアルミ缶をかんかんと鳴らし、ビールとアンモニアの混ざった臭いを撒き散らす。異臭、不潔、不浄、汗、煤、埃、黴、アルコールと煙草、零れた調味料、黒くなったバナナの皮、固まったままの肉汁、安物の香水の臭い、腐臭に次ぐ腐臭。その中で、娼婦との結婚を夢見る者がいれば、鯨のように連日三人の娼婦を買い続ける者もいた。

常軌を逸しているのは彼らだけではなかった。

普段は寡黙で地味な女が、連日のように酒場にやって来ては女王のように振る舞い、時に薄幸の愛人のように泣いていた。コロラドの賄い婦で船頭のペトロリオの一人娘、エジネイヤである。たとえ祝祭の時期であっても、「プロ」ではない女が酒場に来ることは稀なことだった。金庫も賄い婦だった女と同居していたが、その女も一度も酒場に来たことはない。エジネイヤ以外の賄い婦もまずここには来ない。賄いの女がガリンペイロの妻や恋人の場合はなおさらだ。嫉妬深く独占欲の強い男たちは、酒場のような「下品」な場所に妻や恋人が来ることを許しはしない。

エジネイヤだけが違っていた。見てくれも激変している。ぼさぼさでひっつめられていた黒髪にはウエーブが施され、塗り込んだオイルが光沢と淫靡な匂いを与えている。素顔は厚化粧に、Tシャツはタンクトップに、無口が饒舌に様変わりしている。コロラドの台所で料理を作っているときとは、服装、髪型、性格、性向、すべてにおいて別人になっていた。

クリスマスの時期だけ、エジネイヤはなぜか豹変する。過去の男を捨て、酒場で男を物色し、新しい年には新たな男と同居している。何度もその光景を見てきた古株のガリンペイロは手垢のついた表現でこう語っていた。「蛾が蝶に化けるってのは、あの女のことだな。まあ、少々とうの立った蝶だがな」

その日も夕方の六時に陽が沈むと、港に面する父親の小屋を出て、エジネイヤは酒場に向かった。賄いの仕事も休みだから、クリスマスイブ以降はコロラドに戻らず、父親の小屋に居候をしている。

エジネイヤは体型の分かる黒いタンクトップにジーンズを穿いていた。ジーンズの内股は何カ所かが無造作にちぎられ黒い肌が露出している。昨晩はその切れ目に誘われるように酔った男が手を差し入れていた。
酒場に着くと、エジネイヤは指定席となっている端の席に座った。手を挙げて金庫にビールを頼む。ビールが来てから一本目の煙草を吸う。吸い口が真っ赤になる。普段は化粧をしないエジネイヤだったが、この時期には真っ赤な口紅をつけ目には薄紫色のアイラインを引いている。この男たちの「基準」からすれば、多情多淫のあばずれ女ということになる。「俺を誘っているに違いない」。誰もがそう思い込む。

とは言え、エジネイヤは誰彼となくしなだれかかるようなことはしない。まずは酒と場を楽しむ。酒場を見回し、娼婦に群がるガリンペイロたちに冷たい視線を送る。娼婦にも送る。エジネイヤは娼婦に挨拶をしない。自己紹介をしたこともない。何かを察した娼婦の方もエジネイヤとは言葉を交わさない。

そして、酒場に入って十数分後のことだった。若い男がエジネイヤに見惚れ始めた。いてもたってもいられず、「隣に座っていいか」と声を掛ける。近寄ってきたのは二十歳になったばかりの船頭だ。

エジネイヤは「いい」とも「嫌だ」とも言わない。ひらりと席を立ってレジに向かい、金庫に何やら言う。金庫がCDを入れ替える。曲が変わる。喧（やかま）しいだけのファンクが止み、通俗的な北東部の歌謡曲がかかる。『愛してる、愛してる、あんたを愛してる、ねぇ、どうして行ってしまったの？　あん畜生（カプラ・ダ・ペスチ）は、なぜあたしを捨てたの？』。そんな歌だ。エジネイヤが別の席に座って歌い出す。別の男がまた近づいてくる。その男も「隣に座っていいか」と聞く。エジネイヤは無視しているが、お構いなしに割り込んでくる。ここに来たばかりの若いガリンペイロだ。

ゴロツキのような見てくれとは違って従順な男だった。エジネイヤが煙草を咥（くわ）えるとライターを取り出して火をつけるし、ビールがなくなるとすぐに注文に走る。CDに合わせてエジネイヤが歌い出すと熱い視線を送り、歌い終わると歓声をあげる。目線はエジネイヤから動かない。そして、すぐに我慢ができなくなる。若いガリンペイロは十分後には彼女の膝の上に手を載せ、二十分後には肩に腕を回し始めた。が、そこから先にはなかなか進めない。拒まれているわけではないのだが、エジネイヤが積極的に応じているわけでもない。

エジネイヤは急いてはいなかった。その気になればどこかへ消えるし、その気にならなければ何本かビールを飲み、歌を歌い、踊って汗を流す。実際の交わりはなくても、男たちの滾る肉欲が自分に向けられていればそれでいい。先に進むかどうかは気分次第、ゆらゆらと浮き漂っていればそれでいい。そう思っているようだった。古株のガリンペイロが言っていた通り、エジネイヤは蜜を求める蝶に似ていた。右へ左へ。手練れの蝶が、今夜泊まる花を探しながら酒場の中を舞っていた。

そんなエジネイヤを離れた席から見つめる男がいた。

父親のペトロリオだ。以前からガリンペイロたちが噂をしていたから、クリスマスに娘が豹変することは聞いていたが、実際に目にするのは初めてだった。

通常、水量の少ない乾季に船頭が金鉱山に来ることはない。だが、クリスマスの前に急遽ガリンペイロが補充されることになり、船頭たちが招集を受けた。乾季の今、街から金鉱山まで一週間以上はかかるし、水が涸れている場所では船を押さねばならない。地獄の船旅になるのは目に見えていたから、多くの船頭は申し出を断った。ペトロリオだけが「行く」と言った。もう何十年も娘とクリスマスを過ごしてはいなかったのだ。

だが、父親であるペトロリオの顔を見ると、ここに来てしまったことを明らかに悔やんでいるようだった。顔が蒼白い。

そして、十時頃のことだ。エジネイヤの隣にまた別の男が座った。切れ長の目をした細身の若い男だった。エジネイヤが豹変した。隣に座った男に身体を傾け、しなだれかかる。肩に腕を回されると顔を一気に近づけ唇を押しつける。身体をまさぐられ、うなじに舌を這わされれば、男以上の熱気で愛撫に応じる。二つの舌が水槽を逃げ回る太った金魚のように激しく動く。

ペトロリオはその一部始終も見ていた。

娘の醜態は衝撃的だったに違いない。だが、父がより強く、より苦い衝撃を受けたのは若い男の方だった。記憶に残る「あの男」と、どこか似ていたのだ。正確に言えば、顔が似ているのではない。人種も違うし、肌の色も髪の色も違う。目だけが似ていた。二人とも少年のようにあどけない目をしている。と同時に、人を傷つけ、それを楽しむ冷酷さも宿っている。無垢にも凶暴にもなれて、優しさと暴虐の限りを瞬時に行き交うこともできる。慎ましい暮らしとは無縁の男だけが持つ鋭利で乾いた目だ。

「あの男」とは、娘にとって初めての男だった。二十年近く前の話だから、娘のエジネイヤはまだ十二歳だったことになる。その頃、ペトロリオは一人の若いガリンペイロを街から運んできた。この世界にはよくいる自分勝手で野卑な男だったが、目だけは少年のような純朴さを持っていた。その男が自分の小屋を建てるまで川べりの小屋に泊めてやった。食事も一緒にとった。エジネイヤがコメと豆の皿を渡すと、男は「ありがとう、お嬢ちゃん」と丁寧な言葉で礼を言った。野卑なスラングばかりの金鉱山ではまず聞かない言葉だった。男が小屋を建てた後も、釣った魚や森でもぎ取ってきたマンゴーを持ってよく遊びに来た。

仕事柄よく家を空けていたから、二人の関係がいつどのように始まったのかまでは分からなかった。半年後のことだ。ペトロリオは娘の腹が膨らんできたことに気づいた。まさか、あいつか？　あのガリンペイロなのか？　何度も詰問したが、娘は黙ったまま何も答えようとはしなかった。翌年、エジネイヤは女児を出産した。十三歳になったばかりだった。

しばらくして、「あの男」が別の金鉱山に移っていった。エジネイヤと乳飲み子を棄てたのだ。その日から、エジネイヤが毎日のように港の桟橋に立つようになった。育児は放棄された。ペトロリオがカンチーナから脱脂粉乳を買い与えたりもしていたが、彼にも船頭としての仕事があった。

血縁を頼って里子に出すことにした。エジネイヤはただ、「そうして」とだけ言った。彼女に必要だったのは子どもではなく、「あの男」だったのだ。

桟橋に立つことはじきに止めたが、幼気（いたいけ）な少女は地味で笑わない女になっていた。以来、エジネイヤは自分の子と一度も会ってはいない。

クリスマス休暇の間、エジネイヤは酒場に通い続けた。そして、好みの男がいれば、獣のような声をあげて一夜を共にした。

酒場で酔い潰れたり、男と仲違いして泣き叫ぶ夜もあった。そんなときは、父親のペトロリオがおぶって小屋まで運んだ。

6

プリマヴェーラでの乱痴気騒ぎをよそに、変わり者のパトとラップ小僧がいるフィローンには静かな日常だけがあった。

ジェネレーターのないフィローンにはテレビもラジオもない。新聞もなければ雑誌もない。ガリンペイロがやって来ることもまずないから、外界の情報は何ひとつ入らない。世界からもブラジル社会からも他の金鉱山からも、完全に隔絶された場所になっていた。

クリスマスであることを分かってはいないようだったが、この頃、ラップ小僧はよく讃美歌を歌っていた。ハンモックで歌い、ボタ山を掘るときも歌い、食堂でも歌った。

——神はあなたに微笑んでいてほしい
危険な夜が来ようとも
この十字架が重くとも
キリストがあなたと共にいる

ハンモックで眠りに就くときも、このいつもの讃美歌が静かに闇夜を流れていた。

日付の感覚を失っているのはパトも変わらなかったが、コロラドの誰かから借りてきた散弾銃で鳥を撃ってきたことがあった。二人は鳥を焼いて食べた。クリスマスらしい唯一の出来事だった。


もう一カ所、静かな場所があった。組頭のエスピーニョ（棘）とその妻のマリア、ゴミ箱で生まれたマカク（猿）、そして老人たちの多い「泉（フォンテ）」である。

フィローンが閉鎖されたとき、若いガリンペイロはコロラドやQ川水系にある「農場1（ファゼンダ・ウン）」や

「農場2（ファゼンダ・ドス）」に移って行ったが、なぜか老人の多くが泉に回された。つい最近も、コロラドに若いガリンペイロがやって来た煽りを受けて、何人かの年嵩のガリンペイロがここに配置換えとなっていた。
ガリンペイロ歴五十年の不潔爺（スージョ）さんもその一人だった。ラップ小僧がコロラドを脱走したとき、

「彼の再起を願ってやろうじゃないか」と語った老ガリンペイロだ。

相変わらず、ハンモックの下には唯一の家財道具であるマーガリンの箱があった。クリスマス

の祝祭の最中、不潔爺さんはハンモックに横たわったまま古い恋歌をよく歌っていた。

——レジアーニ、レジアーニ、俺の愛する人
俺の元へ戻っておくれ
おまえを待っているんだ
とんだ浪費女だってことは分かってるさ
でも戻ってきて欲しいんだ
俺が金鉱山に行ったのはお前のためなんだ
大金が欲しかった
おまえに送るためだ
レジアーニ、レジアーニ、俺を捨てないでくれ
どうか戻ってきておくれ

伝説の金鉱山、セーラ・ペラーダで覚えた歌だった。

当時、どれだけ多くのガリンペイロがこの歌を口ずさんでいたのか、不潔爺さんは知っていた。誰もが強がってはいたが、ほとんどが不幸になったことも知っている。死んでしまった者も大勢いる。長い歳月が流れ去ってしまったあと、男の弱さと情けなさを唄う恋歌は誰かを偲ぶ弔歌となっていた。

不潔爺さんも独り身だが、泉には天涯孤独の男が他にもたくさんいた。彼らの多くが動物を飼っていた。金鉱山には犬や猫が何匹かいたが、すべて誰かのペットだ。しかし、飼い主が死んでしまったとき、誰かに引き継がれることは少なかった。しぶとく生き抜く犬猫もいたが、多くはやせ細り、間もなく死んでいった。

泉にはオウムを飼っている老いたガリンペイロもいた。老人は一日三食、ビスケットの欠片を口移しで与えていた。その間、老人はオウムに声をかけ続けていた。「名前は何というの?」「ピーちゃんはどこから来たの?」「ピーちゃん、今日も元気ですねぇ」「よしよし、明日はビスケットを食べさせてあげましょうね」。老人が饒舌なのはオウムを相手にしているときだけだった。それ以外はほとんど何も喋らなかった。

鶏を育て始めた男もいた。生後一週間ほどで母鳥から放棄された雛だった。雛は弱っていた。男は泥のついた大きな手で雛を包み、自分のハンモックまで運んだ。カンチーナから粉ミルクも買った。数日後、雛が死んだ。男は雛鳥を抱くことを止めようとはしなかった。冷たく固まっていく雛を自分の身体で温め続けていた。

P川に面する中継小屋に暮らす元ガリンペイロのピメンタ(唐辛子)も静かな日々を送っていた。乾季の盛りには船の往来がほとんどなくなる。それでも警戒のために川を眺め続けたが、クリスマスの間は上ってくる船も下りていく船も一隻もなかった。

中継小屋にたった一人。ピメンタには楽しみにしている時間があった。朝の六時と夕方の五時。一日二回、残飯が入った皿を持って森に入り、鹿を呼ぶのだ。

その仔鹿と出会ったのは半年ほど前のことだった。夜、近くの森でジャガーの咆哮が聞こえた。銃を持って声のする方に向かうと、二匹の鹿がいた。一匹は嚙み殺され、もう一匹は茂みの後ろで縮こまっていた。母鹿がジャガーに殺され、仔鹿だけが残されたのだ。それからというもの、ピメンタは連日のように残飯を持って森に入り、孤児となった仔鹿を呼んだ。最初はまるで姿を現さなかった。森の奥で姿を見せるようになってからも、近づくとすぐに逃げてしまう。餌付けができるようになったのは、つい最近のことだった。

ピメンタが名を呼ぶと、仔鹿は森の奥から必ず姿を現わす。まずは百メートルほど先でちょこんと顔を出し、しばらくはそこで様子を窺ってから、ゆっくりと近づいてくる。その姿を見るたびにピメンタは皺だらけの顔を一層くしゃくしゃにした。

仔鹿はチッチアと名付けられた。珍しい名前だったから、中継小屋にやってくるガリンペイロがその謂れを尋ねた。ピメンタは何も答えないか、話をはぐらかした。

ただ一人だけ、船頭のペトロリオだけがその訳を知っていた。中継小屋に一人泊まったとき、何かの拍子でピメンタが昔の話を喋り始めたのだという。それによれば、身寄りのないピメンタではあったが、過去に一度、女と暮らしたことがあった。馴染みの娼婦だった。ふた月ほどで女がどこかに消えたため同居は短期間で終わってしまったが、甘美で忘れ難い思い出が残った。長かったガリンペイロ生活で彼が誰かと暮らしたのはその二カ月しかない。「たとえ娼婦でも、あいつにとって、家族がいたのはその一度きりだ」。ペトロリオがそう言った。

その娼婦の名がチッチアだった。

「チッチア、チッチア、ご飯だよ、出ておいで。チッチア、チッチア、出ておいで」

チッチアという名が女の本名だったかどうかは分からない。だが、森に向かって名を呼びかけるピメンタ老人の声には、夫が愛する妻を呼ぶときに似た優しい響きがあった。


年の瀬も押し迫った十二月三十日のことだった。喧騒を離れるように、プリマヴェーラから遠ざかっていく男がいた。男はその前にカンチーナに顔を出し、ピンガを一本買っている。

漁師のポンタだった。カンチーナに来たのは鯨と諍いを起こして以来、一週間ぶりのことである。昼間であるにもかかわらず、小男はすでに相当酔っていた。目は虚ろで足はふらついている。ちょうど、カンチーナに隣接する酒場ではカミソリがビールを飲んでいた。「久しぶりだな、ここで飲んで行けよ」と声をかける。

ポンタは黙ったままだった。「〇・五グラムな」。レジ番の金庫がそう言っても返事もしない。ピンガの瓶を受け取ると、一人とぼとぼ、どこかへ去っていった。

その小さな後ろ姿を見て、カミソリが言った。「あのバカ、ずっと一人で飲んでたんだろうな。あいつと飲んでくれる奴なんて、小屋にいる白蟻ぐらいなもんだろうよ」

ポンタは白蟻の巣がある自分の小屋には戻らなかった。コロラドに続く道を歩き続け、五キロ先のフィローンに立ち寄った。

いくらでもある空き家に入ると、どこからか猫が近づいてきた。誰かが置き去りにしていった猫だ。

ポンタが猫に語りかける。

「猫ちゃん、猫ちゃん、俺の話を聞いてくれよ」

猫がにゃあーんと鳴き膝にすり寄ってくると、つぶやきは幼児語に変わった。

「猫ちゃんでちゅかぁ。ありがとう、猫ちゃん。ちゃんと僕の話を聞いてくれるんでちゅねぇ」

何か食べさせようとするが、生憎、持っていたのはピンガだけだった。

そのピンガを手のひらに注ぎ、猫に差し出す。猫が匂いを嗅ぐ。嫌そうに目を細めて小屋から出て行ってしまう。

「行かないで、猫ちゃん、行かないで」

ポンタが叫ぶが、猫はもう戻ってはこない。

一人っきりとなったポンタが手のひらを舐め、ピンガを一口飲む。もう一口飲む。「畜生!」と叫んで簀子に寝転がる。


大晦日も過ぎ、新しい年となった。

コロラドのテレビからはリオのコパカバーナ海岸で行われている派手な年越しイベントが中継されていた。それを見ていたガリンペイロが、「リオか、くたばる前に一度ぐらいは行ってみたいもんだな」と言った。クリスマスの休暇が始まって一週間。日常と比べて余りに長い祝祭の日々に心底疲弊してしまったような、か細く虚ろな声だった。

威勢のいいガリンペイロはみなプリマヴェーラに行ってしまっていたから、ここに残っている者は口数の少ない男ばかりだった。賄いのエジネイヤもいないから、食事も自分たちで作るしかない。テレビがあることだけが救いだった。やつれた男たちが一日の大半をテレビの前で過ごしていた。

そして、一月三日の日曜日、十二日間に及んだクリスマス休暇の最後の日となった。出払っていた男たちがコロラドに戻ってきた。その集団には組頭のラ・バンバもタトゥもいたし、年増の娼婦に結婚を申し込んだタンバリンもいた。

賄い婦のエジネイヤも金庫が運転するバギーで戻ってきた。施されていた艶やかな化粧はすっかり落とされ、地味で疲れた顔に戻っていた。

静かな夜だった。酒を飲む者はほとんどいない。みな、すべてを吐き出してしまい、抜け殻のようになっている。

テレビを見ていたガリンペイロの一人が「まるでカルナバルが終わった朝のようだな」と言った。ブラジル最大の祝祭であるカルナバルは金曜の夜から始まり水曜の朝に終わる。その水曜日のことをブラジル人は「灰色の水曜日」と呼ぶ。祭りが終われば、あとは過酷で退屈なだけの日常が待っている。

どの男の顔もやつれていた。「灰色の水曜日」がまたひとつ、身体に溜まってしまったのだ。澱が溜まるのは顔だけではなかった。足にも腕にも心にも、何層にもなって沈んでいた。アルコールと肉汁、饐(す)えた体臭、酒場でかかっていたバイレファンキの鼓動、交わし合った体液、娼婦と肌を重ねたときのひんやりとした脂肪の感触、ドラッグでハイになった記憶。それらの手触りや臭いや圧や残像が真っ黄色な澱となって降り積もっていた。

やっかいな澱だった。小便と一緒に流れたり瘡蓋(かさぶた)で終わることも稀にはあるが、多くの場合は、マラリア原虫のように体内に留まり続ける。のみならず、宿主の知らないところでどんどん増殖する。そして、それが何かの拍子で漏れ出してしまったとき、ドブのような臭気が体外に零れ出る。そうなったら、もはや手の施しようがない。誰もが言葉を失い、表情を失う。生きることを厭い、失望し、自暴自棄になる。

この地で最も殺しが起きやすいのは祝祭の最中ではない。それが終わった直後だ。物憂げな時間が過ぎていった。食堂を出たガリンペイロたちが自分の小屋に帰っていく。しばらくして、何人かが黒く小さな機械を持って小屋の軒先に出てきた。ラジオだった。必死で局を探し、スピーカーに耳をくっつけている。

お目当てはサッカー中継だった。実況はほとんど聞き取れず、十分に一回ほど、選手の名を叫ぶアナウンサーの声が雑音に混じって届く程度だ。それでも、ラジオを止めようとする者は誰もいなかった。ほとんど何も聞こえないのに耳をスピーカーにぴったりつけている。

そんな時だった。真っ暗闇だった隣の小屋で懐中電灯の明かりが灯った。すぐに大音量で曲が鳴り始める。タトゥがよく口ずさむ、あの猥歌だ。

——あんたが鳥ならぁ、すぐに飛んできてぇ
あんたが虫でもぉ、すぐに飛んできてぇ
私のあそこはね
もう、ぐちゃぐちゃなのよ
ねぇ、あんたぁ
あんたがどうにかしてくれないと
川になって流れ出しちゃうわ

ラジカセを抱えてタトゥが小屋から出てくる。十メートルほど先にあるマンゴーの大木に向かって踊るように歩いていく。猥褻な歌詞に合わせて腰をいやらしく振っている。マンゴーまでたどり着くと、今度は幹を抱きかかえ腰を密着させる。太い幹を女に見立て、立ちバックのように腰を密着させる。

場の空気が一変した。誰もが白けていた。舌打ちをする者もいた。ラジオのボリュームをいくら上げても、喘ぐように歌う女性シンガーの声にかき消されてしまう。サッカー中継に耳を傾けるどころではない。ラジオの電源が落とされ、男たちが小屋の中に帰っていった。

外にいるのはタトゥだけになった。一人、マンゴーの木を相手に戯れを続けている。幹に腰を打ちつける音がする。木の皮が擦れ表面が剝がれる。だが、二、三分もすると腰の動きが鈍くなった。手が幹から離れる。地面に倒れ込む。ごろごろと転がり大の字になる。そして、そのまま眠ってしまう。

彼が目覚めたのは三時間ほど経った深夜零時ごろだった。

上半身だけ起き上がると、パンツに差していた懐中電灯を抜き、周囲を照らし始める。森に点在している小屋の一軒一軒に強い光が当たった。ライトを上下に揺らし、点けたり消したりしている。誰かを起こそうとしているように見える。

おい、眩しいぞ！　いくつかの小屋から叫び声があがった。

タトゥはライトを消さない。それどころか、ライトの揺れが一層激しくなっている。

タトゥは笑っていた。怒鳴られたのに嬉しそうな顔をしている。ようやく誰かにかまってもらった子どものような顔つきで、タトゥが喋り出す。「なあ、おまえらにもいつか話したよな。消防車のこと、覚えてるか？　覚えているだろう？　赤と黒の消防車だよ。あの頃は良かったんだ。

なあ、そう思うだろ?」

誰からの反応もなかった。しかし、彼の近くには誰もいないのに、聞き手の反応を確かめるように首を左右に回している。タトゥの一人語りがいつまでも続く。「あの消防車だよ、赤い色をして、プラスティックで。恰好がな……いかしてんだ……。消防士になりたかったんだ……消防士だよ……人のために……消防士に……赤い……」

一週間が過ぎ、また日曜日が来た。その年の一月十日。娼婦たちがここを去る日だ。

その日の昼、コロラドの食堂に面した滑走路にセスナが着陸した。三人の娼婦が来た時と同じ恰好でセスナに向かう。乗り込む前に食堂に向かって大きく何度も手を振る。胸と腹の脂(あぶら)が防波堤に寄せる大波のように揺れている。

唐突に、年嵩のガリンペイロが「腹が痛い、病院に連れて行ってくれ、セスナで病院に連れて行ってくれ」と騒ぎ出した。近くにいたラ・バンバが「セスナは高いぞ、カネはどうする? 借りるのか」と聞いても、腹を押さえて「腹が痛い、病院に行く、セスナに乗せてくれ」と言い続けている。

ラ・バンバが無線で金庫の指示を仰いだ。

金庫はどうでもいいような口調でこう命じる。

「その男、もう帰って来る気はなさそうだな。これまでの精算をしなくてもいいなら乗ってもいいぞと言ってやれ」

男にどれくらいの稼ぎが貯まっていたのか。さほど多くはないだろうが、ゼロということはないはずだった。それを受け取らなくていいのならセスナに乗ってもいいと言うのである。

それでも、年嵩の男は「セスナに乗る」と言った。

黙ったまま荷造りを始める。リュックにハンモックを入れ、服を入れ、カンチーナから買ったピンガの小瓶とビスケットを入れる。しかし、長靴は置いていくつもりのようだった。

仮病であることを全員に見抜かれているのにもかかわらず、男は腹を押さえながらセスナの方に歩いていった。その曲がった背中に、ここに残り続けるガリンペイロたちが次々に刺々しい言葉を浴びせる。「あのおっさん、もう帰ってこないな、とんだクソ野郎だぜ」。「セスナにただ乗りかよ。上手い手を考えたと思ってんだろうな。爺さん、ただで街に戻って酒でも浴びる算段なのさ」。「ここにいればいつか黄金を拝めるかもしれないのにバカな奴だ。明日、奇跡の一発が来るかもしれないのによ」。「壊れちまったんだな、あのおっさん」。「なぁに、やる気のない奴が一人消えるだけだ。ありがたいことじゃねぇか」

男が乗り込むと、年代物のセスナはでこぼこの滑走路を端まで移動していった。

所定の位置に着くと、すぐにエンジンが唸りをあげた。プロペラが激しく回り、周囲の草木が風で倒れる。

だが、機体は止まったままだった。エンジンが全開となるまでブレーキがかけられている。この滑走路は極端に短い。まともに使えるのは二百メートルあるかないかだ。とすれば、百五十メートル以内に離陸速度である時速百キロに達せねばならない。エンジンの力を溜めに溜めて一気に加速するのだ。

ようやく機体が動いた。ぐんぐん加速する。タイヤが切り株にあたり、機体が跳ねる。それでも加速し続ける。

森が迫ってくるが、まだ機体は上がらない。

滑走路が残り五十メートルを切る。食堂の前をセスナが猛スピードで通り過ぎてゆく。

滑走路が残り二十メートルとなったところで、ようやく前輪が上がった。セスナが宙にふらふらと浮く。しかし、上昇速度の時速百三十キロには達していないのだろう。高さ十メートルほどの椰子を越えられず、激しい音を立てて枝とぶつかる。食堂から悲鳴があがる。

乗客にとって幸運だったのは、ぶつかった枝が柔らかい椰子であったことだ。何とか体勢を整えセスナが機首を上げた。機内では三人の娼婦たちが盛んに手を振っている。その一番後ろの席で、ここを去ることにした年嵩のガリンペイロがずっと下を向いていた。

7

その日曜日、ラップ小僧は二キロほど離れた泉(フォンテ)に行った。

祝祭が続いていた間もラップ小僧はツルハシを振るっていた。ボタ山に登り、掘り、灰色の石を探し続けた。起きて、掘って、食べて、寝る。その合間に讃美歌を歌いラップを口ずさむ。それだけを繰り返していた。

久しぶりの休みだった。

およそ二カ月ぶり、二度目の訪問である。以前と同じように、泉のガリンペイロたちはラップ小僧を歓迎してくれた。ラップ小僧も美味しい昼飯を食べ、お喋りに興じた。

組頭のエスピーニョの紹介で、フィローンの経験者にボタ山のことを詳しく聞くこともできた。このとき彼が知ったのは、フィローンは賭博性の高い掘り方だということだった。月間五キロを超える黄金が出たこともあれば、まったく出ない日が半年以上続くこともあったという。出る場所と出ない場所がバハンコ以上にはっきりしているようなのだ。とすれば、ブリンタードだった穴がどこで、その廃棄物をどこに捨てたかが分かれば、黄金を含む石を数多く掘り出せるかもしれなかった。

だが、泉にいたフィローンの経験者の中には大物を当てた者は一人もいなかった。結局、お宝が紛れているかもしれない残滓の在り処は分からずじまいだった。

和気あいあいとした時間が流れた。ラップ小僧も語り、笑い、ガリンペイロたちの話に耳を傾けていた。

ラップ小僧の様子が一変したのは、老人たちがドミノを始めてからだ。

ゲームをしながら、老いたガリンペイロたちが自身の悲惨な身の上を語り始めた。妻や女に逃げられた。娘や息子が今どこにいるのか、分からない。心臓の調子が悪い。身体のどこどこが痛い。朝起きるのが辛い。夜は夜で眠れない。何十年もやっているのに一発なんてまるでこない。最近も十グラム（四万円相当）ほどしか出なかった。金鉱山に借金がある。ガリンペイロを辞めたら、いったい何をして食べていけばいいのだろう……。その流れで、誰かが「なあデンチーニョ、あの話をもう一度聞かせてくれよ」と言った。《デンチーニョ（歯坊や）》と呼ばれていたのは五十代、いや六十代と思われる小柄なガリンペイロだった。そのデンチーニョが「あの話って何だ？」と老人特有の掠れ声で聞き返す。「あれだよ、あれ。よく話してくれるだろう？　世界で最も運の悪い男の話だよ」。ドミノの仲間たちから急かされる。すると、「そうか、俺の話か」と呟いて、歯（デンチ）にわずかな黄金を埋め込んだ老ガリンペイロが長々と語り始めた。

それは、一度ならず二度も体験することになった自身の悲劇についてだった。

一度目の悲劇はあのセーラ・ペラーダで起きた。彼の区画からは一グラムも出なかったのに、わずか二メートル先の区画で五十キロ（およそ二億円）を超える大物が出たのだ。たった二メートルの差が明暗を分けた。仲間たちが「お前は世界で最もツキのないガリンペイロだ」と一斉に囃（はや）した。以来、その囃し言葉が自身の口癖となった。黄金の出が悪い時はもちろん、食べようと思ったフェジョンの中で蠅が死んでいたときも長靴に穴が開いたときも、「俺は世界で最もツキのないガリンペイロなんだ」と卑屈に笑った。

話が二度目の悲劇に移った。

一度目の悲劇から十年後のことだった。その頃、デンチーニョは流れ流れてP川の奥地にいた。時は一九九〇年代の初め、この地で黄金が出たらしいという噂が立ち始めていた頃だ。適当な場所に居を構え、道中で知り合った男と二人で穴を掘り始めた。一カ月もしないうちに十キロ（四千万円相当）の黄金が出た。「そのときは嬉しかったな。もう〝世界で最もツキのないガリンペイロ〟とはオサラバできる。そう思ったもんだった」。デンチーニョがドミノの牌を見ながらそう言った。

一山当てたガリンペイロの伝統に則り、黄金のほんの一部を自分の歯に埋め込んだ。派手な量を埋め込もうとも考えたが、驕ってはいけないと思い直し、十グラム（四万円相当）だけにした。呼び名も変えた。彼は背が低かったから、ずっとペケーニョ（おちびちゃん）と呼ばれてきた。それでは重みに欠けた。黄金を掘り当てた今の自分に相応（ふさわ）しい名前にしたかった。

思いついたのは「デンチ・デ・オーロ（黄金の歯）」。だが、仲間たちがすぐに「それでは呼びにくい」と言い出した。すぐにオーロ（黄金）の部分が省略され、デンチ（歯）だけが残り、いつしかその幼児形のデンチーニョ（歯坊や）に定着した。

それでも、しばらくは十キロのブリンタードのおかげで悠々自適の日々が続いた。大物が出ることはなかったにせよ、月に一キロは確実に出た。デンチーニョは仲間と二人で金鉱山のオーナーとなり、二十人ほどのガリンペイロを雇って事業を拡大させていった。

このままいけば黄金の帝王になれるかもしれない。そう自惚れ始めていた二年後のことだった。ある日、共同経営者だった仲間が数人のガリンペイロと示し合わせて遁走、すべての黄金を奪って逃げた。それまで一度も換金したことはなかったから、奪われた黄金は一億円を超えていた。

取り残されたガリンペイロたちが怒った。どうしてくれるんだよ、俺の取り分はどうなるんだよ。自分の取り分に残していた五百グラム（二百万円）をガリンペイロたちに分配したが、彼らの不満は収まらなかった。ガリンペイロたちが言った。追跡隊を作ろうぜ。あいつらを追って黄金を取り戻すんだ。殺してしまわないと気が済まない。

黙っているばかりで何の決断も下すことができなかった。愛想をつかしたガリンペイロはみな出ていってしまい、デンチーニョひとりが残された。手元に残ったのは、ガリンペイロがいなくなってしまった巨大な穴といくつものあばら屋、それに歯に埋め込んだ十グラムの黄金だけとなった。

それから二十年余り、彼はR川沿いに小屋を建て、ほとんど自給自足で生きてきた。マンジョッカやバナナを植え、魚や森の獣を狩って食べる。先住民のような暮らしだ。

黄金の悪魔の金鉱山に来るようになったのは五年ほど前のことだった。自給自足と言っても煙草やボートの燃料を買うためには現金が必要となる。ジャングルの中で人を避け世を拗ねていても、カネはいるのだ。働くのは年に二カ月ほど。生活費を少し稼ぐだけの気安い出稼ぎ労働だった。

いつもの口調、いつもの抑揚、いつもの展開で、長い話が終わった。「これで終わり」という意味なのか、例の口癖をもう一度言う。「俺は世界で最もツキのないガリンペイロだからな。もう女神はいいんだ。小遣いがもらえればそれで十分なんだ」

老人たちが笑っている。何度も聞いた話なのに笑っている。デンチーニョの肩を叩いて「じきにいいこともあるさ」と励ます者もいる。もちろん、彼らだって分かっている。デンチーニョには既に時間もなく、ツキも意欲もすっかり失ってしまったことを。

場には不思議な一体感があった。明日への希望もなく、酒に逃げても酔うことも忘れることもできない。ただ起き、ただ働き、ただ眠るだけの毎日。老人たちはそんな枯れ切った時間を共有していた。おそらく、絶望さえも。カミソリと年増の娼婦がそうであったように、彼らも同類であることを分かっているのだ。

だが、ここにいるのは彼らのようなガリンペイロだけではない。野心だけでやって来て、野心だけで踏み止まっている男たちもいる。彼らはツキを大切にする。「奇跡の一発」はツキ以外の何物でもないからだ。ガリンペイロのほとんど全員が学歴もなければ財力もない。資本と言えるのは己の肉体だけである。だから、ツキに頼り、ツキに縋る。なのに、「俺は世界で最もツキのないガリンペイロなんだ」と始終愚痴る者が近くにいたらどうか。激しく嫌われることになる。

若く野望に燃えているガリンペイロには特に嫌われる。嫌われる理由はもっとある。デンチーニョはすべてを諦めていた。食っていけるだけ採れればそれでいい。いや、食っていけなくても別にいい。ぼそぼそと話す言葉に未来は感じられず、吐き出される一言一句には過去と諦めが腐臭を纏ってへばりついていた。

男たちが最も知りたくない未来がそこにはあった。ここにいるガリンペイロの大多数が歩むこ何の不思議もなかった。ラップ小僧も同じ気持ちだったのではないか。

たとえ己の姿だ。それは余りに耐え難いことだったから、暴力で排除しようとする者がいたとしても

とになる成れの果て。すなわち、三、四十年後の自分、欲も情も乾き惰性で生きている窶れ果て

デンチーニョの長い話が終わった頃、マカク（猿）がピンガのボトルを持って近くにやってきた。飲めと言ってラップ小僧に差し出す。前回同様、礼を言って一口だけ飲む。だが、以前と違っていたのはボトルをラップ小僧の前に置いていったことだった。飲みたいだけ飲め。そのような置き方だった。

救いようのない暗い話で場はどんよりとくすんでいたが、老人たちのドミノだけは続いていた。会話はほとんどなかった。牌を切り、誰かが上がり、誰かが負けた。

デンチーニョが負けると「また勝てなかったか……。仕方ないな。どうせ俺は世界で最もツキのないガリンペイロだからな……」とお決まりの文句を呟いた。それが何回も続いた。デンチーニョからは、勝とうという気持ちが失われているようだった。勝つ気もなく、負けることを悔しがるでもなく、結果としてひたすら負け続けた。そしてその度に「どうせ俺は世界で一番ツキのないガリンペイロなんだ」と言って卑屈に笑った。

一時間もしないうちに、ラップ小僧の前に置かれたピンガはほとんど空になっていた。顔が青い。下を向いて、きつく組まれた自分の手をじっと見つめている。

その手が震えていた。肩も震えている。充血した目は据わり、息が荒くなっている。

ラップ小僧がぼそぼそと喋り出した。何を言っているのかは誰にも分からなかった。ただ、何かを言っていることと、危ない雰囲気を漂わせ始めていることは誰にでも分かった。

そんなガリンペイロを何人も見てきたのだろう。危険を察知したエスピーニョが「それくらいにしといたらどうだ」と言った。

それが発火点になった。ラップ小僧がピンガのボトルを持って立ち上がる。「おい、おっさんたち。おまえら、負け続けて悔しくないのか？　情けなくないのか？　恥ずかしくないのか？　どうなんだ？　おい、おっさん。ちゃんと聞いてるか？」と喚き始める。

エスピーニョが肩を押さえようとしたが、どうにもならなかった。

讃美歌は消散した。聖書の文言も消えた。ラップ小僧はデンチーニョの耳元に罵声を浴びせ、しだいにそれがラップになっていった。

「へい、爺さん、野心は枯れたのか？　捨てたのか？　縮んだのか？　誰かにくれてやったのか？　奪われたのか？　元々なかったのか？　哀れだね、悲しいね。虫唾が走るぜ。負け犬、負け犬、負け犬。腐っちまえよ。消えちまえよ。賭けるならでっかく、掘るのもでっかく。それがオレたち、ガリンペイロ。そうだろう？　違うか？　へい、負け犬爺さんよ。負け犬爺さん、負け犬爺さん、オレはおまえとは違うぜ。違うんだよ。オレは孤高の戦士、一人でも行くぜ。へい、爺さん、おまえは負け犬、消えちまえよ。負け犬、負け犬、負け犬、負け犬、負け犬――

テーブルが何度も叩かれ、ドミノの牌が飛び散った。ラップ小僧の唾がデンチーニョの頬にかかる。デンチーニョは目を伏せ、されるがままになっている。

見かねた不潔爺さんが「それくらいにしとけや」と言った。エスピーニョも「無理に飲ませた俺たちが悪かったんだ。今日はこれくらいにして、そろそろ帰りな」と言った。

だが、ラップは止まらなかった。

ラップ小僧は食堂で喚き、外に出て広場で喚き、ガリンペイロたちの小屋が密集する小径でも喚いた。そして、この金鉱山に来た日がそうであったように、道端で突然倒れると、そのまま大の字になって気を失った。

第六章　視えない十字架

1

年が明けたからといって、何かが変わるわけではなかった。太陽は朝の六時に昇り、夕の六時には沈む。一日二十四時間、代わり映えのしない毎日が続くだけだった。

ここは時間の流れが早い。女と酒に溺れた日々は過去となり、その余韻に浸っていた時間もすぐに過去となった。男たちの顔には再び泥がつき、喉は恒常的に渇き、肌と声が荒れた。

相変わらず、雨は一滴も降らなかった。雲は地平線から生まれはしたが、すぐに粉々に千切れ、雨雲となる前に消えてなくなった。積乱雲はかなり遠くにあり、遠方の土地に雷を落とすだけだった。

いつもの黄金の地、いつもの一月である。

そしてまた――これもいつものことではあったが――その年最初の死者が出た。

年明け早々のことだった。森の奥でコロラドのガリンペイロが仰向けになって倒れていた。胸には斑模様の銃創があり、正面から散弾銃で撃たれたようだった。

遺体が見つかったのは、コロラドの奥、果てしなく続く森の中である。ガリンペイロが「アリゾナ」と呼ぶ土地だ。かつてそこに、アリゾナという名の金鉱山があったのだ。しかし、プリマヴェーラから余りにも遠いため、六、七年前に廃坑となり、バギー車が通ることのできた道も獣道のように荒れ果てていた。遺体は、コロラドからアリゾナへと続くその獣道を北西へ五キロ行き、道を外れて森へ十メートルほど入ったところにあった。

発見前夜、コロラドにいた何人かのガリンペイロが銃声を聞いていた。時刻についての記憶はまちまちで、午後十一時頃だったと話す者もいれば午前二時過ぎだったと述べる者もいた。音の大きさについても意見はばらばらだった。車のバックファイヤーのように大きな音がしたと話す者もいたし、かなり遠くの音だったと言って譲らない者もいた。

音や音がした時刻については話すのに、死んだ男について語ろうとする者は少なかった。その男について知っていることがほとんど何もなかったのだ。

顔、声、体臭、言葉、身なり。すべての印象が希薄な死者だった。そもそも、男には名前がなかった。本名はもちろん不明なのだが、ここでの通称もない。素性の分からない者が集まる不法の金鉱山であっても稀なことだった。

その男――ここでは〈名無し男〉と呼ぶことにする――がやって来たのは三年ほど前だという。故郷はどこか、どの金鉱山から流れてきたのか、誰も彼に聞いてはいなかったし、〈名無し男〉が語ることもなかった。皆が口を揃えて言うのは、特徴のない男だったということだけだった。髪には白いものが混じり始めていたが、それ以外の外見にこれといって目立った個性はない。鼻が曲がっているとか、猫背だとか、顔に大きな黒子(ほくろ)があるとか、髭を生やしているとか、綽名をつけやすい特徴が何ひとつなかった。性格も地味だった。物静かで目立たない。口数も少なく、何かを訊ねられても「うん」か「いいや」としか言わなかった。

遺体が発見されたその日に、〈名無し男〉は滑走路脇の墓地に埋葬された。前の年に腹上死したボンディーニョ（お尻ちゃん）の墓標の奥だった。藪が刈られ、この金鉱山における最も新しい十字架が立てられた。どれよりも小さく、粗末な十字架だった。

死者が出たというのに、金鉱山は静かだった。ナタウ（聖夜）の事件のときとは違って川が閉鎖されることはなく、黄金の悪魔から何らかの指令が下されることもなかった。〈名無し男〉の死が「事故」として処理されたからである。

遺体は罠のすぐそばにあった。動物が仕掛けを踏むと散弾が飛び出る罠だった。罠を仕掛けた後、枯れ葉の下に隠されていた起動装置を誤って踏んでしまったのだろう。あるいは、銃口をこちらに向けてセットしているときに誤って引き金を引いてしまったに違いない。そう結論づけられた。

が、奇妙なことがあった。現場には〈名無し男〉の命を奪った散弾銃がなかった。動物の足を挟む金具や薬莢は残っていたが、散弾銃を切り詰めて作った銃だけがどこかに消えていたのである。なぜ銃がなくなっているのか。誰かがここで〈名無し男〉を撃ち、そのまま銃を持って逃げたのではないか。何人かの脳裏に「殺し」という言葉が浮かんだようだが、口に出す者はいなかった。より正確に現場の空気を言えば、誰もが頑なに事故だと思い込もうとしている、そんな感じである。多くの者が「殺し」の影を追い払い、一人で納得し、やり過ごそうとしていた。存在が希薄な男がいなくなっただけのことなのだ、それだけのことなのだ、と。

だが、話はそれで終わらなかった。きっかけは二つの金鉱山（コロラドと泉）で同時に起きた失踪事件だった。〈名無し男〉が死んですぐ、二人の男が金鉱山から消えたのだ。誰かが消えることは珍しいことではなかったが、逃げ去る者にはそれ相応の理由があるものだ。他人の黄金を盗んだ。諍いが起き誰かを殺めたり傷つけたりした。一生働いても返せないほどの借金を抱えた。人の女に手を出した……。しかし、消えた二人の男にはこれといった問題はなかった。真面目に穴を掘り、酒や女に溺れるでもなく、借金もなかった。金庫がつけている出納帳には未払いの稼ぎがまだ残っていたというから、受け取るべきものを受け取らず、忽然とどこかに消えたということになる。

よくあること、とは言えない事態だった。さらに奇妙なのは、二人には面識がないにもかかわらず、ほぼ同時に消えていることだった。一人はコロラド、もう一人は泉にいて、ここに来た時期も違えば同じ穴で働いたこともなかった。示し合わせて逃げたとは考え難かった。

ごく短い期間で一人が死に、二人が姿をくらましたのだ。両者を結びつける者が出始めた。〈名無し男〉の死と二人のガリンペイロの失踪との間には何らかの関係があるのではないか。そう勘ぐり始めたのだ。

〈名無し男〉の死が蒸し返された。ある者はこんな自説を展開して「事故」ではなく「殺し」だったと主張した。通常、銃器を使う罠の場合、地面に置かれた銃口の角度は二十度から三十度で設定される。狙うのは四つ足の小動物だから、三十度以上の角度をつけると弾が獣の頭の上を通過してしまうからだ。とすれば、人間が誤って踏んだとしても、弾が当たるのは膝や腿のはずだ。それなのに〈名無し男〉は胸を撃たれている。おかしい。ありえない。事故ではない。殺しに違いない。そう言うのである。一見、もっともらしい推理である。しかし、〈名無し男〉がしゃがんでいたらどうか、胸に当たることもありうるのではないか。誰かがそう反論した途端、意気揚々と自説を吹聴していた男は黙り込んでしまった。

議論が滞ると、次に犯人探しが始まった。誰かが〈名無し男〉を殺ったのだ。そうに決まっている。いったい誰が殺ったのだ？　探し出せ！　探し出して吊ってやれ！　検証や証明はどうでもよく、もはや憶測ですらなかった。誰もが、怪しそうな男の名を勝手に挙げ始めた。「あいつはあの晩小屋にいたか？　いないよな。じゃあ、奴が殺ったんだ。奴が犯人だ」。「いや、違う。あの日以来やたら無口になった奴がいる。あのすましたガキだ。あいつが殺ったんだ。そうに決まっている」

犯人探しと並行して、殺しの動機についても、あれこれ邪推された。様々な説が唱えられた。〈名無し男〉も蒸発した二人も実は新鉱山行きが内定していて、ライバルを減らそうと考えた者に消されたのだという説。大人しそうに見える三人は実は他の金鉱山のスパイで、それを知った黄金の悪魔に消されたのではないかという説。さらには、〈名無し男〉が殺されたのは女を巡る争いからで、殺したのは失踪した二人だという説まであった。関係者を塡め込んだだけの根拠のない説ばかりではあるが、そんな珍説、異説、愚説が次々に唱えられた。

行きつくところまで行くと、「犯人は人間ではない。悪霊だ」と唱える者まで現れた。その説に賛同した者たちがマクンバの儀式を始めた。マクンバとはブラジル北東部、特に農村部では今も信じられているアフリカ起源の呪術だ。金鉱山には北東部出身の者が多かったから、そこかしこにマクンバの供え物が置かれるようになった。

不安は収まらず、捻じれては漂い、万人の喉の奥に引っかかったままとなった。季節が乾季であることがそれを増長させた。十二月から三月までの四カ月間、R２川上流の水は涸れ、ここに船がやって来ることはない。金鉱山は外界から完全に隔絶され、出て行くことはまず不可能となる。

ガリンペイロは耐えるしかなかった。空腹に耐え、重労働に耐え、喉の渇きに耐え、孤独や不安に耐え、さらには乾季特有の絶望的な閉塞感にも耐えねばならなかった。

新鉱山発見のときと同様、フィローンだけが噂や不安の圏外にあった。そもそも、ボタ山しかないフィローンには来る者などほとんど誰もいない。乾季雨季に関係なく、初めから隔絶されている。

そのフィローンでラップ小僧が笑わなくなっていた。若気が抜け、奔放は去り、傲慢は過去の遺物となった。ぼんやりとハンモックに腰を下ろし、地面の雑草に盛んに触れたり、足元にある蟻の巣を眺めている時間が増えた。

ボタ山には登り続けていたが、ハンモックから起きる時刻や小屋を出る時間はまちまちとなっていた。夜明け前に出ることはなくなり、朝の八時だったり、十時だったりした。掘り方も変わった。がむしゃらさは失われ、ゆっくりと規則的にツルハシを振り下ろすようになった。食べることや排泄することや眠ることと同じで、半ば惰性、半ば習慣化された動きとなっていた。石だけはそれなりに出てはいたが、初めて見つけたときのように夢中になったり喜んでいる風ではなかった。掘っては探し、探しては運ぶ。それを繰り返しているだけだった。

彼はよく、昼飯を食べることを忘れた。裸足でボタ山に登った時もあれば、長靴を履いたままハンモックに横たわることもあった。労働と休息、昼と夜、平日と休日。その境やけじめが曖昧になっていた。

煩わしさや苦痛といった感覚にも鈍くなっていた。夜にスコールが降るとハンモックはびしょ濡れになったが、濡れた身体を拭きもせず、そのまま朝まで眠り続けていた。

変わらないのは天気だけだった。陽射しは高く、熱く、気怠(けだる)かった。縮れ男が作った道ではよくモルフォ蝶が舞っていた。モルフォは谷底を流れる小川に沿って辺りをぐるぐると巡回しているようだった。この時期に舞うモルフォは雌を探しているのだ。ある男が物知り顔でそう言っていたが、番（つが）いで飛ぶモルフォを見ることはなかった。

そうして、一月が過ぎ、二月となった。

年が明けてからというもの、ラップ小僧とパトが顔を合わせるのは週に一度程度となっていた。合わしたところで、手をあげたり親指を立てて挨拶を交わすくらいだ。酔って暴言を吐いてしまってからは泉にも行ってはいなかったから、ラップ小僧は一カ月近く、ほとんど誰とも言葉を交わしていなかった。あれほど饒舌だった若者が無口な男に様変わりしていた。

大好きなラップを歌っているときも、以前とはかなり違っていた。リズムは調子外れで言葉には覇気がなかった。自分を肥大化させたり英雄視するような言葉を好んで発してはいるのだが、どこか熱量を欠いている。

刻まれる言葉は名詞だけとなり、時に支離滅裂となった。稀に攻撃的になったかと思えば突然弱気になり、最後には言葉が止まった。

それでも、彼は様々な場所でラップを刻んでいた。小屋を出て食堂に向かうとき、食事を作っているとき、ボタ山にツルハシを振り下ろしているとき、一輪車を運んでいるとき、夜にハンモックでうとうとと微睡（まどろ）んでいるとき、彼の口からは何かしらの言葉が確かに出ていた。

低く、ゆっくりとした声だった。嘘（メンチーラ）、空（セウ）、バビロン（バビロニア）、灰色（シンゼント）、弁当（ランチェリア）、もぐら（トウペイラ）、煙突（シャミネ）、嵐（テンペスターデ）、闇（エスクリダオン）、虫けら（インセトス）、ゲットー（グエット）、奴隷（エスクラーボ）、片足（ウマ・ペルナ）、貧民街（ファベーラ）、自殺（スッシィーディオ）、屋根（テリャード）、競争（コンコレンシア）、工場（ファブリカ）、石ころ（ペドラ）、長靴（ボタス）、破壊（デストゥルイション）、煙（フマーサ）、詭弁野郎（バスタード・ソフィスチカション）、樹（アルボレ）、水（アグア）、母（マーエ）、青（アズール）、赤（ヴェルメーリョ）、リュックサック（モシーラ）、幕引き（コルティーナ）、犬（カショーホス）、雲の上（アチーマ・ダス・ヌヴェンス）。脈絡のない言葉が彼の口からぽつぽつと呟かれては、どこかに消えていった。

即興だけではなく昔覚えたラップもよく口ずさんでいたが、歌詞を忘れて途中で止めてしまうことが多かった。

大好きだと言っていたラップの歌詞も思い出せなくなっていた。シディーニョ&ドッカの『幸せのラップ（ラップ・ダ・フェリシダージ）』という歌で、リオ・デ・ジャネイロを揺るがした誤射事件を題材としたものだった。

麻薬密売組織の掃討作戦のために武装警官（ボッピ）が「神の街（シダージ・デ・デウス）」という名のファベーラに突入したときのことだ。銃撃戦の最中、通りに出てしまった子どもを家に連れ帰ろうとした母親が警官に撃たれて死んだのだ。その歌詞は国家の暴力に怒り、母親の不条理な死に怒り、一人残された子どもの行く末にも怒っている。ある時期、反権力のアンセムともなった抵抗歌だった。

十代でその歌を知ったラップ小僧はすぐに虜になったという。学校をさぼってマンゴーの木の上で遠くを眺めているときも、路上で屑物の麻薬を売っていたときも、ビルの軒先で横になっているときも、その歌は常に彼の身近にあった。長い歌詞も全て、一言一句諳んじているはずだった。

だが、コメをといでいるときだ。『幸せのラップ』が長続きすることはなかった。

——幸せになりたい
幸せになりたいだけ
ファベーラを静かに歩きたいだけ
どうしてできない？

幸せ、幸せ、幸せ……
私が生まれた場所
暴力がひどくて……
生きるのが……怖い
ここを静かに歩きたいだけ
マシンガンの連射、ダダダダダダ……
嵐、嵐、嵐
嵐で苦しむのは……
金持ちはプール付きの家に……
幸せ、幸せ、しあ……

ラップ小僧が黙る。歌詞を思い出そうとしているようだった。
だいぶ経ってから再び歌い出す。だがそれは、オリジナルとはまるで違う歌詞になっていた。

——あいつも殺した
こいつも殺した
次はおまえの番だ
殺してやる
殺してやる
でも、オレの番かもしれない

なあ、神よ
オレたちの幸せってこんなことか
オレの幸せって何なんだ？
警官に撃たれた母親よりマシか？
もっとグズか？
なあ、神よ
警官の弾はオレにも当たるのか？
本当にオレの番なのか？
あいつらの番なのか？
なあ、神よ
オレにこっそり教えてくれよ
秘密にしておくから教えてくれよ
弾が当たるか当たらないか、教えてくれよ
水が欲しい
水が飲みたい
水をくれ
母ちゃん、水をくれよ
おまえら、オレを貧民街（ファベラード）のガキと呼ぶな
詭弁野郎が騙す
騙して、欺いて、また騙す

オレはリュックサックひとつ
生きて苦しみ、死んでいく
リュックには空が入っている
海も入っている
蜜も入っている
行こう
工場がたくさんある
煙突がたくさんある
たくさんの煙突だ
なあ、母ちゃん
水を与えておくれ
水をかけておくれ
なあ、なあ、なあ……
終わらない
なあ、神よ
なあ、神よ
なぁ、なぁ……

2

二月のある日、フィローンに金庫がやってきた。ラップ小僧をここに送ってから二カ月余り、初めての訪問である。

ボタ山の下からラップ小僧を呼ぶ。ラップ小僧がゆっくりと下りてくる。緩慢な動きに金庫が少し苛立つ。挨拶抜きで話し出す。

「そろそろだと思って来た。石はどれくらい溜まった?」

ラップ小僧はぼんやりと黙っている。

金庫が「おい、どうなんだ」と催促する。

間が空く。

再び、金庫が「おい」と声をかける。まだ、黙っている。

十数秒ののち、金庫とは目を合わさぬまま、「一輪車で……二つと……ちょっと」と無表情で答える。金庫が「意外と少ないな」と独り言のように呟く。そして、以前と比べて陰影を失ってしまった顔に向かって、こう問う。

「どうだ?　そろそろ計量するか?」

ほんの少しだけ、ラップ小僧が驚いた顔をした。

金庫が続ける。

「昨日、パトが計量をした。十二グラム(四万八千円)出た。お前もやるか?　もう少し掘るか?」

ラップ小僧は黙っている。

「おい、どうするんだ?」

金庫がもう一度聞く。やはり、黙っている。

いつまでも黙っているラップ小僧に、金庫が「石の量を確認してみるか」と言った。

二人で百メートルほど離れた砕石場に向かう。

ボタ山の近くに森を切り開いて作った建物があった。壁はなく、八本の柱の上に雨除けのトタン屋根が載っている。

縦十五メートル、横五メートルと広い敷地に小さな石の山があった。金庫が「あれがおまえの石か？」と聞く。ラップ小僧が小さく頷く。

拳より小さな石がほとんどだった。金庫が小石の山とラップ小僧を交互に見る。そして、いつものように口元を歪めてこう言った。

「百個もないが、やってみるか。おまえ、これからどんな作業をするのか、分かるか？」

ラップ小僧が首を振る。

金庫がやるべきことを伝える。

「これからおまえさんは、この石をハンマーで細かく砕かなきゃならない。砂のように細かくだ。ハンマーはあの倉庫にある。ゴーグルと耳栓もつけた方がいい。すべての石を砕き潰すにはそれなりに時間がかかる。そうだな、二日後の昼頃にするか。二日後だから日曜だ。それまで、ここの石をすべて砕き潰しておけ」

それから二日間、ラップ小僧はボタ山には登らず、砕石場に籠ってひたすら石を砕いた。

百個近い石を砂のようになるまで叩き潰すのは容易なことではない。十分も叩けば手が痺れ出し、三十分を超えると容易には動かなくなる。耳栓をしているのに石を叩き割る音で耳がきんきんと痛む。夜は夜で幻聴に悩まされる。耳のずっと奥で不快な音が鳴り続ける。眠ろうとしても寝つけなくなる。

そんな時、彼はランタンを抱えて砕石場に行った。

森に囲まれている砕石場では夜行性の獣や鳥の鳴き声が絶えず響いていた。ラップ小僧が石を砕き始めると、鳴き声は止み、生命の気配が消える。どこまでも続く森のどこかで身を隠し、息をひそめている。揺れるランタンの炎の中で石を叩き潰すハンマーの音だけが闇に響く。

しばらくすると、小動物らしき影が砕石場に入って来た。誰かに捨て置かれた犬だった。コロラドにいた犬と同様に、疥癬（かいせん）だらけであばら骨が浮くほど痩せている。

犬はラップ小僧の近くまで近づくと、土の上に横たわった。嬉しそうに尻尾を振り、舌を出している。

やがて、犬が目を閉じる。今夜はここをねぐらにするつもりなのだろう。自分を捨てた飼い主と幾夜もそうして過ごしていたのかもしれない。

風が吹くとランタンが揺れ、砕石場の地面も揺れた。石を叩くラップ小僧と横たわる犬が見え隠れするだけである。

誰かに置いていかれた野良犬と出戻りのガリンペイロ。二つの鼓動しかしない空間で、ラップ小僧がハンマーを叩き続けた。


すべての石を砂状に潰すことができたのは日曜の明け方のことだった。それをドラム缶の中に丁寧に入れ、金庫を待つ。

金庫がやって来たのは昼前だった。

姿を見せるなり、「ブツはどこだ?」と問う。ラップ小僧がドラム缶を指す。金庫が中を覗く。

そして一言、「四、五キロか。ドラム缶に入れるほどでもなかったな」と皮肉を言った。

精錬作業が始まった。

ドラム缶の中に水を入れ、水銀を二、三滴垂らす。それを木の棒でかき混ぜる。そして、バギーで運んできた小型の攪拌機を指さし、「中身を機械に入れろ」と命じる。コロラドでは、ラ・バンバと鯨が手作業で吸着作業を行っていたが、機械が代行するようだ。

古びた機械だった。表面には錆と黴が浮き斑点になっている。「さて、やるか」。そう言って、金庫が攪拌機のジャックを引いた。電気が供給され内部のモーターが唸りをあげる。四、五十センチ四方ほどの箱型の機械が激しく揺れる。

ラップ小僧が攪拌機に近づいた。膝を折って中を覗き込もうとしている。だが、攪拌機にはのぞき窓はない。「この機械は外からは何も見えない。それより、三十分以上はかかるから、俺は食堂にいる。ラップ、カフェジーニョは作ってあるか？　ないなら作ってくれるとありがたいんだが」。金庫はそう言ったが、ラップ小僧の目線は動かなかった。攪拌機をじっと見つめている。再度金庫が催促する。やはり、ラップ小僧は何も答えない。この日、何度目かの間が空く。問いとはかみ合わないほどの時間が経ったあと、ようやく、「ここで見ていたいんだ」と小声で答える。小さく舌打ちをして金庫が食堂に去る。

その場にいるのはラップ小僧一人となった。

中腰のまま、攪拌機に顔を近づける。真っ黒な機械が激しく揺れている。縦揺れが横揺れになり、また縦揺れになる。振動の大きさも微妙に変化し、音も変わる。機械の表面についていた泥の塊が粉になって四方に飛び散っていく。

ラップ小僧がさらに顔を近づけた。鉄が擦れるときに出る独特の匂いが漂う。機械が発する熱も頬に伝わってくる。

右手が伸びた。表面に触れるが、慌てて手を離す。振動は大きく、高熱を帯びている。それでも、またゆっくりと手を伸ばし、鋼鉄の地肌に触れようとする。

攪拌機の中では、石の中にあった黄金が水銀に引き寄せられているはずだった。少しずつゆっくりと、「黄金の子どもたち」が小さな塊になっていることだろう。機械の上からでは見ることも触れることもできないのに、ラップ小僧の細い指は揺れる鋼鉄の上にあった。

そして、ラップ小僧が動かなくなった。目線も動かない。じっと黒い鋼鉄を見つめ瞬きひとつしてはいない。五感のすべてが攪拌機に向けられ、モーターの轟音も風のさざめきも届いていないのではないか。実際、彼は足元に水溜まりができていることも気づいてはいなかった。攪拌機の冷却用ポンプからは、ぽたぽたと水が漏れ彼の足を濡らしている。水溜まりはどんどん深くなり、地表の土を溶かして泥溜まりに変わっていく。ラップ小僧のサンダルが泥の中に埋もれ、やがて見えなくなった。

三十分が過ぎた頃、カフェジーニョが入った真っ赤なポットを手に金庫が食堂から戻ってきた。ラップ小僧は、まだ攪拌機の前で中腰になっていた。金庫から「飲むか」とポットを差し出されたが、返事はない。金庫が自分のコップにカフェジーニョを注ぐ。そして、ほとんどコーヒーの香りのしないカフェジーニョを一気に飲み干すと、「ラップ、ジェネを止めろ」と命じた。

その声でラップ小僧が金庫の存在に気づき、後ろを振り返る。金庫がもう一度、「電源を落とせ」と言う。ラップ小僧が電源を落とす。振動と音がゆっくりと鎮まり、やがて無音になる。

金庫がスパナとペンチを取り出し、下部にある取り出し口を外し始める。ぎいぎい、かんかんという音が森の奥の砕石場に響く。

小窓が開かれた。奥にペンチを差し込む。ラップ小僧は小窓とペンチをじっと見つめている。

ペンチが何かを察知する。何かが摑み取られ、ゆっくり引き出される。金属の箱が現れた。銀色の物体が入っている。水銀が吸着させた黄金だ。小さかった。吹けば飛ぶほどの大きさだ。塊とはとても呼べない。粒、それも極小の粒だ。

金庫が苦笑いをしながら、「水銀を飛ばす機械は泉にある。これから泉に行く」と告げた。

「ちょっと待ってくれ」

ラップ小僧が小さな粒から目線を離さずに言う。

金庫が訝しがるが、言葉を続ける。

「ちゃんと見たいんだ。もう少しだけ、見ていたいんだ」

その健気な訴えは却下された。

銀色の粒はぼろ布に包まれ、ラップ小僧の視界から消えた。「早くバギーの後ろに乗れ」。金庫がそう言って顎をしゃくった。


フィローンと泉は歩いても二、三十分ほどの距離である。バギーなら数分もかからない。金庫が食堂裏の空き地にバギーを停め食堂の中に入っていく。後ろにはラップ小僧がいる。俯き加減で歩いている。親切にされたにもかかわらず酒を飲んで醜態を晒してしまってから、まだひと月しか経ってはいない。

だが、組頭のエスピーニョ（棘）はそんなことなどなかったかのようにラップ小僧に接した。下を向いているラップ小僧の肩を叩き「久しぶりだな」と声をかける。妻のマリアも台所から出てきて「あら、久しぶりね。元気だった？」と言った。

金庫がマリアに説明をする。

「これからここのバーナーや器具を借りて精錬するんだ。このラップがフィローンで初めて採った黄金だ」

「あら、すごいじゃない。わたしにも見せてよ」

金庫が「これだ」と言ってポケットから布を取り出し、包んでいた銀色の小さな粒を見せた。マリアが顔を近づけ「綺麗ね」と言った。エスピーニョも「バーナーも器具もあの小屋にぜんぶ揃っている。思う存分使ってくれ。こんなところだ。助け合わなきゃな」と声をかけた。

水銀を飛ばす作業はあっという間に終わった。バーナーの火力は余りに強く、粒は余りに小さかった。

鉄の容器を開けると、中に黄金の小さな粒がいくつか残っていた。元々小さかった銀色の粒は、さらに小さな金色の粒になっていた。もはや金塊ではなく、砂金でもなく、金箔が剥がれて粉々になったような形状をしている。

食堂に場を移し、すぐに計量が行われた。

金庫が左の皿に黄金の粒を載せる。小さな粒が皿とぶつかって小さな音を立てるが、天秤はほとんど動かない。

続いて、右の皿に分銅を載せる。最初は十グラムだった。金庫がピンセットで小さな分銅を摘まみ、右の皿に静かに載せる。

がちゃっと音がして天秤が一気に右に傾いた。十グラムに遥かに足りない。

十グラムの分銅を五グラムに換える。それでも右に傾いている。五グラムにも足りない。

一グラムずつ載せていくことになった。

三グラムでほぼ水平になるが、微かに黄金の方が重い。

金庫がさらに一グラムを加える。天秤が分銅の方にわずかに傾く。それを見て、金庫が口元だけで苦笑しながらこう言った。

「四グラムには足りないようだが、四グラムにしておくか」

四グラム。およそ一万六千円。それが、三カ月近くをかけてラップ小僧がボタ山から掘り出した黄金だった。ゼ・アラーラの奇跡には程遠く、ガリンペイロになりたての頃にコロラドで得た八・八グラムの半分もなかった。

相変わらず、ラップ小僧は無表情だった。だが、唐突に口を開いて、「手に取ってもいいか」と聞く。金庫が「好きにしろ」と静かに言った。

まだ温かい黄金を人差し指につけ、ラップ小僧が見つめる。

表情は変わらない。嬉しいのか落胆しているのか、心中を読み取ることはできない。

以前、ラ・バンバがボタ山から黄金を採りだしたとき、ラップ小僧がそれを指先に載せ、長い間眺めていたことがあった。彼は、瞬きを忘れてしまったかのように、長く、真っすぐ、黄金を見つめていた。そして一言、「黄金って、やっぱり綺麗なんだな……」と呟いた。だが、この日の彼は違っていた。長い時をかけることなく黄金から目を離す。黄金の欠片をつけた指が震えることもなく、発せられた言葉もなかった。ただ、小さな黄金の粒が古い天秤に戻されただけだった。

そのまま、泉で昼食となった。

マリアが作る料理は相変わらず豪勢だった。フェジョンには干し肉が入っていたし、マンジョッカを蒸かしたものまで出た。川魚の煮物は真っ赤な香辛料で風味が付けられている。

ラップ小僧にとって蒸かしたマンジョッカは懐かしい食べ物のはずだった。少しでも空き地があれば、アマゾンに生きる人々はマンジョッカを植える。マンジョッカは強い作物だ。放っておいても半年後には地中に芋がなる。ラップ小僧の母親も近所の空き地に植えていたという。

蒸かしたマンジョッカを食べるのはそれ以来のはずだった。だが、マリアが「美味しい？」と訊ねても頷くだけで返事はない。

食べ方もぎこちなかった。貪り食べるわけでもなく、味わって食べているようでもない。一欠片をゆっくり食べ終わった後で「お代わりもたくさんあるのよ」と促されたが、皿に手を伸ばそうとはしなかった。

彼は、周囲をゆっくり見回していた。

食堂には六、七人の男しかいなかった。これで全員であれば、先月の半分以下になっている。視線に気づいたエスピーニョが「ずいぶん減っただろう？　いろいろあったからな」と言った。

ラップ小僧の表情は変わらなかった。彼はこのひと月に起きた凶事を知らない。〈名無し男〉が死んだことも、二人の失踪者が出たことも知らない。

エスピーニョが「事件」を知っていることを前提に説明を始めた。「少し前に男がここから消えたことは聞いているだろう？　それだけじゃない。コロラドで誰かが事故死したりして、嫌なことが続いたんだ。ここは爺さんが多いだろう？　彼らはみな北東部の出で迷信深い。マクンバをやる者まで出始めてな。すっかり怖気づいてしまって、街に帰るといって聞かなかったんだ。今は乾季で船がない。雨が降るまで我慢した方がいい。何度も説得したんだが、帰る、帰るの一点張りで、五人でセスナを呼んで街に帰っちまった。一人五グラム、いや十グラム近く払ったはずだ。だから、今ここにガリンペイロは十人もいない」

それでも、ラップ小僧に変化はなかった。聞いているのか、聞いていないのかも分からない。

ゆっくりと首を動かし周囲を漫然と眺めている。

エスピーニョには、ラップ小僧が誰かを探しているように思えたのだろう。「知らない者ばかりだよなぁ」と話しかける。

返事はなかった。エスピーニョが話し続ける。

「デンチーニョ（歯坊や）も家に帰った。二、三日前のことだ」

ラップ小僧はエスピーニョの顔を見てはいたが、反応はほとんどない。

「デンチーニョは覚えているだろう？　上と下の前歯に小さな黄金を埋めていた小柄な爺さんだ。いつもここでドミノをして、俺は世界で最もツキのないガリンペイロなんだって愚痴っていただろ？」

ひと月前、ラップ小僧が酔って絡んだ老ガリンペイロだった。エスピーニョによれば、デンチーニョはここから十キロほど川を下ったところに一人で住んでいるという。

「なぁに、デンチーニョは十分に黄金を得たから家に帰ったんだ。マクンバをやっていた爺さんたちのようにここを怖れたわけでも、ここが嫌いになったわけでもない。金鉱山ってところは、厭になったらいつ出て行ってもいいし、気に入ったら何度でも来ていい場所だ。爺さんは雨季になれば戻ってくる。たぶん、八月くらいだ」

昼飯を食べ終えると、金庫がプリマヴェーラに帰っていった。

ラップ小僧も帰り支度を始めた。せっかくだから夕食も食べていけよ。今夜は肉もあるぞ。エスピーニョからしつこいぐらい勧められたが、丁重に断る。

立ち去ろうとしたラップ小僧に、マリアが「ちょっと待って」と声をかけた。「これを持って行きなさいよ。フィローンは二人だけなんでしょう。二人で食べて」。蒸かしたマンジョッカが四本あった。「それにね、ここにも小さなカンチーナができたのよ。ビールでも買っていく？」

ラップ小僧が首を振る。酒はこりごりなのかもしれない。しかし、「他にもいろいろあるのよ」と言って、マリアが無理やりラップ小僧の手を引いていった。

台所の奥がカンチーナのようだった。冷蔵庫と鍵のかかった棚がある。

マリアが鍵を開け、棚の中を自慢げに見せた。

アマゾンではどこにでもあるような安手のお菓子類が入っていた。マンゴー味の羊羹のようなお菓子、クッキー、キャラメル、飴、ウエハースなどだ。

ラップ小僧の目がゆっくり動き、やがて一点で止まった。

ウエハースがあった。銀色の包み紙には擬人化された象が描かれ、たわわに実ったバナナの房からはチョコレートが滴り落ちている。バナナとチョコレートがミックスされたウエハースなのだろう。

ラップ小僧の視線に気づいて、マリアが「それが欲しいの？」と訊ねた。

すぐに返事はなかった。何度かそう聞かれた末、ようやく「うん」と答える。しかし、「でも……」と言い澱んでしまう。

四グラムしか黄金が採れなかったのだから、買っていいものかと迷っているのではないか。マリアはそう思ったようだった。「安物だから奢ってあげるわよ」と言う。

ラップ小僧が首を振る。

奢る、断る、奢る、断る。何度かそんなやり取りが続く。

何回目かのやり取りのあと、ラップ小僧が「買うなら、自分の黄金で買いたいんだ」と言った。

マリアが諦め顔となる。そして、「仕方ないわね」と呟くと、我が子にでも語りかけるような口調で、「二つ、〇・一グラム（四百円）よ」と言った。

結局、ラップ小僧はそのウエハースを二つ買った。四グラムの稼ぎから〇・二グラムが差し引かれることになった。

マリアが台帳に〇・二グラムと記している間、ラップ小僧は包み紙を大切そうに持ち、表面に描かれた象のイラストを見つめ続けていた。それを見て、「甘いものが好きだなんて、意外ね」とマリアが笑った。


ラップ小僧がフィローンに戻ったのは午後の四時頃だった。コメを炊いてフェジョンを煮終わっても、陽が沈むまでは、まだ一時間以上あった。

竈(かまど)の火を消して自分の小屋に向かう。

リュックを柱に掛ける。

が、途中で何かを思い出したようにリュックの中を漁る。

引き出された手の中には二枚のウエハースがあった。一枚をリュックに戻し、一枚を手に取る。

それを持ってハンモックに寝転がる。イラストを眺めている。表を見て、裏に返し、また表を見る。象がこっちを見て笑っている。

何度かそんなことを繰り返したあと、包み紙が破られた。

ウエハースはすでにいくつかに割れ、一部は粉々になっていた。包みの中から粉がぱらぱらと地面に落ちる。

割れていた一欠片を口の中に入れ、ゆっくりと噛む。

食む音を聞いただけでも、それが湿気っていることが分かった。それでも、彼は噛み続けていた。すぐに飲み込もうとはせず、何度も何度も嚙んでいた。味わっているようにも見えるが、そのウエハースが絶品であるはずはない。子どもの頃に食べた安物と比べても、味は劣っていたに違いない。だが彼は、異常とも言えるほど長い時間をかけて、黄金〇・一グラムで手に入れたウエハースを食べ切ったのだ。

陽が傾くにつれ、風が出てきた。小屋の天井を覆うビニールシートが揺れている。

ラップ小僧がハンモックから起き上がる気配はなかった。右手には空になった包み紙が握られたままとなっている。それに鼻を近づけ、匂いを嗅ぐ。表を嗅ぎ、裏も嗅ぐ。

ラップ小僧が包み紙を捨てたのは、夕陽が森一番の高い木に隠れた頃だった。彼はハンモックから起き上がり、力一杯、包み紙を投げた。だが、風に押し戻されて足元に戻ってきてしまう。また投げる。やはり押し戻される。そしてもう一度投げたとき、今度は強い風に乗りハンモックの下に隠れた。

屈んで拾おうとした彼の動きが止まった。

そこに、蟻がいた。大きな昆虫を巣穴に運ぼうとしている。巣穴まではあと十数センチほどしかないのに、獲物は余りに重く、なかなか先に進むことができないようだった。頭、足、触覚、羽。何度も嚙む場所を変えては、一ミリ一ミリ、前へ進んでいる。

蟻は渾身の力を込めていた。これ以上力を入れれば、胴体と手足が千切れてばらばらになってしまいそうだった。蟻の肉体がぷるぷると震えている。そこだけに突風が吹きつけ、小さな身体を揺らしているようだ。

それでも、長い時間をかけてなんとか巣穴まで引きずることはできた。だが、さらなる難題が蟻を待っていた。

昆虫の大きさは巣穴の十倍はあった。大きすぎて、巣穴に入らない。

何度か試みたあと、蟻が昆虫を口から離した。巣穴の周りをぐるぐると回り始める。右に行っては左に戻り、前に動いては後ろに戻る。足を激しく動かし、右往左往している。

ラップ小僧が落ちていたウエハースの包み紙を拾い、わずかに残っていた欠片を蟻のそばに撒いた。一瞬、蟻の動きが止まったように見えた。だがそれは、極めて短い時間に過ぎなかった。蟻は天から降ってきた食糧には見向きもせず、再び昆虫のところに近づいた。巨大な胴体を咥え直し、もう一度、巣穴に入れようとする。

入らない。

また挑む。

やはり、入らない。

どうしても入らない。

その無謀な試みは、いつまで経っても終わりそうになかった。

陽が沈もうとしていた。

ラップ小僧がハンモックに横たわりラップを歌い始めた。テンポは遅く、声に力はなかった。

――破壊、破壊、破壊
燃える、燃える、燃える
生きて苦しみ
苦しみ死ぬ
母ちゃん、オレに水をくれ

ない、ない、ない
水をくれ
オレに水をくれ
誰でもいいから
オレのどこかに水をかけてくれ
水、水、水
穴、穴、穴
水、水、水……

陽は森の裏側に落ち、周囲を闇が覆い始めていた。
ラップはそれなりに長く続いたが、やがて、何かによって唐突に声が断ち切られたかのように、暗闇の中で言葉が途切れた。

3

そして、何ヵ月か過ぎた。その年の四月か五月、雨季が到来する直前のことである。
いつもの年と同じように、「黄金の地」では、樹上で生きる小さな猿の群れがどこかに移動し、水溜まりに群がっていた黄色い蝶が死に絶え、細い雨がぽつぽつと降り始めた。縮れ男が作った道では、上下に揺れながら飛んでいた群青色のモルフォ蝶がある日を境に姿を消した。一方で、川の水量は少しずつ増え船の往来が盛んになっていった。

その頃のことだ。

ラップ小僧がフィローンから消えた。

彼がいなくなった日がいつであるのか、正確に知る者は誰もいなかった。そもそもが隔絶されている奥地の金鉱山にあって、フィローンはさらに隔絶された金鉱山だ。やって来る者は金庫ぐらいしかいなかったが、その彼もラップ小僧が消える前に金鉱山を去っていた。同居していた女が街に戻ってしまい、そのあとを追ったという。

フィローンにいたもう一人のガリンペイロ、パトもどこかに消えていた。〈名無し男〉が森で死んでいた事件の犯人に疑われたからだった。パトは否定したというが、信じてはもらえなかったようだ。ここには警察もなければ裁判所もない。裁くのは王ひとりで、王が裁かないとなれば下僕たちによる魔女狩りとなる。一度疑われたら最後、潔白を証明するのは不可能に近い。身の危険を感じ、ここを逃げたのだ。

ラップ小僧と同様に、パトが消えた日も正確には分からなかった。パトが先か、ラップ小僧が先か。誰一人知らなかった。仮にパトの方が先だったとすれば、ガリンペイロたちから詰問されるところをラップ小僧も見ていたかもしれない。

そのとき、ラップ小僧はどんな態度をとっただろうか。パトを庇っただろうか。捌け口を求める群衆の側に身を置き、しどろもどろになって反論する男を人殺しだと煽っただろうか。それとも、表情も変えず、ただぼんやり眺めていただけだろうか。

いずれにせよ、ラップ小僧がいつここを出て行ったのか、知る者は一人もいなかった。

どのように、そして、なぜ彼は消えたのか。

噂や憶測ぐらいは残っているはずだった。だが、多くのガリンペイロが、彼のその後について「知らないな」と言った。「別の金鉱山に行った」という者も少数ながらいたが、どの金鉱山に移ったのか、知っている者は一人もいなかった。また、「別の金鉱山に行った」という情報も誰から得たものなのか不明瞭だった。

川の水位が上がり久しぶりに金鉱山に来た船頭のペトロリオが訊ねたときもそうだった。「ラップはどうしてる？」と酒場で誰かに声をかけたのだが、歯切れの悪い反応しか返ってこなかった。聞こえないふりをする者がいた。黙り込む者もいた。話題を無理やり変えようとする者もいた。

ただ一人、漁師のポンタだけが饒舌だった。連日、彼は大量の酒を飲んでいた。小さな顔は浮腫み、足元はふらついている。飲んでいる時間よりテーブルに伏している時間の方が多いほどだった。だが、ラップ小僧が話題となっていることに気づくやいなや、「俺が殺したんだ、悪い奴だから俺が殺したんだ」と喚き始めた。いつものように、周囲の者たちは無視を決め込んでいた。ペトロリオも聞こえないふりをしている。ポンタだけが喚いていた。唾を飛ばしながら何度もこう叫び続ける。「俺が殺したんだ！　悪い奴は殺されて当然だ。違うか？　当然だろう？　だから、俺が殺した。悪いカスタネイロを殺したのも俺だし、若いガリンペイロを殺したのも俺だ。へ、へ、へ。俺が、散弾銃とナイフで殺したんだ。二人とも俺が殺したんだ！　俺は、散弾銃もナイフも持っているんだ！　みんな、知ってるか？　俺は散弾銃もナイフも持ってるんだぞ！」

コロラドにも、訳知り顔でラップ小僧のことを話す男がいた。タトゥだ。誰かに聞かれるたびに、さも貴重な情報である風を装い、こう熱弁を揮った。「よく聞け。あいつがどうなっちまったか。俺が知っている情報は二つある。一つは、他人の黄金を盗んでしまって殺されたって話だ。そうだとすると、奴はここの地中か川底で眠っている。どのように他人の黄金を盗んだのかまでは分からんが、あいつのことだ。とんでもないバカをするか、下手な悪さでもしでかしたんだろうさ。掟にもあるように、他人の黄金を盗んだ者は殺されるのが決まりだからな。俺はこっちに賭けるが、奴はまだ生きているという情報もある。ここを逃げ出して、もっと上流の金鉱山に行ったという説だ。なんせ、奴には脱走の前科がある。ありえない話ではない。P川の一番奥にFという金鉱山があるだろ？　ここから船で五日ぐらいはかかる最果ての金鉱山だ。あいつ、そこまで逃げていったらしい。どうやってそこまで行ったのかは俺にも分からない。でもな、P川まで出れば、行き交う船だって多少はある。やってやれないことではない。この話も、街に戻った時にP川の川底から砂金を浚っている連中から聞いたんだ。そいつらはちょうど、上流から戻って来たところで、Fにも立ち寄ってきたという話だった。そのFで、連中はラップとそっくりな混血野郎を見たらしい。何で連中が覚えていたかというとな、そのラップらしき男から黄金十グラムで誘われたからだ。いいか、誘われたんだぞ！　その混血は、自分は元ガリンペイロだと名乗り、自分を買ってくれと科を作ったっていうんだ。がははは。笑えるよな。連中はその男娼の見てくれも覚えていた。童顔で華奢で若くて縮れ毛の混血だ。そんな奴、ラップしかいねぇだろ？　違うか？　あいつ、俺を買ってくれと言って、男という男に媚びを売ってたらしいぞ。しかも、ふっかけやがって一発十グラムだ。クリスマスに来た淫売より高いぞ！　笑えるよな？　あのラップのガキ、ガリンペイロを諦めて男娼になっちまったらしいぞ！　甲高い声で男を誘う男娼になっちまったらしいぞ！」

　ラップ小僧がフィローンを逃げて、さらに奥地の金鉱山で男娼となった。そんな顛末を、タトゥは方々で喋っているようだった。コロラドで喋り、泉でも喋り、プリマヴェーラでも喋っていた。街に戻るとなれば、船頭にも喋り、街の酒場でも喋り、飲み仲間に喋り、一夜を共にする娼婦にも喋るだろう。

　奥地の金鉱山など、男性優位主義が未だはびこる前時代的な地だ。男娼は男として最低最悪の転落と受け止められる。嬲って笑い飛ばすことのできる格好のネタとなる。

　若いガリンペイロの男娼への転落話は黄金の悪魔が支配する金鉱山を越え、方々まで広まっていくだろう。アマゾン奥地の無数の金鉱山で抱腹絶倒の笑い話となるだろう。彼の名も顔も知らない男たちが、五年、十年先までラップ小僧を笑い倒すことだろう。

　フィローンは長い眠りに就いていた。雑草が生い茂り、小屋は崩れかかっている。ラップ小僧の小屋も崩れかかっていた。

そこには何もなかった。ハンモックもなければビニールのリュックもない。

一着だけ、服が残っていた。ジーンズを膝の上で切った半ズボン。彼がよく着ていた服だ。藍色はほとんど失われ、泥を吸い込んでくすんだ色に変わり果てている。その半ズボンが、ハンモックが張られ、彼がよく聖書を読んでいた場所で泥の中に埋もれていた。

もう一つ、彼が残していったものが落ちていた。ウエハースの包み紙だ。泥で汚れてしまったイラストの象がこちらを向いて笑っている。あの日、彼は〇・一グラムのウエハースを二つ買い、一つはその日に食べ、もう一つはリュックにしまった。この包み紙はどちらのウエハースなのか。あの日食べたものなのか。大切にしまっておいた方なのか。仮にしまっておいた方だとすれば、彼はいつ、その最後のウエハースを食べたのか。腹がへってついリュックの底に手を伸ばして食べたのか。ここを逃げようと決めたとき、ハンモックに深く腰を下ろして、計量の日と同じように何度も噛んで味わうように食べたのか。それとも、何らかの不測の事態が起きて気が急く中、鷲掴みにして口に放り込まねばならなかったのか。

事実を確かめうる人物は誰もいなかった。彼は生きているのか、死んでしまったのか。殺されたのか、逃げたのか。逃げたとするると、さらに上流の金鉱山で春を売って生きているのか。どこか別の金鉱山に流れ着いたのか。街場に戻ってしまったのか。それともまだ、黄金を求めてアマゾンの密林のどこかを彷徨(さまよ)っているのか。

それを知る者は、ここには一人もいない。残された者は、彼が黄金の地で得たものを知るのみである。

彼はゼ・アラーラにはなれなかった。長く仕事をすることもできなかった。街に残した女に何かしらの黄金を持ち帰ることもできなかった。彼がここで得たものはたったひとつしかない。○・二グラムの黄金で手に入れた二枚のウエハース。それだけだった。

ラップ小僧がウエハースを買った泉では、組頭のエスピーニョと妻のマリアがいなくなっていた。古い友人に誘われ別の金鉱山に移っていったという。彼らは善人ではあったが、聖者でも殉教者でもない。組頭としての務めを果たし続けることより、より安全か、より実入りのいい金鉱山を選んだのだ。

ドミノに興じていた老人たちの多くも泉を去っていた。代わりに、新たに十人ほどの若者がそこにいた。十代後半から二十代前半、自分が何かを失うことなど想像もできない年頃の男たちだった。元ジャンキーもいれば前科者もいたし、田舎町でぶらぶらしていたギャング崩れの男もいた。皆、ゴールドラッシュの噂を聞きつけてやって来たという。新しい金鉱山が開山するまで、泉での待機を命じられたらしい。よく笑い、よく喋る若者たちだった。そして、どの顔も根拠のない自信と野心に満ちていた。

コロラドにも数人の新人が来ていた。泉と同様、新鉱山の噂を聞きつけてやって来た若い男たちで、全員がラ・バンバの親族だという。より正確に言えば、甥が一人とその若い妻の弟が三人だ。ラ・バンバは一族郎党でバハンコの組を固めたのだ。彼は彼なりに、これからが勝負所だと踏んだのだろう。

コロラドの穴ではタトゥがあの猥歌を歌いながら、水路を堰き止めている土砂をスコップで掬いあげていた。

その穴で、ちょっとした事件があった。どこからか、珊瑚蛇が這い出してきたのだ。珊瑚蛇を見つけたら殺すのが鉄則だから、仲間の一人が斧で叩き切ろうとした。

それを見たタトゥが下品な歌を止め、こう言った。

「待ちなよ。こいつは殺せないよ。殺しちゃいけないんだ。猛毒を持ってるから俺らをいつか殺すかもしれないけど、俺たちが殺しちゃいけない。奴らのねぐらに押しかけて来たのはこっちなんだ。後からやってきた俺らは、こいつに居させてもらってるんだ。だから、殺してはだめだ。ちゃんと森に帰してやらないと」

タトゥは鉈を振り下ろそうとしていた男たちを制し、珊瑚蛇を小枝に巻きつけた。

自分たちが穴を掘るために破壊した森の際まで運び、珊瑚蛇を静かに地面に降ろす。

珊瑚蛇が枝を離れ、森に向かって這っていく。

ゆっくりと森へ去っていく姿を見つめながら、ずっと遠くの方を見るような目でタトゥがこう言った。

「もう、こっちに出て来ちゃいけないよ」

それを見ていた誰かが、遠くでチッと舌打ちをした。

終章　天国、もしくは空

＊

その後も、雨季と乾季が繰り返された。川が乾き、再び満ちた。いくつかの小屋が朽ちて崩れ、新しいものに建て替えられた。

新鉱脈での採掘も始まった。それなりに出ているらしいが、かの地でゴールドラッシュ（コリーダ・ド・オーロ）が始まったという話は聞こえてこない。本当に「それなり」なのかもしれないし、黄金の悪魔は病的なほど慎重な男だ、情報が外に漏れぬよう細心の注意を払っているのかもしれない。

収量の多寡は不明だが、新しい鉱脈の名称だけは伝わっている。

金鉱山の名は「セウ」だという。

CEU（セウ）には二つの意味がある。「天国」、そして、「空」だ。

果たして、黄金の悪魔はどちらの意味を金鉱山に託したのか。だが、拠点をプリマヴェーラ(春)、船をニンフ(精霊)と名づけたときと同様に彼はその命名理由を誰にも語ってはいない。かの地には彼に理由を訊ねようとする者も一人もいない。分かりうることがあるとすれば、黄金の悪魔は今なおかの地の帝王であり黄金の地もそこに在る、ということだけだった。フィローンは閉ざされたままだが、「コロラド」、「泉」、「農場1」、「農場2」、そして「セウ」は動いている。

グーグル・アースでQ川とR２川の上流を拡大すれば、緑の熱帯雨林の中に薄茶色の穴がいくつも穿たれているのが確認できる。あの鬱蒼とした森の中には、まだ多くのガリンペイロもいる。船頭もいれば賄い婦もいる。腹が傷だらけの縮れ男もいれば、金鉱山で生まれたポンタもいる。ラ・バンバもいれば鯨もタトゥもいる。大河アマゾンを遡ったずっと奥では、百人を超える男たちが泥に塗れて黄金を掘り続けている。空腹と喉の渇きと孤独に耐えながら、黄金の女神が微笑んでくれる日をひたすら待っている。

幸か不幸か、混迷する世界情勢や地球規模の厄災のため、金の価格は高騰を続けている。この数年で販売価格はグラム四千円から七千円超まで跳ね上がった。ガリンペイロが増えることはあれ減ることはない。老いた者も来れば若い者も来る。寡黙な者も来れば口賢しい者も来る。社会から逃げてきた者も来れば、ここで何かを掴み取ろうとする者も来る。

そのはずだ。

＊

数多のガリンペイロにとって、黄金の地とはいったいどのようなところなのか。仕事場だという者がいた。避難所や逗留地みたいなもんだとせせら笑う者もいた。約束の地だと力説した者もいたし、流刑地、あるいは俺の墓場だと冷めた声で語る者もいた。

だがたった一人だけ、あの地を「セウ」だと言った男がいた。

ゴミ箱に捨てられた孤児、マカクである。

それはまだ、泉にエスピーニョもマリアもいた、ある日曜日のことだった。食堂で歓声が上がった。ガリンペイロの一人が罠にかかった獲物を持って森から帰ってきたのだ。体長四十センチほどの山ネズミ（バカ）だった。誰もが肉に飢えていたから、男たちの舌なめずりが始まった。

食べることしか考えていない男たちの中にあって、マカクだけが「俺が捌くよ」と言った。彼は極めて無口ではあったが、人の嫌がることを率先して引き受ける男でもあった。

山ネズミの耳を掴み、マカクが食堂の奥の調理場に向かった。まず、大鍋に熱湯を沸かす。沸騰したところで山ネズミを入れる。皮膚についているダニを殺し、毛を毟り易くするためだ。二十分ほど丸茹でにしたのち、ぼろ雑巾を手に巻いて引っ張り上げる。山ネズミからは湯気が立ち上っている。まな板の上に仰向けで置き、包丁と手で毛を毟る。山ネズミの手足はだらしなく弛緩しているが、濃い獣臭が臭い立っている。死してなお、獣は獣なのだ。

マカクの仕事は丁寧だった。最初は包丁で、次には手で、仕上げでは爪も使って、産毛の一本一本まで慎重に抜いていく。

山ネズミの地肌が胎児のようにつるつるとなったところで解体が始まる。喉元から肛門の上まで、包丁で縦に浅い切り込みを入れる。一ミリ、いやそれ以下だ。切り込みに指を差し込み、山ネズミの皮を一気に剝ぐ。熱湯で茹でられたせいか、身体を覆っていた薄い皮がいとも簡単に剝がされる。

皮剝ぎを終えると、山ネズミの身体を布で丁寧に拭く。背を拭き、腹を拭き、食べることのない顔も拭く。いつもそうしてからマカクは動物を切り分けるという。

そこからは早かった。大腿骨や肩に向かって鉈を振り下ろし、骨ごと一気に叩き切る。骨が軋んで砕けていく音が森の奥の調理場に響く。腿、肩、ロース、赤身。山ネズミは部位ごとに切り分けられ、不要の内臓が脇にどかされる。

体長四十センチほどの体軀だ。解体はあっという間に終わった。

マカクが手に付いた血をTシャツで拭きながら食堂に戻ってきた。エスピーニョが肩を叩いて礼を言うと、ピンガの大瓶を渡した。食堂にいた連中に「みんなも、このゴミ箱で生まれた男に感謝しなくちゃな」と声をかける。そして、マカクがいかに優しい人間なのか、演説をぶち始める。

誰もが知っている話ではあったが、お構いなしだった。曰く、縮れ男が行方不明になったときに奴を探そうとしたのはマカクだけだ。マカクは金鉱山を探し、道を探し、森を探し、川を探した。そして、小舟の中で息絶え絶えとなっている縮れ男を見つけたんだ。こんな仲間思いの男が他にいるか？ 重機に使うガソリンが切れたときも頑張った。一キロ離れた燃料置き場に走り、六十リットルのポリタンクを一人で抱えてきたんだぞ。みんなのために井戸を掘ったこともあったっけな。クリスマスのときだって、プリマヴェーラで振る舞われた肉をここまで持ってきてくれたよな。そして、喋り尽くして褒めるネタがなくなると、もう一度マカクの肩を叩きながらこう話しかける。「なあ、マカク。おまえにはいつも感謝してんだ。ありがとな」。ゴミ箱に捨てられた男の口元が緩み、がらんどうの目が少しだけ笑った。

意外なことに、事はそれだけでは終わらなかった。十分な間をとってから、マカクが重い口を開いたのだ。聞かれたこと以外に彼が何かを話すのは極めて稀なことだった。

ガラス玉のような目を遠くに向け、マカクはこう言った。「俺は字が読めない。書くこともできない。自分の名前も書けない。IDもないから、この世にいないことになっている。いないことになってるんだ。住まわせてくれたのはここだけだった。俺のセウはここなんだ」

文脈からすれば、セウは「空」ではなく「天国」の意に違いなかった。

その後も、抑揚のない声でマカクの独白が続いた。産みの親からゴミ箱に捨てられたこと。育ての親とはうまくいかなかったこと。育ての親からもその子どもたちからも暴行を受けたこと。食事も満足にもらえず、腹がへってゴミ箱をよく漁っていたこと。産みの親には会いたくないこと。そして、ここには感謝していること。

それなりに長い独白が終わったとき、エスピーニョがひとつだけ質問をした。

「なんで産みの親に会いたくないんだ？」

マカクが考え込む。表情のない顔を宙に向け、色のない目が答えを探している。

彼にしてみれば答えのない問いなのかもしれなかった。だいぶ時間が経っても、宙を見たまま「分からない……、分からない……」と呟き続けている。

何度となく「分からない」と呟いていたマカクが、エスピーニョにちょっとこっちに来てくれという仕草をした。何か大切なことを突然思い出したような、そんな素振りだった。

マカクが調理場に向かい、エスピーニョがその後ろをついていく。

まな板の上に赤のようにも紫のようにも見える塊が無造作に置かれていた。山ネズミの腹部から取り出された袋状の臓器だった。マカクがそれを指さし、「捨ててきてくれ」と言った。どんなことでも率先して動く男が、他の人間に何かを頼むのは珍しいことだった。

二人の目が合う。何かを感じ取ったエスピーニョが硬く頷き、臓器をビニール袋に入れた。ぐちゃっという音がして手が血だらけになった。

ビニールに入れられた臓器は薄い半透明の膜に覆われていた。中が透けて見える。何か、入っている。解体された山ネズミと同じ模様をした、何かだ。

二体の胎児だった。捌かれた山ネズミは雌で、腹の中に子を孕んでいたのだ。袋のように見えたのは羊膜で覆われた母親の子宮ということになる。

子宮に包まれた二体の胎児を持って、エスピーニョが調理場を出た。食堂を抜け森のゴミ捨て場に向かう。二百メートルほど行くと、砂利が敷き詰められている広場があった。熱帯なのに灌木の一本も生えてはいない。賽の河原のような不毛の土地だ。

バハンコの跡地だった。黄金を掘り尽くしたあと、その大きな穴には濾過機から弾かれる大小さまざまな石が捨てられていた。穴は数年で塞がり、以降はただのゴミ捨て場になった。黄金以外の無価値な鉱物が捨てられ、残飯も捨てられ、煙草や空き缶も捨てられた。

そこがゴミ捨て場になったのは、自然の摂理だった。周囲に高い木がないから直射日光が射す。同じ理由で風通しもいい。何を捨てても、熱帯の太陽と微生物が有機物を瞬く間に解体してくれた。

だが、そのとき。胎児に群がろうとしていたのは、土中の微生物でもギラつく太陽でもなかった。それは頭上にいた。黒コンドル、ウルブーだ。十数羽のウルブーの群れが森の道をゆくエスピーニョの頭上を旋回し、さかんに声をあげている。

天を見上げたのち、エスピーニョがビニール袋を砂利の上に放り投げた。ウルブーの一団が一斉に急降下してきてビニールに突進する。我先にと袋を突く。奪い合いの喧嘩が始まる。激しく啼き、唸る。黒い羽根が何本も抜け飛ぶ。極上の獲物を巡って力ずくの争いとなる。

臓器の入ったビニールはいとも簡単に破られ、すぐに中身が顕わになった。子宮と二体の胎児が砂利の上に転がってゆく。羊水が漏れ、砂利が濡れる。砂利は午後の強烈な日差しに照らされカラカラになっている。ぬめった羊水が一瞬にして乾く。

一分もしないうちに、臓器も胎児も跡形もなくなっていた。砂利の上にはカラカラに乾いてしまったビニール袋だけが残り、それもやがて、風に吹かれてどこかに転がっていった。

その夜、マカクは明け方まで痛飲した。

最後まで彼につき合ったのは、ふらっと泉にやって来た縮れ男とポンタだった。

ゴミ箱に捨てられた男と殺人犯とここで生まれた男。三人はどこか気が合うようだった。時に大きな声で笑いながら、酒を飲み続けていた。

テーブルには蠟燭が灯り、旧式のラジカセが置かれていた。

バラード調の歌謡曲ばかりがかかっている。何曲目かで、酒場を閉めたいときに金庫がかけていた曲、『ヴァ・インボーラ（どうか立ち去って）』が流れた。強がりを言って去っていく男の歌だ。

——俺の世界から遠ざかる君
もう何もできることはない
俺の涙も気にしないで
ひとりでやっていけるから
人を思うがままにはできない
俺は目を閉じる
君が去っていくのを見たくないから
去ってくれ　去ってくれ

君を愛する愚か者のことは忘れて
ずっと笑っていて
ずっと歌っていて
涙で見送る俺のことは忘れて

曲が終わった。

誰かがリピートのボタンを押す。また同じ曲がかかる。『ヴァ・インボーラ』だけが繰り返される。

一時間ほどが過ぎたころだった。

縮れ男は刑務所の話をしていた。一人で何人をも相手に喧嘩をして、全員を簀巻き(すま)にしたといった自慢話だった。その時、暗闇の中で蠟燭が揺らいだ。一瞬だけ縮れ男の瞳に光が当たったとき、目が潤み赤くなっていた。勇ましい話をしながら泣いているのかもしれなかった。

縮れ男の話を引き取ったのはポンタだった。俺はあいつを殺したんだ。散弾銃とナイフで殺したんだ。いつもの虚言を吠え始める。彼もだった。威勢のいい話をしているのに、一粒の涙がテーブルに広げられていた手の甲に落ちた。さらにもう一滴、落ちる。言葉の調子はいつものポンタなのに、涙だけが落ちている。

ポンタが蠟燭に息を吹きかけ炎を消した。三人の男が暗闇に包まれた。場を照らすものはほとんど何もなかった。ラジカセの電源ランプとイコライザーの明かりがわずかに点滅するぐらいだ。

しばらくの間、同じ曲だけが繰り返し流れ、暗がりの中でたわいのない話が続いた。三人はそれなりに近くにいたが、暗すぎて互いの顔はよく見えなかったはずだ。だが、イコライザーの明滅が彼らの目に入り込んだとき、どの瞳も赤く潤んでいた。

マカクが「セウ」という言葉を再び口にしたのは、『ヴァ・インボーラ』の何十回ものリピートが終わった夜明け前のことだった。

マカクが言った。

「俺には行くところなんてない。行きたいところもない。おそらく、セウには行けないだろう。いいんだ。もし行けたとしても、持っていくものなどない。死んだら、ここに埋めてほしい。俺のセウは、ここなんだ」

天国はここ（セウ・エスタ・アキ）なんだ。彼はそう言った。


彼がなぜ、ここを天国だと言ったのか。本当のところは誰にも分からない。多くの者が心に抱く天国と同じなのか、違うのか、それも分からない。

ここは罪人も逃亡者も受け入れる闇の金鉱山だ。実社会での罪はすべて「なかったこと」になる。それが「犯した罪が赦されること」だとすれば、確かにここは天国なのかもしれない。しかし、そうではないと言い張る者もいる。罪が赦される場所などではなく、行き場のない罪人たちが繋がれ留め置かれている場所。天国というより煉獄、不可侵の聖域（アジール）ではなくどん詰まりの肥溜め。そう言う者もいる。

確かなことはひとつしかない。ここには人がやって来るということだ。前科者も来るし、夢見る者も来る。野獣のような男も来るし、街で生きていくことのできない男も来る。迷い込んだだけの男も来るし、居心地がよくなって長居してしまう男も来る。野心だけを携え、すべての感情を捨ててしまった男も来る。ここに黄金がある限り、やって来る人の群れが絶えることはない。

だからこれからも、重機は唸りをあげ続けるだろうし、ピンガは何万本も飲み干されるだろう。つまらない理由で何人もの人が命を落とすだろうし、それでも無数の男たちがやって来ては穴を掘り続けるだろう。

いずれにせよ、ここに来てしまえば、何人とて名を隠し罪を隠しても拒まれることはない。しかし、ここで行き止まりなのか、その先があるのか、入ってしまった者には永遠に分からない。そして、好きなときにいつでも出ていけるというのに逃れることもままならなくなる。

ここは、本当に天国なのか。

広いだけで何もない空なのか。

その答えを、ガリンペイロたちは知ろうとしない。

【参考文献】

『聖書　新共同訳　旧約聖書続編つき』（共同訳聖書実行委員会　日本聖書協会）
『ゴールド　金と人間の文明史』（ピーター・L・バーンスタイン著　鈴木主税訳　日本経済新聞社）

金鉱山の場所、そこに至るまでの行程は、黄金の悪魔との約束から、詳しく記すことができなかった。取材の過程で、黄金ずくめの大男は「この場所を他の誰かに喋ったら、お前たちの誰かが死ぬことになる」と言ったからだ。地名や川の名はすべて仮名となっている。

また、ガリンペイロの通称の多くには差別的な言葉が含まれていた。当然、「こちら側」の常識では不適切な表現となるが、彼らの実相をありのままに伝えたいと思い、語感が最も近い日本語を選んだ。不快な思いをした方がいれば、すべて、筆者の責任である。

筆者

本書は、NHKスペシャル「大アマゾン　最後の秘境」第二集「ガリンペイロ　黄金を求める男たち」（二〇一六年五月八日放送）の取材から生れた、書下ろし作品です。

写真（カバー・表紙・本扉）Eduardo Makino
地図　アトリエ・プラン（網谷貴博）
装幀　新潮社装幀室

国分 拓 （こくぶん・ひろむ）
1965（昭和40）年宮城県生れ。早稲田大学法学部卒。NHKディレクター。手掛けた番組に「ファベーラの十字架2010夏」「あの日から1年 南相馬～原発最前線の街で生きる」「ガリンペイロ　黄金を求める男たち」「最後のイゾラド　森の果て　未知の人々」「アウラ　未知のイゾラド　最後のひとり」「北の万葉集2020」など。著書『ヤノマミ』で、2010年石橋湛山記念早稲田ジャーナリズム大賞、2011年大宅壮一ノンフィクション賞受賞。他の著書に『ノモレ』がある。

ガリンペイロ

著者
国分 拓（こくぶん ひろむ）
発行
2021年2月25日

発行者 佐藤隆信
発行所 株式会社新潮社
〒162-8711 東京都新宿区矢来町71
電話 編集部 03-3266-5411
　　 読者係 03-3266-5111
https://www.shinchosha.co.jp
印刷所
錦明印刷株式会社
製本所
大口製本印刷株式会社

乱丁・落丁本は、ご面倒ですが小社読者係宛お送り下さい。
送料小社負担にてお取替えいたします。
価格はカバーに表示してあります。

ISBN978-4-10-351962-1 C0095